Arnulf Wallrabe

Die Turbo Vision zu Turbo Pascal 7.0

Arnulf Wallrabe

Die Turbo Vision zu Turbo Pascal 7.0

Der schnelle Weg zu
menügeführten SAA-Programmen

Springer Fachmedien Wiesbaden GmbH

Die Deutsche Bibliothek - CIP-Einheitsaufnahme

Wallrabe, Arnulf:
Die Turbo Vision zu Turbo Pascal 7.0 : der schnelle Weg zu
menügeführten SAA-Programmen / Arnulf Wallrabe.-

ISBN 978-3-663-07883-8   ISBN 978-3-663-07882-1 (eBook)
DOI 10.1007/978-3-663-07882-1

Vorwort

Von einem Computer-Programm erwartet der Nutzer selbstverständlich, daß es korrekt eine bestimmte Aufgabe löst oder eine Funktion erfüllt. Darüberhinaus aber gewinnt mehr und mehr an Bedeutung, daß sich das Programm auch nutzerfreundlich bedienen läßt. Zur Bedienerfreundlichkeit zählt heute, daß Eingaben über Fenstermenüs abgewickelt werden und überall dort, wo der Nutzer eine Auswahl trifft, von der Maus Gebrauch gemacht werden kann.

Der Programmierer kommt bei diesen Anforderungen schnell an einen Punkt, wo die Programmierung der Bedienerschnittstelle aufwendiger wird als der »eigentliche« Teil des Programms. Hier nun setzt Turbo-Vision auf. Mit Turbo-Vision wird dem Pascal-Programmierer ein Werkzeug in die Hand gegeben, das es ihm ermöglicht, professionell nutzerfreundliche Programme zu erzeugen.

Der »Appetit« auf Turbo-Vision muß wohl gar nicht erst besonders geweckt werden, denn er ist sicher schon »beim Essen« gekommen: Die Entwicklungsumgebung von Turbo-Pascal ist in Turbo-Vision programmiert; und beim Arbeiten mit dem Editor, Compiler oder Debugger erleben Sie selbst, wie den Nutzer übersichtliche und komfortabel zu handhabende Turbo-Vision-Objekte durch eine intuitive Programmbedienung unterstützen.

Turbo-Vision fällt einem nicht in den Schoß! Es ist nicht bloß eine Sammlung von »Tools«, sondern verlangt vom Programmierer, sich mit einer neuen Denkweise - der objektorientierten Programmierung - vertraut zu machen und sich in eine auf den ersten Blick scheinbar unübersehbare Fülle von Objekten hineinzuknien. Hierfür einen Einstieg - Schritt für Schritt - zu bieten, ist das Ziel dieses Buches.

Mit der Version 5.5 hielt seinerzeit bei Turbo-Pascal die objektorientierte Programmierung ihren Einzug. Man geht sicher nicht fehl in der Annahme, daß nur wenige Programmierer die neuen Möglichkeiten nutzten. Das sollte heute mit der aktuellen Version 7.0 anders sein, denn das Porgrammpaket enthält seit Version 6.0 mit Turbo-Vision eine ausgezeichnete Sammlung von Objekten, die dazu anregen, auch sonst objektorientiert zu programmieren.

Im Titel dieses Buches wird Turbo-Vision als *schneller* Weg zu menüorientierten Programmen bezeichnet. Das ist richtig, aber relativ! Immerhin umfaßt von den Handbüchern zu Turbo-Pascal der Turbo-Vision-Band 650 Seiten. Trotzdem ist Turbo-Vision ein schneller Weg, wenn man den Aufwand dagegen hält, Menüfenster, Schalter, Rollbalken oder Mausabfragen selbst zu programmieren.

Das vorliegende Buch wendet sich an den Einsteiger, und es wird nicht mehr vorausgesetzt, als daß der Leser mit dem Betriebssystem sowie ganz allgemein mit Turbo-Pascal und seiner Integrierten Entwicklungsumgebung vertraut ist. Das Buch ist als fortlaufend lesbare Einführung in Turbo-Vision gedacht. Auf Vollständigkeit des Stoffs mußte daher hier und da verzichtet werden. In dieser Hinsicht wird auf den lexikalischen Referenzteil des Turbo-Vision-Handbuchs verwiesen. Es wird Wert darauf gelegt, die Turbo-Vision-Objekte an Beispielen zu erläutern. Zu jedem Thema gibt es ein möglichst kurzes ablauffähiges Beispielprogramm. Durch Weglassen, Kopieren oder Überschreiben ist schnell der Grundstock für eigene Programme gelegt. Alle Beispielprogramme liegen dem Buch auf Diskette bei.

Das Buch bezieht sich auf das Programmpaket »Turbo Pascal 7.0« , ist aber ebenso auf »Borland Pascal 7.0« anwendbar, in dem Turbo-Pascal als Teilmenge enthalten ist; für Besitzer der Vorgängerversion 6.0 wird jeweils auf die Unterschiede zu 7.0 hingewiesen.

Inhaltsverzeichnis

6 FENSTER 113

7 VOM PROGRAMMABLAUF GESTEUERTE NUTZERHILFEN 159

1 Einstieg

Nachdem Sie das Turbo-Pascal-Programmpaket mit *Install* von den Originaldisketten auf der Festplatte eingerichtet haben, könnten Sie sich die lesbaren Dateien (.pas, .txt, .bat, .doc) zu Turbo-Vision ausdrucken; aber seien Sie darauf vorbereitet, daß die Listings mehrere dicke Ordner füllen! Für den Einstieg in Turbo-Vision werden diese Texte zunächst jedoch nicht benötigt.

Teile aus dem Turbo-Vision-Material kann man gut in eigene Programme einbinden. Weil die Originale aber in Englisch geschrieben sind, erschienen beim Ablaufen unserer deutschen Programme plötzlich englische Meldungen, Warnungen usw. auf dem Bildschirm. Wenn Sie das ändern möchten, sind in Anhang A »Eindeutschungen« der verwendeten Dateien zusammengestellt. Für Eilige oder Ungeduldige: Diese Arbeit kann ruhig warten, bis man zu den entsprechenden Kapiteln dieses Buches kommt.

Desweiteren sollten Sie ein Unterverzeichnis von C:\TP (bei Turbo-Pascal 7.0) bzw. von C:\BP (bei Borland-Pascal 7.0) einrichten, in dem Ihre eigenen Produktionen und unsere Beispielprogramme untergebracht werden und das z.B. den Namen USER erhält. Außerdem ist es zweckmäßig, in diesem Unterverzeichnis auch alle zu erzeugenden *exe*- und *tpu*-Dateien unterzubringen. Dafür melden Sie dieses Verzeichnis in der Turbo-Pascal-Entwicklungsumgebung wie folgt an:

Menü: `Option | Verzeichnisse`
Eingabe: `EXE/TPU-Verzeichnis: C:\TP\USER`

Anschließend kopieren Sie alle Dateien der Buch-Diskette in das Verzeichnis USER. Beim Durcharbeiten dieses Buches sollten Sie Zugriff auf diese Beispielprogramme haben. Entweder Sie laden sie in den Turbo-Pascal-Editor und zeigen sie nach Bedarf auf dem Bildschirm an, oder Sie drucken sie aus, wenn Sie einen Papierstapel von ca. 130 Seiten nicht scheuen.

Noch ein Wort zu den verwendeten Schreibweisen. Programm-Quelltexte sind in Schreibmaschinenschrift wiedergegeben. Verzeichnisnamen und in Turbo-Pascal reservierte Worte werden in Großbuchstaben geschrieben. Bezeichner von Variablen, Typen, Prozeduren, Programmen usw. sind durch Kursivschrift gekennzeichnet. In der Syntaxdarstellung von Eingaben werden Optionen, die weggelassen werden können, wie üblich in [] gesetzt. Die Beispielprogramme haben den Namen *PrgN-M.pas*, wobei *N* das zugehörige Kapitel und *M* die laufende Nummer innerhalb des Kapitels ist.

Der Weg zu Turbo-Vision führt über eine kurze Einführung in die objektorientierte Programmierung, die in Kap. 2 gegeben wird. Am Schluß dieses Kapitels steht die Erkenntnis, daß in Turbo-Vision auch ein Nutzerprogramm nichts anderes ist als ein Objekt. Das Hauptmenü ist das erste, was einem Nutzer in einem Programm begegnet, folglich machen wir uns damit gründlich in Kap. 3 vertraut. Wohin ein Programm weiter führt, hängt davon ab, welche »Ereignisse« der Nutzer auslöst; dieses Konzept steht in Kap. 4 im Mittelpunkt und später noch vertiefter in Kap. 8.

In Kap. 5 lernen wir, wie Dialogfenster mit dem Nutzer in Interaktion treten. Die in Kap. 6 beschriebenen Fenster sind unentbehrlich zur Informationsübermittlung an den Nutzer. Hilfsmitteln, mit denen sich der Nutzer in Ihrem Programm zurechtfinden soll, ist Kap. 7 gewidmet, in dem es um Statuszeile und Hilfesystem geht. Fast jedes Programm muß Möglichkeiten zur Speicherung von Daten haben; Turbo-Vision bietet dazu besonders komfortable Hilfsmittel in Form der Streams, die Gegenstand des Kap. 9 sind. Damit ist Turbo-Vision soweit vorgestellt, daß es ans eigene Programmieren gehen kann. Das Schlußkapitel 10 gibt dazu noch einige Ratschläge mit auf den Weg.

2 Objektorientierte Programmierung

Die objektorientierte Programmierung bildet die Grundlage des Turbo-Vision-Systems. Genauer gesagt: Turbo-Vision ist eine Sammlung von Objekten. Somit sind zum Verständnis von Turbo-Vision wenigstens Grundkenntnisse der Eigenschaften von Objekten unentbehrlich. Dieses Kapitel gibt daher eine kurzgefaßte Einführung in die objektorientierte Programmierung.

2.1 OBJECT als Verwandter von RECORD und UNIT

Damit die Sache anschaulicher wird, soll gleich mit einem Beispiel begonnen werden. Die »Pumpe« in Bild 2-1 soll sich auf dem Bildschirm in Bewegung setzen. Natürlich ist das Beispiel so einfach, daß es eigentlich nicht der objektorientierten Programmierung bedarf, aber es geht uns darum, das »Drumherum« der Beispielprogramme so kurz zu halten, daß sie übersichtlich bleiben.

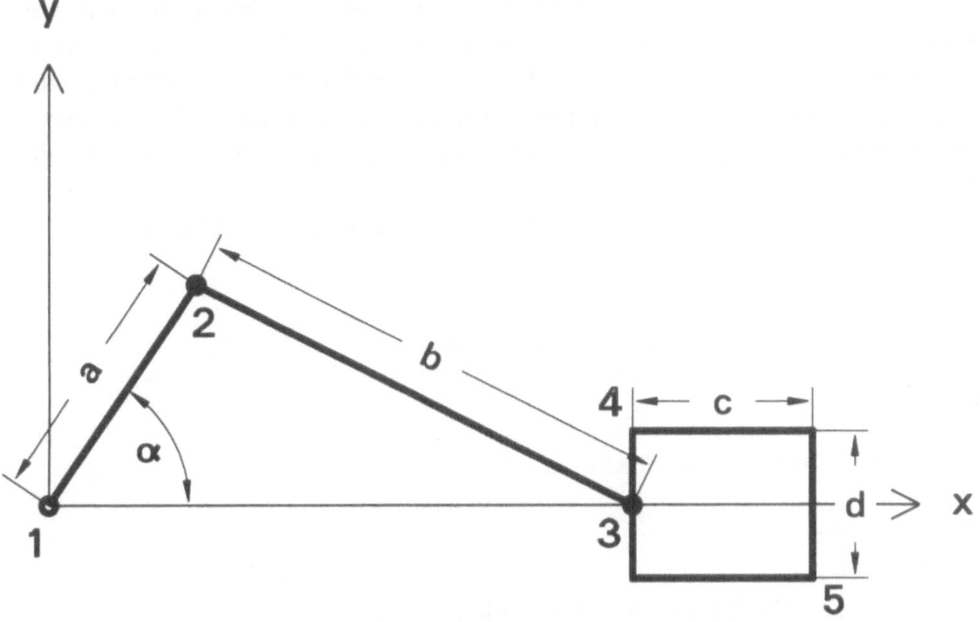

Bild 2-1: Grafikbeispiel für objektorientierte Programmierung

Wir erinnern uns: RECORD ist ein Datentyp, der eine Anzahl von Variablen verschiedenen Typs bündelt. Ein Rekord enthält also mehrere «Felder«, z.B. mit Bezug auf Bild 2-1:

```
TYPE
  Kurbel = RECORD
      X1, Y1, X2, Y2, a, Alpha : Real;
  END;


VAR
  Pumpenteil : Kurbel;
```

Angesprochen werden die Felder X1, Y1, ... durch die Notation

```
Pumpenteil.X1,  Pumpenteil.Y1,  usw.
```

oder durch die WITH-Konstruktion

```
WITH Pumpenteil DO
  X1 := ...
  Y1 := ...
END;
```

Ganz ähnlich wird ein Datentyp »Object« definiert als eine Bündelung von Feldern und »Methoden«, wobei unter dem Sammelnamen *Methoden* Prozeduren und Funktionen zusammengefaßt werden. Eine Variable des Typs OBJECT wird »Instanz« des Objekts genannt (engl.: instance = das Beispiel, der besondere Fall). Die Felder und Methoden eines Objekts sind also an die Instanz des Objekts so gefesselt, wie die Felder an eine Variable vom Typ RECORD. Konstruieren wir am besten dazu das zum Rekord analoge OBJECT-Beispiel:

```
TYPE
  Kurbel = OBJECT
    X1, Y1, X2, Y2, a, Alpha : Real;
    PROCEDURE Darstellen;
  END;


PROCEDURE Kurbel.Darstellen;
BEGIN
  Line (X1, Y1, X2, Y2);
END;
```

Man sieht, daß OBJECT aus den zwei Teilen

⇨   Typendefinition mit Auflistung der Felder und Methoden,

⇨   Definitionen der Methoden

besteht. Das erinnert an die Struktur einer Unit mit Interface- und Implementation-Teil.

Bei der Prozedur-Definition ist dem Methodennamen der Typenname des Objekts voranzustellen, denn wir werden weiter unten noch sehen, daß in verschiedenen Objekten durchaus der gleiche Methodenname verwendet werden kann. Die in einem Objekt deklarierten Felder und Methoden stehen allen Methoden des Objekts global zur Verfügung. Die Prozedur *Darstellen* kann also die Felder *X1*, *Y1*, usw. so verwenden, als wären sie global deklariert.

Außerhalb des Objekts ist der Zugang zu den Feldern und Methoden nur über eine Instanz des Objekts möglich. Auf unser Beispiel bezogen: Die Felder und Methoden von *Kurbel* erhält man über eine Instanz *Pumpenteil*:

```
   . . .
   VAR
     Pumpenteil : Kurbel;

   BEGIN
     Pumpenteil.X1 :=    0;
     Pumpenteil.Y1 :=    0;
     Pumpenteil.X2 := 100;
       . . .
     Pumpenteil.Darstellen;
   END;
```

oder in WITH-Schreibweise

```
   . . .
   VAR
     Pumpenteil : Kurbel;

   BEGIN
     WITH Pumpenteil DO
     BEGIN
       X1 :=    0;
       Y1 :=    0;
       X2 := 100;
         . . .
       Darstellen;
     END;
   END;
```

Wir sehen, daß die Bezeichner der Methoden eines Objekts genauso gehandhabt werden wie die Bezeichner der Felder eines Rekords.

2.2 Vererbung

Bis jetzt ist noch nicht recht ersichtlich, worin nun der Vorteil von Objekten gegenüber herkömmlichen Datentypen liegt. Das wird erst deutlich durch die wichtigste Eigenschaft eines Objekts, der »Vererbung«, für die es nichts Vergleichbares bei den anderen Datentypen gibt.

Vererbung heißt, daß von einem Objekt ein weiteres Objekt abgeleitet werden kann, das alle Felder und Methoden erbt, so als wären sie innerhalb dieses neuen Objekts definiert worden. Dem neuen Objekt werden im allgemeinen natürlich zusätzlich eigene Felder und Methoden mitgegeben. Außerdem kann eine ererbte Methode des neuen Objektes »überschrieben« werden, das heißt, ohne Änderung des Namens erhält sie einen neuen Anweisungs- und eventuell Deklarationsteil. Das abgeleitete Objekt heißt »Nachkomme«, das ursprüngliche »Vorfahr«. In der Typendefinition wird der Name des Vorfahren in Klammern hinter das reservierte Wort OBJECT gesetzt, also z.B.

```
Dialogfenster = OBJECT(Fenster).
```

Wir wollen nun unser Beispielobjekt *Kurbel* ausbauen und von ihm weitere Nachkommen ableiten:

```
TYPE
  Kurbel = OBJECT
    X1, Y1, X2, Y2, a, Alpha : Real;
    PROCEDURE Darstellen;
  END;
  Kurbel_Pleuel = OBJECT(Kurbel)
    X3, Y3, b : Real;
    PROCEDURE Darstellen;
  END;
  Kurbel_Pleuel_Kolben = OBJECT(Kurbel_Pleuel)
    X4, Y4, X5, Y5, c, d : Real;
    PROCEDURE Darstellen;
  END;
```

Vom Vorfahr *Kurbel* stammt der Nachkomme *Kurbel_Pleuel* und von diesem wiederum das Objekt *Kurbel_Pleuel_Kolben* ab. Bei jedem der beiden Nachkommen wurden neue Felder, hier die Koordinaten der geometrischen Figur, hinzugefügt. Die Prozedur *Darstellen* überschreibt jeweils die gleichnamige Methode des Vorfahren.

Nun sind die Prozeduren zu implementieren, wobei sich die mathematischen Beziehungen aus Bild 2-1 ergeben, die uns aber hier nicht weiter interessieren:

```
. . .
PROCEDURE Kurbel.Darstellen;
BEGIN
  X1 := 0; Y1 := 0;                     { Achse im Koordinaten-
                                          Ursprung }
  X2 := a*cos(Alpha*Pi/180);            { Alpha in rad }
  Y2 := a*sin(Alpha*Pi/180);
  Line (Round(X1+200),Round(240-Y1),Round(X2+200),
        Round(240-Y2));
END;
PROCEDURE Kurbel_Pleuel.Darstellen;
BEGIN
  INHERITED Darstellen;
  X3 := X2 + Sqrt(Sqr(b)-Sqr(Y2));   Y3 := Y1;
  Line (Round(X2+200),Round(240-Y2),Round(X3+200),
        Round(240-Y3));
END;                                                          .
```

Schauen wir uns die überschreibende Prozedur *Kurbel_Pleuel.Darstellen* näher an. Sie ruft zuerst durch das reservierte Wort INHERITED die geerbte Methode *Darstellen* des Vorfahren auf, welche die Kurbel zeichnet. Ergänzend kommt dann der Algorithmus für das Zeichnen des Pleuels hinzu, wobei von den geerbten Koordinaten *X2, Y2* Gebrauch gemacht wird. Genauso wird von *Kurbel_Pleuel* ein weiteres Objekt abgeleitet, das auch den Kolben einschließt:

```
. . .
PROCEDURE Kurbel_Pleuel_Kolben.Darstellen;
BEGIN
  Kurbel_Pleuel.Darstellen;
  X4 := X3;        Y4 := Y3 + d/2;
  X5 := X4 + c;    Y5 := Y3 - d/2;
  Rectangle (Round(X4+200),Round(240-
Y4),Round(X5+200),Round(240-Y5));
END;                                                          .
```

Hier wird im Anweisungsteil wiederum als erstes die Methode *Darstellen* des Vorfahr-Objekts *Kurbel_Pleuel* aufgerufen. Wir verwenden dazu allerdings eine Alternative zu INHERITED, nämlich den Typ-Bezeichner des Vorfahren, mit einem Punkt getrennt, dem Methodenbezeichner voranzustellen (dies war in Turbo-Pascal 6.0 die einzige Möglichkeit). Der Methodenaufruf über INHERI-TED bietet den Vorteil, daß man vom Namen des Vorfahren unabhängig wird, später also z.B. den Namen des Vorfahren ändern oder weitere Vorfahren ein-schieben kann, ohne den Anweisungsteil korrigieren zu müssen. Durch die Anga-be des Vorfahrnamens wird die Programmstruktur allerdings transparenter. Aus diesem Grund - und auch damit Besitzer der älteren Version 6.0 die Beispielprogramme ohne Änderungen kompilieren können - wenden wir in allen weiteren Programmbeispielen die Variante ohne INHERITED an.

Es folgt nun die Vervollständigung zu einem lauffähigen Programm, das als Beispielprogramm *Prg2-1.pas* auf der Diskette zu finden ist. Man beachte, daß wir nur noch ein einziges Objekt aufzurufen haben, das alle Algorithmen enthält, wobei auf die Grafikbefehle hier nicht weiter eingegangen wird:

```pascal
PROGRAM Prg2_1;

USES Graph, Crt;

TYPE
  ...
VAR
  Pumpe                      : Kurbel_Pleuel_Kolben;
  i, GraphDriver, GraphMode : Integer;

BEGIN {Hauptprogramm}
  GraphDriver := Detect;             { Grafik initialisieren }
  InitGraph (GraphDriver, GraphMode, '\tp\bgi');
  i := 0;
  WITH Pumpe DO
  BEGIN
    a := 80;  b := 180;  c := 120;  d := 50;
  END;
  REPEAT
    ClearDevice;
    Pumpe.Alpha := i;
    Pumpe.Darstellen;
    IF i >= 360 THEN i := 0 ELSE Inc (i, 15);
  UNTIL KeyPressed;
  CloseGraph;
END.
```

Wenn Sie Borland-Pascal anstelle von Turbo-Pascal verwenden, ist in der Prozedur *InitGraph* der letzte Parameter als » '\bp\bgi' « einzutragen. Kompilieren Sie das Programm, lassen Sie es laufen und erfreuen Sie sich an der drehenden Pumpe.

2.3 Kapselung

Das Programm läuft einwandfrei, und doch enthält es eine Sünde wider das Gebot der sogenannten »Kapselung«, ein Gebot des guten Programmierstils. Kapselung ist das Bestreben, die Daten eines Objekts nicht von dessen Methoden zu trennen. Im Beispiel aber wurden den Feldern von *Pumpe* isoliert von deren Methoden Werte zugewiesen:

```
WITH Pumpe DO
BEGIN
   a := 80;  b := 180;  c := 120;  d := 50;
END;
```

Damit wird die Wiederverwendbarkeit des Objekts gefährdet. Haben mehrere Objekte gleichnamige Felder und Methoden kann es leicht zu Verwechslungen kommen. Das Programm würde dann zwar einwandfrei arbeiten, doch die Ergebnisse wären falsch. Und solche Fehler sind sehr schwer zu lokalisieren!

Guter Programmierstil im Sinne der Kapselung ist es, keine globalen Variablen einzuführen, sondern alle in einem Objekt benötigten Daten als dessen Felder zu definieren. Der natürlich notwendige Import und Export von Daten sollte nicht durch Verwendung der Felder außerhalb des Objekts, sondern durch Methoden des Objekts erfolgen, bei denen die ein- und auszugebenden Daten als formale Parameter erscheinen. Insbesondere die Übergabe von Daten an das Objekt sollte eine eigene Initialisierungsprozedur übernehmen, die *Init* genannt wird. Wir werden später noch sehen, daß *Init* gleichzeitig noch andere Aufgaben erfüllt.

Zur Erläuterung bauen wir unser Beispielprogramm *Prg2-1.pas* nach diesen Regeln zu *Prg2-2.pas* um, in dem die Festlegung der Abmessungen der Pumpenteile in jeweils einer Init-Methode untergebracht wird, die auch den Grafikbildschirm initialisiert. Um den Zuwachs an Übersichtlichkeit zu demonstrieren, wird die Pumpe durch einen zweiten Kolben mit Kurbel und Pleuel ergänzt, der um 90° versetzt rotiert (STIRLING-Prinzip). Das erfordert nicht mehr Aufwand als das Aufrufen einer zweiten Instanz *Pumpe2* des Objekts *Pumpe*:

```
PROGRAM Prg2_2;

USES ...

TYPE

  Kurbel = OBJECT
    X1, Y1, X2, Y2, a, Alpha : Real;
```

```
    PROCEDURE Init (a_ : Real);
    PROCEDURE Darstellen;
  END;


  Kurbel_Pleuel = OBJECT(Kurbel)
    X3, Y3, b : Real;
    PROCEDURE Init (a_, b_ : Real);
    PROCEDURE Darstellen;
  END;


  Kurbel_Pleuel_Kolben = OBJECT(Kurbel_Pleuel)
    X4, Y4, X5, Y5, c, d : Real;
    PROCEDURE Init (a_,b_,c_,d_ : Real);
    PROCEDURE Darstellen;
  END;

PROCEDURE Kurbel.Init (a_ : Real);
VAR
  GraphDriver, GraphMode : Integer;
BEGIN
  GraphDriver := Detect;                  { Grafik initialisieren }
  InitGraph (GraphDriver, GraphMode, '\tp\bgi');
  a := a_;
END;
...
PROCEDURE Kurbel_Pleuel.Init (a_, b_ : Real);
BEGIN
  Kurbel.Init (a_);
  b := b_;
END;
...
PROCEDURE Kurbel_Pleuel_Kolben.Init (a_,b_,c_,d_ : Real);
BEGIN
  Kurbel_Pleuel.Init (a_,b_);
  c := c_; d := d_;
END;
...

VAR
  Pumpe1, Pumpe2 : Kurbel_Pleuel_Kolben;
  i              : Integer;

BEGIN {Hauptprogramm}
  i := 0;
  Pumpe1.Init (80, 180, 120,  50);
  Pumpe2.Init (80, 180, 120, 100);
```

```
    REPEAT
      ClearDevice;
      WITH Pumpe1 DO
      BEGIN
        Alpha := i;
        Darstellen;
      END;
      WITH Pumpe2 DO
      BEGIN
        Alpha := i + 90;
        Darstellen;
      END;
      IF i >= 360 THEN i := 0 ELSE Inc (i, 15);
    UNTIL KeyPressed;
  CloseGraph;
END.
```

Eben noch wurde angemahnt, die Kapselung zu beachten, und doch enthält dieses Beispielprogramm noch immer ein ungekapselt verwendetes Feld, nämlich *Alpha*. Damit soll gezeigt werden, daß die Kapselung kein unumstößliches Dogma ist: Die Sonderbehandlung von *Alpha* wird dadurch gerechtfertigt, daß *Alpha* in einer Schleife ständig hochgezählt wird. Beim Zusammenpacken mit den unveränderlichen Feldern in einer gemeinsamen *Init*-Routine würden diese bei jedem Schleifendurchgang unnötigerweise auch ständig wieder initialisiert.

Zum Schluß noch einmal eine Demonstration, wie vorteilhaft es ist, objektorientiert zu programmieren. Die Kolben sollen mit Zylindern umgeben werden. Dazu gibt es drei Möglichkeiten:

⇨ Wir erzeugen ein neues Objekt *Zylinder* und rufen zwei Instanzen davon auf.

⇨ Wir ändern das Objekt *Kurbel_Pleuel_Kolben* ab, sei es durch Hinzufügen einer Prozedur *Zylinder* oder Änderung der Prozedur *Darstellen*.

⇨ Wir leiten vom Objekt *Kurbel_Pleuel_Kolben* einen Nachkommen *Kurbel_Pleuel_Kolben_Zylinder* ab.

Das letztere wäre die einzige Möglichkeit, wenn das Objekt in einer Unit vorläge, von der ja nur der Interface-Teil zugänglich ist. Da dies häufig so sein wird, greifen wir diese Variante hier auf. Die Modifikation von *Prg2-2.pas* zu *Prg2-3.pas* sieht dann so aus:

```
PROGRAM Prg2_3;

USES ...
```

```
TYPE
  ...
  Kurbel_Pleuel_Kolben_Zylinder = OBJECT(Kurbel_Pleuel_Kolben)
    PROCEDURE Darstellen;
  END;

PROCEDURE Kurbel_Pleuel_Kolben_Zylinder.Darstellen;
BEGIN
  Kurbel_Pleuel_Kolben.Darstellen;
  Rectangle (Round(b-a+195),Round(235-d/2),
             Round(b+a+c+205),Round(245+d/2));
END;
  ...

VAR
  Pumpe1, Pumpe2 : Kurbel_Pleuel_Kolben_Zylinder;
  ...
```

Die Änderung erforderte zwei Schritte:

▷ Definition des Objekts *Kurbel_Pleuel_Kolben_Zylinder* als Nachkomme von *Kurbel_Pleuel_Kolben*,

▷ Unterbringung des Zylinderzeichnens durch Überschreiben der Methode *Darstellen*.

Beim Überschreiben hat man grundsätzlich drei Möglichkeiten:

▷ Die Methode wird gänzlich neu implementiert, es bleibt nur der Name erhalten.

▷ Es wird zuerst das neue Material implementiert, danach wird die Methode des Vorfahren aufgerufen. Dies kommt zum Tragen, wenn zwar die Methode selbst unverändert bleibt, sie aber mit neuen Parametern gestartet werden soll.

▷ Es wird zuerst die Methode des Vorfahren aufgerufen, danach werden die neuen Anweisungen implementiert. Dieser Fall liegt in unserem Beispiel vor: Es soll zunächst die bisherige Pumpe gezeichnet werden, danach werden die Zylinder hinzugefügt (wir lassen hier beiseite, daß es etwas ungeschickt ist, bei jedem Schleifendurchlauf die Zylinder neu zu zeichnen, obwohl sie sich nicht bewegen).

Wichtig zu merken: Felder können nicht überschrieben werden!

2.4 Virtuelle Methoden

Nach dem etwas verspielten Grafikprogramm folgt ein abstrakteres und schwierigeres Kapitel. Um das Problem zu erkennen, das gelöst werden soll, sei wieder ein möglichst einfaches Beispiel konstruiert.

Im nachfolgenden Programm *Prg2-4.pas* wird der Objekttyp *Maennlich* definiert und *Weiblich* als Nachkomme abgeleitet. Beide erhalten die Methode *Name*, die für jedes der Objekte anders definiert ist ('Hans', 'Grete'). Das Objekt *Maennlich* erhält außerdem die Methode *NameNennen*, die ihrerseits die Methode *Name* aufruft und den Namen am Bildschirm ausgibt.

Im Hauptprogramm werden die Instanzen *Junge* und *Maedchen* gebildet und für jede die Methode *NameNennen* aufgerufen, wobei *Maedchen.NameNennen* nicht eigens definiert, sondern vererbt ist. Der Aufruf *Junge.NameNennen* gibt »Hans« aus, der Aufruf *Maedchen.NameNennen* sollte »Grete« ausgeben:

```pascal
PROGRAM Prg2_4;

USES Crt;

TYPE

  Maennlich = OBJECT
    FUNCTION Name : STRING;
    PROCEDURE NameNennen;
  END;


  Weiblich = OBJECT (Maennlich)
    FUNCTION Name : STRING;
  END;

  FUNCTION Maennlich.Name : STRING;
  BEGIN
    Name := 'Hans';
  END;


  PROCEDURE Maennlich.NameNennen;
  BEGIN
    WriteLn (Name);
  END;


  FUNCTION Weiblich.Name : STRING;
  BEGIN
```

```
      Name := 'Grete';
   END;


VAR
   Junge     : Maennlich;
   Maedchen  : Weiblich;

BEGIN
   ClrScr;
   Junge.NameNennen;
   Maedchen.NameNennen;
   REPEAT UNTIL KeyPressed;
END.
```

Kompilieren Sie das Programm und lassen Sie es laufen: Überraschenderweise wird auf dem Bildschirm nicht »Hans« und »Grete«, sondern zweimal »Hans« ausgegeben.

Betrachten wir zur Erklärung den Vorgang, in dem der Compiler die Prozedur *Maennlich.NameNennen* übersetzt, etwas genauer. Da in ihr die Funktion *Maennlich.Name* aufgerufen wird, bindet der Compiler diese fest ein. Kommt der Compiler dann im Hauptprogramm *zu Maedchen.NameNennen*, bildet er eine Referenz zu dem vererbten *Maennlich.NameNennen*, das seinerseits eine feste (»statische«) Bindung zu *Maennlich.Name* hat. So kommt *Weiblich.Name* überhaupt nicht zum Zuge!

Ein Ausweg wäre, im Objekt *Weiblich* die Prozedur *NameNennen* noch einmal zu deklarieren, aber dann wäre das Prinzip der Vererbung zunichte gemacht. Der Ausweg, den die objektorientierte Programmierung in Turbo-Pascal bietet, ist die »virtuelle« Methode. Bei ihr wird eine Methode »dynamisch« an die sie aufrufende Methode gebunden.

Eine Methode, die unter gleichem Namen, aber in unterschiedlicher Implementierung in Nachkommen-Objekten erscheint, wird durch das reservierte Wort VIRTUAL zur virtuellen Methode erklärt. Dies bewirkt, daß die Einbindung dieser gleichnamigen Methoden in eine aufrufende Methode bis zur Laufzeit des Programms zurückgestellt wird. Dann erst wird an Hand einer »Virtuelle-Methoden-Tabelle (VMT)« festgestellt, aus welchem Objekt die aufgerufene Methode zu nehmen ist. Daß dies erst zur Laufzeit des Programms bestimmt werden kann, ist leicht einzusehen, wenn man sich z.B. vorstellt, daß erst durch eine Nutzereingabe ein bestimmtes Objekt zum Zuge kommt.

Zum Erzeugen virtueller Methoden gehört jedoch noch ein zweiter Schritt. Vor Aufruf einer virtuellen Methode muß die VMT durch eine Initialisierungsmethode angelegt werden. Der Typ einer solchen Methode heißt Konstruktor und erhält das reservierte Wort CONSTRUCTOR; es reiht sich ein in PROCEDURE und FUNCTION (später wird noch DESTRUCTOR hinzukommen). Der Konstruktor erhält meist den Prozedurnamen *Init*. Im allgemeinen werden in ihm auch alle anderen erforderlichen Initialisierungen untergebracht. Beachten Sie: Ohne Konstruktor führen virtuelle Methoden zum Absturz des Programms! Jede einzelne Instanz der Objekte muß vor Benutzung seiner virtuellen Methoden den zugehörigen Konstruktor aufrufen.

Wir führen nun in unserem Beispielprogramm *Prg2-4.pas* die virtuellen Methoden ein und nennen es *Prg2-5.pas*. Als virtuell ist die Funktion *Name* zu deklarieren, da sie unter gleichem Namen in mehreren Objekten vorkommt. Die Methode CONSTRUCTOR ist in jedem Objekt, das virtuelle Methoden enthält, hinzuzufügen; in unserem Beispiel also in den beiden Objekten *Maennlich* und *Weiblich*:

```
PROGRAM Prg2_5;

USES Crt;

TYPE

  Maennlich = OBJECT
    CONSTRUCTOR Init;
    FUNCTION Name : STRING; VIRTUAL;
    PROCEDURE NameNennen;
  END;

  Weiblich = OBJECT (Maennlich)
    CONSTRUCTOR Init;
    FUNCTION Name : STRING; VIRTUAL;
  END;

CONSTRUCTOR Maennlich.Init;
BEGIN
END;
  ...


CONSTRUCTOR Weiblich.Init;
BEGIN
END;
```

Jetzt läuft das Programm korrekt: Als Ausgabe erscheint »Hans« und »Grete«. Man beachte, daß die Methoden CONSTRUCTOR nur scheinbar leer sind, tatsächlich aber ihre Aufgabe schon allein durch ihren Aufruf erledigen.

Eigentlich brauchen Methoden, die unter gleichem Namen in verschiedenen Objekten vorkommen, nur dann als virtuell deklariert zu werden, wenn sie von vererbten Methoden aufgerufen werden. Da jedoch eine überflüssigerweise als virtuell deklarierte Methode keinen Schaden anrichtet, hingegen eine fälschlicherweise nicht als virtuell definierte Methode zu falschen Resultaten führt, sollte man gleichnamige Methoden immer als virtuell anlegen. Man beachte, daß eine als virtuell definierte Methode in jedem Nachkommen, in dem sie neu definiert wird, nicht nur den gleichen Namen, sondern auch die gleiche Parameterliste haben muß, falls diese vorhanden ist; auch der Zusatz VIRTUAL muß jedesmal hinzugefügt werden.

2.5 Zuweisungskompatibilität

Variable können anderen Variablen nur dann zugewiesen werden, wenn sie typenkompatibel sind. Beispielsweise kann eine Integer-Variable einer Real-Variablen zugewiesen werden, aber nicht umgekehrt, da die ganzen Zahlen eine Teilmenge der reellen Zahlen sind. Ein analoges Problem stellt sich bei Instanzen von Objekten, die ja auch als Variable anderen Variablen zugewiesen werden können, beispielsweise als formale Parameter in Prozeduren. Konstruieren wir ein Beispiel, das sich der Objekte aus unserem Beispielprogramm *Prg2-1.pas* bedient (wobei *Drehen* eine gewöhnliche Prozedur und keine Methode sei):

```
PROCEDURE Drehen (Pumpenteil : Kurbel);
...
VAR
  Pumpe : Kurbel_Pleuel_Kolben

{Hauptprogramm}
...
Drehen (Pumpe);
...
```

Dies ist eine erlaubte Zuweisung, denn *Pumpe* ist die Instanz eines Nachkommens des Objektes *Kurbel*, d.h. *Pumpe* enthält **mindestens** alle von *Kurbel* benötigten Felder und Methoden.

Das nächste Beispiel zeigt eine unzulässige Zuweisung:

```
PROCEDURE Drehen (Pumpenteil : Kurbel_Pleuel_Kolben);
...

VAR
  Pumpenkurbel : Kurbel;

{Hauptprogramm}
...
Drehen (Pumpenkurbel);
...
```

Die Instanz *Pumpenkurbel* des Objekts *Kurbel* enthält als Vorfahr weniger Felder und Methoden als der in der Parameterliste von *Drehen* geforderte Nachkomme *Kurbel_Pleuel_Kolben*.

Daraus leitet sich die allgemeine Regel ab: Vorfahren sind zuweisungskompatibel zu Nachkommen.

2.6 Zeiger

In Turbo-Vision werden gewöhnlich nicht die Instanzen von Objekten, sondern Zeiger auf diese Instanzen verwendet. In diesem Kapitel sollen daher die Objektzeiger-Variablen besprochen werden. Im großen und ganzen unterscheiden sie sich nicht von Zeigern auf andere Datentypen.

Da es sicher viele Turbo-Pascal-Programmierer gibt, die bisher einen Bogen um Zeiger gemacht haben, folgt hier zunächst ein kurzes Repetitorium der Zeigervariablen. Variable des Datentyps »Zeiger« unterscheiden sich in zwei Punkten von den übrigen Variablen:

⇨   Nach der Deklaration sind die Variablen noch nicht »richtig« vorhanden, sondern sie müssen im Anweisungteil des Programms (der Prozedur) erst erzeugt werden. Ebenso müssen sie auch im Laufe des Programms wieder beseitigt werden.

⇨   Man greift häufig auf die Speicher-Adresse der Zeigervariablen statt auf die Variable selbst zu.

Man unterscheidet typengebundene und typenlose Zeiger.

Typengebundene Zeiger:

Ein typengebundener Zeiger wird mit Hilfe des Zeichens ^ deklariert, das **vor** den Variablenbezeichner gesetzt wird. Nach der Deklaration wird der Zeigervariablen mittels der Funktion *New* (auch als Prozedur verwendbar) Speicherplatz zugewiesen und der Zeiger auf die Anfangsadresse dieses Speicherbereiches gesetzt. Für Zeiger auf Strings gibt es die Prozedur *NewStr*, eine Spezialform von *New*.

Auf den Inhalt der Zeigervariablen greift man zu, indem **hinter** den Variablenbezeichner ein ^ gesetzt wird. nach Gebrauch wird mit *Dispose* der Speicherplatz wieder freigegeben; zu *NewStr* gehört *DisposeStr*. Ein Beispiel zur Verwendung der Zeiger:

```
TYPE RealZeiger    = ^Real;

VAR  Preiszeiger   : RealZeiger;   { alternativ:  Preiszeiger : ^Real }
     R             : Real;

BEGIN
  R                := 34.56;
  Preiszeiger    := New(RealZeiger); {Initialisierung von
                                      Preis durch Funktion New,
                                      alternativ New als
                                      Prozedur:
                                      New(Preiszeiger) }
  Preiszeiger^ := R;
  WriteLn(Preiszeiger^:10:2, ' DM');
  Dispose(Preiszeiger);
END.
```

Die wichtigste Anwendung für Zeiger sind verkettete Listen. Jedes Element der Liste hat einen Inhalt (z.B »Gegenstand« und »Preis«) und einen Zeiger auf das nächste Listenelement:

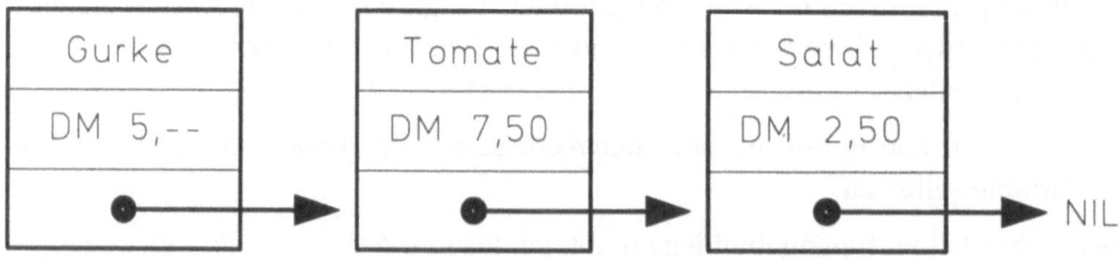

Bild 2-2: Schema einer verketteten Liste

Das Programmbeispiel dazu, *Prg2-6.pas*, sieht folgendermaßen aus:

```pascal
PROGRAM Prg2_6;

TYPE
  Zeiger        = ^Listenelement;
  Listenelement = RECORD
                          Bezeichnung: STRING;
                          Preis      : Real;
                          Next       : Zeiger;
                  END;

VAR
  Element, Nachfolger : Zeiger;

BEGIN
{Liste erzeugen: }
  New(Element);                       { mit letztem Listenelement
                                        beginnen }
  WITH Element^ DO
  BEGIN  Bezeichnung := 'Salat '; Preis := 2.50;  Next := NIL; END;

  Nachfolger := Element;              { letztes Element ist jetzt
                                        Nachfolger in der Kette }

  New(Element);                       { Element davor einfügen }
  WITH Element^ DO
  BEGIN  Bezeichnung := 'Tomate'; Preis := 7.50; Next := Nachfolger; END;


  Nachfolger := Element;

  New(Element);                       { davor noch ein Element
                                        einfügen }
  WITH Element^ DO
  BEGIN  Bezeichnung := 'Gurke '; Preis := 2.00; Next := Nachfolger; END;

{Liste ausgeben: }
  REPEAT
    WITH Element^ DO WriteLn(Bezeichnung, Preis:8:2);
    Element := Element^.Next;
  UNTIL Element^.Next = NIL;
  WITH Element^ DO WriteLn(Bezeichnung, Preis:8:2); { letztes
                                        Element nicht vergessen! }
  ReadLn;
END.
```

Sobald mit *New* ein Listenelement erzeugt worden ist, werden seinen Komponenten Werte zugewiesen. Die Komponente *Next* vom Typ *Zeiger* erhält beim letzten Element den Wert *NIL* (engl.: Not in List), der auf nichts zeigt. Temporär wird dieses Listenelement nun *Nachfolger* genannt und das vorausgehende Listenelement, wieder mit Namen *Element*, erzeugt, dessen Zeiger nun auf *Nachfolger*, also auf das vorher erzeugte Element gesetzt wird. So kann die Reihe beliebig fortgesetzt werden.

Beim Lesen der Liste hangelt man sich ab dem zuletzt erzeugten Element (das erste in der Kette) an den Zeigern *Next* entlang, wobei das letzte Listenelement daran erkannt wird, daß *Next* auf *NIL* zeigt. Streng genommen müßte am Programmende der von den Listenelementen belegte Speicher wieder freigegeben werden. Dazu müßte man die Liste abermals vom Beginn an durchlaufen und mit *Dispose(Element)* jedes einzelne Element löschen. Auf die Wiedergabe eines Programmcodes, der ähnlich aussähe wie die Leseroutine, wurde hier verzichtet. Wenn Sie das Programm selbst ergänzen möchten, ein Tip: Mit der Funktion *MemAvail* - an den Anfang und das Ende des Programms gesetzt - kann man kontrollieren, ob der Speicher wirklich vollständig freigegeben wurde.

Verketteten Listen werden wir bei der Menüleiste und der Statuszeile von Turbo-Vision wieder begegnen.

Untypisierte Zeiger

Eine Variable des Typs *Pointer* ist ein Zeiger, der keinen bestimmten Variablen-Typ referenziert. Daher ist z.B. die Konstruktion P^ nicht erlaubt, wenn P vom Typ *Pointer* ist, da P auf eine Adresse zeigt, aber nicht wissen kann, welcher Datentyp dort abgespeichert ist. Andererseits kann einem Pointer jeder beliebige typengebundene Zeiger zugewiesen werden. Erlaubt ist demnach folgendes Programm:

```
TYPE
  P          = Pointer;
  Realzeiger = ^Real;

VAR
  UntypZeiger : P;
  R           : Real;
  PR          : Realzeiger;
```

```
BEGIN
  R              := 34.56;
  New(PR);
  PR^            := R;
  UntypZeiger := PR;
  WriteLn(RealZeiger(UntypZeiger)^:10:2);
  ...
```

Die Konstruktion *Realzeiger(UntypZeiger)*, allgemein

Typenbezeichner(Pointer-Variable),

wird als Typenumwandlung (engl.: Type Casting) bezeichnet. Sie sorgt dafür, daß jetzt die Bytes ab der referenzierten Adresse als ein bestimmter Datentyp interpretiert werden, hier als Zeiger auf eine Realzahl. Jetzt ist *RealZeiger(UntypZeiger)^* eine Realzahl und kann z.B. mit *WriteLn* ausgegeben werden.

Ähnlich dem *Pointer* verhält sich der Adreßoperator @. Auf eine Variable angewandt erschließt er die Speicheradresse dieser Variablen. Die Konstruktion

$$P := @R \qquad \text{mit } R = \text{reelle Zahl und } P = \text{Zeigertyp}$$

setzt den Zeiger P auf die Startadresse der reellen Zahl R. Folgende Programmanweisungen sind denkbar:

```
TYPE
  RealZeiger = ^Real;

VAR
  UntypZeiger : Pointer;
  R           : Real;
  PR          : ^Real;

BEGIN
  R           := 34.56;
  UntypZeiger := @R;
  PR          := @R;
  WriteLn(RealZeiger(UntypZeiger)^, PR^);
  ...
```

Beide Parameter von *WriteLn* liefern das gleiche Ergebnis: 34,56. Man beachte, daß keine dynamische Variable mit *New* aufgebaut werden muß.

Um zu verhindern, daß ein mit @ erzeugter Zeiger einem inkompatiblen Zeigertyp zugewiesen wird, muß der Compiler-Schalter {$T+} (= Typenüberprüfung) gesetzt werden (nur Version 7.0). Bei falscher Zuweisung wird die Kompilierung mit einer Fehlermeldung abgebrochen. Im folgenden Programmausschnitt wird der Adreßoperator auf eine Integerzahl angewandt und dann einem Zeiger auf

Realzahlen zugewiesen. Wenn {$T+} nicht gesetzt ist, wird zwar kompiliert, aber ein unsinniges Ergebnis angezeigt!

```
VAR
  I  : Integer;
  PR : ^Real;

BEGIN
  I  := 17;
  PR := @I;  (* Führt zu Compiler-Fehlermeldung bei {$T+} *)
  WriteLn(PR^);
  ...
```

Allen besprochenen Zeigerarten werden wir bei den Turbo-Vision-Objekten wieder begegnen.

Zeiger auf Objekte

In Turbo-Vision ist es üblich, die Typenbezeichner von Objekten mit »T« beginnen zu lassen, analog dazu beginnen Bezeichner von Zeigern (engl.:Pointer) mit »P«. Dieser Gepflogenheit soll auch in unseren Beispielen gefolgt werden. Der Gebrauch von Zeigern auf Objekte wird anhand des Beispielprogramms *Prg2-7.pas* dargestellt, dessen Basis *Prg2-5.pas* ist:

```
PROGRAM Prg2_7;

USES Crt;

TYPE

  PMaennlich = ^TMaennlich;
  TMaennlich = OBJECT
    CONSTRUCTOR Init;
    ...
  END;

  PWeiblich = ^TWeiblich;
  TWeiblich = OBJECT (Maennlich)
    CONSTRUCTOR Init;
    ...
  END; .
```

Man beachte, daß hinter *OBJECT(...)* kein Semikolon stehen darf!

Soweit die Typenvereinbarung. Nun muß noch Speicherplatz für die Objektinstanzen, auf welche sich die Zeiger beziehen (Bezugsvariablen), geschaffen werden. Die dafür vorgesehene altbekannte Prozedur *New* steht für Objekte in einer erweiterten Form zur Verfügung, indem sie mit dem Konstruktor *Init* zusammengefaßt wurde. Dabei kann sie nach wie vor als Prozedur oder Funktion verwendet werden:

Verwendung als Prozedur:

```
New(PMaennlich, Init).
```

Verwendung als Funktion:

```
VAR
   Junge     : PMaennlich;

Junge := New(PMaennlich, Init);.
```

New hat also zwei Parameter:

- ⇨ Typenbezeichner des Zeigers auf das Objekt,

- ⇨ Bezeichner des Konstruktors des Objekts (hier: *Init*).

Im allgemeinen wird *Init* noch formale Parameter zur Initialisierung der Objekt-Felder haben. Als Funktion gibt *New* einen Zeiger auf eine Objektinstanz zurück. Die Zuweisung von *New* an eine Zeigervariable ist der übliche Weg zur Erzeugung einer Zeiger-Instanz eines Objekts. Als Prozedur wird *New* meist in Verbindung mit der Funktion *Insert* verwendet, z.B.

```
Insert(New(PStaticText, Init(Bounds, TextZeile)));          .
```

Der mit *New* erzeugte Speicherplatz muß am Ende wieder freigegeben werden. Das geschieht mit dem Pendant zu *New*, der Prozedur *Dispose*. *Dispose* existiert ausschließlich als Prozedur, nicht als Funktion. Auch *Dispose* wird in erweiterter Form verwendet, wobei das Pendant zum Konstruktor *Init* hier als »Destruktor« *Done* eingeführt wird. Für diese Methode ist die Bezeichnung DESTRUCTOR reserviert. Der Name des Destruktors ist so beliebig wie der Name des Konstruktors; wir schließen uns aber dem Gebrauch der Bezeichner *Init* und *Done* in Turbo-Vision an. Der erste Parameter der Prozedur *Dispose* ist der Name der Variablen (vom Typ Zeiger auf Objekt), die beseitigt werden soll, der zweite Parameter ist der Name des Destruktors.

Der Destruktor *Done* ist (im Gegensatz zum Konstruktor!) als VIRTUAL zu deklarieren. Wurde außer für die Instanz des Objekts noch Speicherplatz zu anderen Zwecken auf dem Heap reserviert, so ist in *Done* auch die Freigabe dieses Speicherbereichs unterzubringen. Der *Done*-Destruktor ist bei Turbo-Vision-Objekten natürlich von Haus aus schon vorhanden und muß nur noch aufgerufen werden; ansonsten ist Done als »leere« Prozedur zu implementieren:

```
DESTRUCTOR Done;
BEGIN
END; .
```

Done kann nie allein, sondern nur als zweiter Parameter in *Dispose* vorkommen.

Hier noch einmal der Gebrauch von *New* und *Dispose* sowie *Init* und *Done* in Gegenüberstellung:

```
VAR
  Junge : PMaennlich;
...

Junge := New      (PMaennlich, Init);
           ⇕_                    ⇕
           Dispose (Junge,       Done);
```

Im Programm *Prg2-7.pas* werden jetzt die Objekte und Methoden von *Prg2-5.pas* entsprechend auf Zeigervariable umgebaut:

```
...
TYPE
  PMaennlich = ^TMaennlich;
  TMaennlich = OBJECT
    CONSTRUCTOR Init;
    DESTRUCTOR Done; VIRTUAL;
    FUNCTION Name : STRING; VIRTUAL;
    PROCEDURE NameNennen;
  END;

  PWeiblich = ^TWeiblich;
  TWeiblich = OBJECT (TMaennlich)
    CONSTRUCTOR Init;
    DESTRUCTOR Done; VIRTUAL;
    FUNCTION Name : STRING; VIRTUAL;
  END;


CONSTRUCTOR TMaennlich.Init;
BEGIN
END;


DESTRUCTOR TMaennlich.Done;
BEGIN
END;


PROCEDURE TMaennlich.NameNennen;
```

```
BEGIN
  WriteLn (Name);
END;

FUNCTION TMaennlich.Name : STRING;
BEGIN
  Name := 'Hans';
END;

CONSTRUCTOR TWeiblich.Init;
BEGIN
END;

DESTRUCTOR TWeiblich.Done;
BEGIN
END;

FUNCTION TWeiblich.Name : STRING;
BEGIN
  Name := 'Grete';
END;
VAR
  Junge    : PMaennlich;
  Maedchen : PWeiblich;

BEGIN
  ClrScr;
  Junge := New(PMaennlich, Init);
  Junge^.NameNennen;
  Dispose(Junge, Done);

  Maedchen := New(PWeiblich,  Init);
  WITH Maedchen^ DO
  BEGIN
    NameNennen;
    Dispose(Maedchen, Done);
  END;

  REPEAT UNTIL KeyPressed;
END.
```

-Beim Aufruf der Objektmethoden wurden noch einmal beide Varianten, Punkt-
konstruktion und WITH-Schleife, dargestellt, wobei der Aufruf der Methode
Dispose(Maedchen, Done) auch außerhalb der WITH-Schleife stehen könnte.

2.7 Übersicht bewahren

Beim Programmieren ist es wichtig, die Übersicht über die Abfolge und die Verzweigungen des Programmablaufs zu bewahren. Dazu diente herkömmlicherweise das Flußdiagramm und später die Methode der strukturierten Programmierung mit dem Nassi-Shneiderman-Diagramm als Hilfsmittel.

Ganz anders ist es beim objektorientierten Programmieren. Hier besteht die erste Aufgabe darin, in dem zu programmierenden Problem Objekte zu erkennen, das heißt, Variable und Prozeduren zu finden, die eine gewisse Zusammengehörigkeit haben und als Felder und Methoden eines Objektes zusammengefaßt werden können. Im nächsten Schritt sollte versucht werden, Gemeinsamkeiten von Objekten untereinander zu finden. Daraus wird dann eine Objekthierarchie gebildet, indem Objekte als Vorfahren oder Nachkommen anderer Objekte erkannt werden.

Zwei Vorgehensweisen führen im allgemeinen zum Ziel:

⇨ Man legt das erste Objekt einer Hierarchiekette von Objekten als das einfachste der Kette an. Das heißt, es wird mit einem Minimum an Feldern und Methoden ausgestattet. Jedes davon abgeleitete Nachfahr-Objekt erhält zusätzlich weitere Felder und Methoden. Unser Beispiel mit der *Pumpe* von Kap. 2 ist nach diesem Schema aufgebaut.

⇨ Eine zweite Vorgehensweise besteht darin, schon in dem Ausgangsobjekt möglichst viele Felder und Methoden der Nachkommen zu implementieren und jedes Nachkommen-Objekt von diesem Vorfahr abzuleiten, wobei die Methoden jeweils - soweit erforderlich - überschrieben werden. Das kann dazu führen, daß Methoden zwar beim Vorfahr-Objekt deklariert werden, daß ihr Ausführungsteil aber zunächst leer bleibt. Ein Objekt, das für sich selbst »zu nichts nütze« ist, wird in Turbo-Vision »abstraktes« Objekt genannt.

Schon an unseren bisherigen Beispielen konnte man sehen, daß das Hauptprogramm eines Turbo-Vision-Programms sehr kurz wird und daß den größten Anteil im Programmtext die Auflistung der Objekte und die Implementierung der Methoden einnimmt. Man muß deshalb versuchen, mit Hilfsmitteln, ähnlich den Strukturdiagrammen, die den Objekten und deren Feldern und Methoden innewohnende Ordnung sichtbar zu machen.

Für eine Kette von abgeleiteten Objekten bietet sich dafür eine tabellarische Darstellung an, in der kenntlich gemacht wird, welche Objekte vererbt, neu oder überschrieben sind (Bild 2-3). Für jedes Objekt wird eine Zeile vorgesehen, wobei das in der Zeile darunter stehende Objekt ein Nachkomme des darüberstehenden ist. Die Spalten sind die Felder und Methoden. Ein Vollkästchen wird dort eingetragen, wo das Feld (oder die Methode) zum erstenmal definiert wird oder wo - unter dem gleichen Namen - die Methode neu definiert wird. In den Zeilen darunter wird ein helles Kästchen eingetragen, was heißt, daß dieses Objekt die Methode von einem darüberstehenden Objekt geerbt hat.

Für jede »Ahnenreihe« muß allerdings eine eigene Tabelle angelegt werden. Auch wenn von einem Objekt mehrere Nachkommen abgeleitet werden, empfiehlt es sich, den Vorfahr bei jedem Nachkommen noch einmal aufzuführen.

Bild 2-3 zeigt als Beispiel die Objekte, Felder und Methoden des Programms *Prg2-3.pas* (Pumpe).

Objekt	Felder															Methoden	
	X1	Y1	X2	Y2	a	Alpha	X3	Y3	b	X4	Y4	X5	Y5	c	d	Init	Darstellen
Kurbel	■	■	■	■	■	■										■	■
Kurbel_Pleuel	□	□	□	□	□	□	■	■	■							■	■
Kurbel_Pleuel_Kolben	□	□	□	□	□	□	□	□	□	■	■	■	■	■	■	■	■
Kurbel_Pleuel_Zylinder	□	□	□	□	□	□	□	□	□	□	□	□	□	□	□	□	■

   ■   =   eigenständige oder überschriebene Methode

   □   =   geerbte Methode

Bild 2-3: Darstellung der Objekthierarchie

Beim Schreiben des Programms werden zuerst alle Objekte im Typendeklarationsteil aufgelistet. Danach folgen alle Implementationen der Methoden. So stehen unter Umständen die Methoden räumlich sehr weit von ihren Objekten entfernt. Je größer das Programm, desto mühsamer wird es dann, die Übersicht über den Zusammenhang zwischen Objekten und ihren Methoden zu behalten.

Um Programme übersichtlich zu halten, kann man aus einem Listing die Objektdeklarationen ausschneiden und auf einem großen Papierbogen **nebeneinander** aufkleben. Unter der jeweiligen Objektdeklaration werden die Methodenimplementationen angeordnet, wobei gleichnamige Methoden abgeleiteter Objekte nebeneinander zu liegen kommen. Für unser Beispielprogramm *Prg2-7.pas* sieht das so aus wie in Bild 2-4 dargestellt. Natürlich wird hier jeder Programmierer im Laufe der Zeit seinen eigenen Stil entwickeln.

```
PMaennlich = ^TMaennlich;
TMaennlich = OBJECT
  CONSTRUCTOR Init;
  DESTRUCTOR Done; VIRTUAL;
  FUNCTION Name : STRING;
                  VIRTUAL;
  PROCEDURE NameNennen;
END;
```

```
PWeiblich = ^TWeiblich;
TWeiblich = OBJECT (TMaennlich)
  CONSTRUCTOR Init;
  DESTRUCTOR Done; VIRTUAL;
  FUNCTION Name : STRING;
                  VIRTUAL;
END;
```

```
CONSTRUCTOR TMaennlich.Init;
BEGIN
END;

DESTRUCTOR TMaennlich.Done;
BEGIN
END;

FUNCTION TMaennlich.Name : STRING;
BEGIN
  Name := 'Hans';
END;

PROCEDURE TMaennlich.NameNennen;
BEGIN
  WriteLn (Name);
END;
```

```
CONSTRUCTOR TWeiblich.Init;
BEGIN
END;

DESTRUCTOR TWeiblich.Done;
BEGIN
END;

FUNCTION TWeiblich.Name : STRING;
BEGIN
  Name := 'Grete';
END;
```

```
VAR
   Junge     : PMaennlich;
   Maedchen  : PWeiblich;

{ Hauptprogramm }
...
```

Bild 2-4:   *Layout eines Programmlistings, das die Felder und Methoden*
                den Objekten zuordnet

2.8 Turbo-Vision: Eine Sammlung von Objekten

Turbo-Vision ist eine Sammlung von Objekten. Darum war es erforderlich, in den vorangegangenen Kapiteln den Umgang mit Objekten einzuüben. Die meisten Turbo-Vision-Objekte sind auf dem Bildschirm darstellbare Elemente von Ein- und Ausgabemenüs, z.B. Umrahmungen, Eingabezeilen, Auswahlfelder,

Schalter, Rollbalken. Diese Objekte unterscheiden sich aber wesentlich von den Ergebnissen üblicher Maskengeneratoren, denn sie reagieren auf »Ereignisse«. Das sind Eingaben über die Tastatur, Mausklicks, aber auch vom Programm selbst erzeugte Kommandos.

Eines der Objekt spielt eine besondere Rolle. Es heißt *TApplication* und wird zum Vorfahr jedes Nutzerprogramms. Mit anderen Worten: Ein Nutzerprogramm wird stets als Nachkomme von *TApplication* definiert. Damit wird das ganze Programm ein Objekt, dem von vornherein bestimmte Eigenschaften ohne Zutun des Programmierers durch Vererbung zugewachsen sind. Um schlüssige Programme zu erhalten, muß der Programmierer sich jedoch ausschließlich der Turbo-Vision-Objekte bedienen und von eigenen Ein- und Ausgaberoutinen absehen, da diese den Turbo-Vision-Objekten nicht »bekannt« sind und bei der Bildschirmdarstellung nicht berücksichtigt werden. Das sei an einem Beispiel erläutert: Wenn Sie in das Objekt »Dialogfenster« verschiedene Objekte wie Eingabezeilen, Auswahlfelder usw. eingefügt haben und das Fenster löschen, verschwinden auch diese Objekte im Fensterinnern, ohne daß Sie sich darum im einzelnen kümmern müssen.

Wo bleiben nun die eigentlichen Funktionen, die das Programm ausführen soll, das Wichtigste des eigenen Nutzerprogramms? Sie verschwinden fast in den Turbo-Vision-Objekten, denn sie tauchen nur als Prozeduraufrufe in einer Methode namens *HandleEvent* auf. Natürlich kann man die Prozeduren der eigentlichen Programmfunktionen in gewohnter Weise schreiben und in *HandleEvent* aufrufen, eleganter ist es jedoch, auch diese eigenen Algorithmen zu Objekten zu machen.

Die (kompilierten) Units der Turbo-Vision-Objekte sind im Unterverzeichnis UNITS gesammelt. Es sind dies

- ⇨ App
- ⇨ ColorSel
- ⇨ Dialogs
- ⇨ Drivers
- ⇨ Editors
- ⇨ HistList
- ⇨ Memory
- ⇨ Menus
- ⇨ MsgBox

  ⇨ Objects

  ⇨ Outline

  ⇨ StdDlg

  ⇨ TextView

  ⇨ Validate

  ⇨Views.

Weitere Turbo-Vision-Units und -Beispielprogramme im Quellcode, die wir z. T. im folgenden benutzen werden, befinden sich im Verzeichnis TVDEMO, und zwar:

  ⇨ ASCIITab

  ⇨ Calc

  ⇨ Calendar

  ⇨ DemoCmds

  ⇨ DemoHelp

  ⇨ DemoStrs

  ⇨ Gadgets

  ⇨ GenRDemo

  ⇨ HelpFile

  ⇨ MkrDemo

  ⇨ MouseDlg

  ⇨ Puzzle

  ⇨ TVDemo

  ⇨ TVEdit

  ⇨ TVHC

  ⇨ TVRDemo.

Im Referenzteil des Turbo-Pascal-Handbuchs ist jeweils angegeben, in welcher Unit sich ein Objekt befindet. Am einfachsten ist es aber, im Kopf eines Nutzerprogramms unter USES alle obigen Units aufzuführen. Das Programm wird dadurch nicht verlängert, da beim Kompilieren nur die tatsächlich benutzten Units herangezogen werden.

2.9 TApplication - Vorfahr aller Nutzerprogramme

TApplication ist kein Ur-Objekt, sondern hat seinerseits 4 Vorfahr-Generationen, von denen es eine Vielzahl von Feldern und Methoden geerbt hat:

```
TObject - TView - TGroup - TProgram - TApplication.
```

Wir greifen hier aber nur die zunächst wichtigsten Eigenschaften heraus. Beginnen wir gleich mit einem Beispiel. Unser Beispielprogramm heißt*Prg2-8.pas* und wird als Objekt *TMeinPrg* von *TApplication* abgeleitet:

```
PROGRAM Prg2_8;

USES App;

TYPE
  TMeinPrg = OBJECT(TApplication)
  END;

VAR
  MeinPrg : TMeinPrg;
```

MeinPrg als Instanz eines Nachkommen-Objektes von *TApplication* hat die drei Methoden *Init*, *Run* und *Done* geerbt, mit denen der ganze Hauptteil des Programms bestritten wird:

```
...
BEGIN {Hauptprogramm}
  MeinPrg.Init;
  MeinPrg.Run;
  MeinPrg.Done;
END.
```

Da unser Objekt *TMeinPrg* keine der Komponenten des Vorfahren *TApplication* überschreibt, hätten wir *MeinPrg* auch direkt als Instanz von *TApplication* deklarieren können:

```
PROGRAM Prg2_8;

USES App;

VAR
  MeinPrg : TMeinPrg;
```

```
BEGIN {Hauptprogramm}
  MeinPrg.Init;
  MeinPrg.Run;
  MeinPrg.Done;
END.
```

Vorsorglich wurde aber *TMeinPrg* schon im Hinblick auf den weiteren Ausbau unseres Programms erstellt.

Kompilieren Sie das Programm und lassen Sie es laufen. Es erscheint der in Bild 2-5 gezeigte, noch ziemlich leere Bildschirm.

Bild 2-5: Bildschirm des Programms Prg2-8.pas

Der Konstruktor *Init* übernimmt die Initialisierungen des Programms und endet mit der Bildschirmdarstellung. Die gerasterte Mittelfläche ist das *DeskTop* (= Arbeitsfläche), auf dem die Ein- und Ausgaben stattfinden werden. In der linken oberen Ecke befindet sich der Maus-Cursor. Die unterste Bildschirmzeile wird Statuszeile genannt, sie könnte auch Informations-, Nachrichten- oder Meldezeile heißen, aber wir folgen hier der Nomenklatur des Turbo-Vision-Handbuches. Die oberste Bildschirmzeile, die Menüzeile, enthält üblicherweise das Hauptmenü und ist bis jetzt leer.

Die Statuszeile informiert meist über die gerade verfügbaren Tastenbelegungen. Hier ist der einzige Eintrag zur Zeit *Alt-X Exit*. Während Sie das Bild betrachten, läuft die Methode *Run* ab, eine Schleife, die auf die Nutzereingaben wartet und diese »Ereignisse« dann auswertet. Im Beispielprogramm hat der Nutzer nur eine einzige Aktionsmöglichkeit, nämlich das Programm zu beenden, das aber in zwei Varianten:

⇨ Gleichzeitiges Drücken der Tasten *Alt* und *X*, was durch die rote Hervorhebung von *Alt-X* angezeigt wird;

⇨ Anklicken des Statuszeilen-Eintrags *Alt-X Exit* mit der linken Maustaste.

Nach Eintreffen eines dieser beiden möglichen Ereignisse übernimmt der Destruktor *Done* das geordnete Beenden des Programms und die Rückkehr zum DOS.

Sollten Sie der Meinung sein, das Programm sei doch bis jetzt recht dürftig, so sollten Sie den Programmieraufwand von 13 Zeilen mit der Mühsal vergleichen, die z.B. das Selbstprogrammieren allein der Mausabfragen verursachen würde.

3 Menüs

Der Dreh- und Angelpunkt eines jeden Nutzerprogramms ist das Hauptmenü. Hier ruft der Nutzer die von ihm gewünschten Funktionen auf, und hierhin kehrt er nach Ausführung eines Programmteils auch zurück. Es ist zum Standard geworden, die oberste Bildschirmzeile als Hauptmenü einzurichten. Falls gewünscht, kann das Hauptmenü aber auch in Form eines Fensters in der Arbeitsfläche angelegt werden. Wenn zahlreiche Funktionen unterzubringen sind, müssen die Menüpunkte durch herausklappende Untermenüs erweitert werden. Auch einem Untermenüpunkt kann ein weiteres Untermenü in zweiter Hierarchiestufe zugeordnet werden.

3.1 Die Menüzeile

Die Menüzeile wird mittels der Methode *InitMenuBar* des Objekts *TApplication* erzeugt, die wir überschreiben müssen, um das spezielle Menü unserer Anwendung zu konstruieren. Die dafür erforderlichen Objekte *TMenuBar* und *TMenuBox* befinden sich in der Unit *Menu*s:

```
                                          ┌── TMenuBar
   TObject - TView - TMenuView  ──────┤
                                          └── TMenuBox
```

Unser Programm *Prg2-8.pas* wird nun dementsprechend erweitert zu *Prg3-1.pas*:

```pascal
PROGRAM Prg3_1;

USES App, Objects, Menus, Drivers, Views;
...
TYPE
  TMeinPrg = OBJECT(TApplication)
    PROCEDURE InitMenuBar; VIRTUAL;
  END;

PROCEDURE TMeinPrg.InitMenuBar;
VAR
  R : TRect;
```

```
BEGIN
  GetExtent(R);
  R.B.Y := R.A.Y + 1;
  MenuBar := New(PMenuBar, Init(R, NewMenu(...
    ...
```

Zweck der Methode *InitMenuBar* ist es, eine Instanz *MenuBar* des Objekts *TMenuBar* (oder alternativ *TMenuBox*) zu erzeugen. Der Konstruktor *TMenuBar.Init* enthält zwei Parameter:

⇨ Der erste Parameter *R* legt den Bildschirmbereich fest, in dem das Menü ausgegeben wird. Bitte nehmen Sie das zunächst einfach so hin; nähere Erklärungen folgen später im Zusammenhang mit den View-Objekten (S. 60 ff.).

⇨ Der zweite Parameter ist die Funktion

```
FUNCTION NewMenu (Items: PMenuItem) : PMenu
```

aus der Unit *Menus*, welche die Optionen des Menüs erzeugt. Parameter von *NewMenu* sind Funktionen des Typs Zeiger, die eine verkettete Liste bilden. Mit den folgenden Funktionen können drei Arten von Menüeinträgen erzeugt werden:

⇨ `NewItem`   =   Menüoption

⇨ `NewSubMenu`   =   Untermenü

⇨ `NewLine`   =   Trennlinie in Untermenüs.

Gehen wir zunächst davon aus, daß unser Menü nur Optionen ohne Untermenüs enthält, dann wird die Funktion *NewItem* aus der Unit *Dialogs* angewandt. Sie enthält eine Reihe von Parametern, deren letzter der Zeiger *Next* auf das nächste Listenelement ist:

```
FUNCTION NewItem (Name, Param, KeyCode, Command, AHelpCtx,
Next) : PMenuItem.
```

Die Parameter haben folgende Bedeutung:

Name (Beispiel: '~T~erz'):

Beschriftung der Menüoption vom Typ String; maximal 31 Zeichen lang. Der von Tilden (~) begrenzte Buchstabe (oder Textteil) wird in Rot ausgegeben. Diese Menüoption kann dann auch durch die Tastenkombination *Alt+hervorgehobener Buchstabe* aufgerufen werden. Man spricht auch von Schnellwahl, Tastenkürzel oder nur Kürzel. Achten Sie darauf, ein Kürzel nicht zweimal zu vergeben. In einem solchen Fall würde die erste Option, die das Kürzel enthält, aufgerufen.

Param (Beispiel: 'F3'):

Zusätzlicher Text in Menüboxen rechts von *Name* mit maximal 31 Zeichen, z.B. Bezeichnung einer Funktionstaste. Bezieht sich *NewItem* auf die Menüzeile, ist für *Param* am besten ein Leerstring (") einzusetzen, da in der Menüzeile eine Funktionstaste zwar wirksam ist, aber dem Nutzer nicht angezeigt wird.

KeyCode (Beispiel: kbF3):

Konstante, welche die Option einer Taste zuordnet. Dieser Parameter ist nur für Untermenüs sinnvoll, denn die Optionen in der Menüzeile können zwar, wie erwähnt, durch die Funktionstaste aufgerufen werden, doch der Nutzer wird nicht über die Tastenzuordnung informiert. Daher ist es besser, den Aufruf dieser Optionen in der später zu besprechenden Statuszeile unterzubringen und im Menü die Konstante *kbNoKey* (= 0) einzusetzen, die keine Tastenzuordnung vornimmt.

Die Menüoption wird in unserem Beispiel der Taste *F3* durch die Konstante *kbF3* zugeordnet. In Turbo-Vision ist eine lange Liste von Tastenkonstanten (*kb...* = <u>K</u>ey <u>B</u>oard) definiert. Für folgende Tasten und Tastenkombinationen gibt es vorbelegte kb-Konstanten:

⇨ Funktionstasten (F1 ... F10)

⇨ Umschalttaste + Funktionstasten

⇨ Strg + Funktionstasten

⇨ Alt + Funktionstasten

⇨ Alt + Buchstaben (Groß- und Kleinschreibung nicht unterschieden)

⇨ Alt + Ziffer

⇨ Spezialtasten (z.B. Esc, Cursortasten, Bildlauftasten).

Es fällt auf, daß Buchstaben ohne die Alt-Taste nicht vorgesehen sind. Der Grund dafür ist, daß im häufig vorkommenden Falle eines Menüs mit Eingabefeldern beim Drücken einer Buchstabentaste nicht unterschieden werden könnte, ob der Buchstabe nun in die Eingabezeile gehört oder die Menüoption auslösen soll. Die verfügbaren Tastenkonstanten sind in Anhang B aufgelistet.

Command (Beispiel: cmTerz):
Das letzte Feld von *NewItem* enthält eine Konstante *cm...* (= Command)
vom Typ Word, die den auszuführenden Befehl festlegt.

Dem Programmierer stehen die Wertebereiche 100 - 255 und 1000 - 65535
zur Verfügung. Die übrigen Werte sind von Turbo-Vision mit vordefinierten
Befehlen vorbelegt. Die Befehlskonstanten müssen im Programmkopf als
Konstanten deklariert werden. Sie werden für die Ereignissteuerung des Programms benötigt, auf die später eingegangen wird.

AHelpCtx (Beispiel: hcNoContext):

Konstante, die einem Hilfesystem oder der Statuszeile mitteilt, an welcher
Stelle sich das Programm gerade befindet. Näheres folgt ab S.160. Wird davon kein Gebrauch gemacht, sollte die vordefinierte Konstante *hcNoContext*
(= 0) eingesetzt werden.

Next

zeigt auf das nächste Listenelement. Diese Verkettung wird bis zum letzten
Menüeintrag fortgesetzt, der schließlich auf NIL zeigt:

```
NewItem(..., Next)
         ⇓
      NewItem(..., Next)
               ⇓
            NewItem(..., NIL)
```

Das Beispiel *Prg3-1.pas* wird nun mit zwei Menüeinträgen *NewItem* in Form einer verketten Liste fortgesetzt. Da die auf dem Bildschirm darstellbaren Turbo-
Vision-Objekte, genannt »View-Objekte«, noch nicht behandelt wurden, wählen
wir unsere Menüoptionen aus dem Reich der Töne und nennen sie »Terz« und
»Quint«:

```
...
CONST
  cmTerz  = 1000;
  cmQuint = 2000;
...


PROCEDURE TMeinPrg.InitMenuBar;
...


MenuBar := New(PMenu, Init(R, NewMenu(
```

```
            NewItem('~T~erz' , '', kbNoKey, cmTerz , hcNoContext,
            NewItem('~Q~uint', '', kbNoKey, cmQuint, hcNoContext,
              NIL))
            )));
  END;

VAR
  MeinPrg : MeinPrg;

BEGIN {Hauptprogramm}
  MeinPrg.Init;
  MeinPrg.Run;
  MeinPrg.Done;
END.
```

Nach Aufruf des Programms erscheint ein Bildschirm wie in Bild 3-1 dargestellt.

Bild 3-1: Menüzeile mit zwei Optionen

Als Turbo-Pascal-Nutzer ist Ihnen der Gebrauch der Menüzeile natürlich geläufig. Sie werden Ihr Programm jedoch in erster Linie für Nutzer schreiben, die Turbo-Pascal nicht kennen und eine Anleitung für die Nutzeroberfläche benötigen. Hier zusammengefaßt die Aufrufmöglichkeiten der Menüoptionen, die dem Nutzer z.B. in einem Hilfefenster mitgeteilt werden könnten:

⇨ Alt + hervorgehobener (roter) Buchstabe

⇨ Funktionstaste (bei Menüleistenoptionen unzweckmäßig)

⇨ Mit *F10* die Menüzeile aktivieren,

mit den Cursortasten »links« oder »rechts« den Eintrag anwählen (der gewählte Eintrag wird mit grünem Hintergrund dargestellt),
mit der *Enter*-Taste bestätigen

⇨ Anklicken des Menüzeileneintrags mit der linken oder rechten Maustaste.

Das Aktivieren eines Menüeintrages in unserem Beispielprogramm *Prg3-1.pas* bewirkt natürlich solange noch nichts, bis die Abarbeitung der Ereignisse programmiert ist, was weiter unten nachgeholt wird.

3.2 Untermenüs

Den Einträgen des Hauptmenüs können Untermenüs zugeordnet werden: Umrahmte Fenster, die beim Anwählen eines Menüzeileneintrages »herunterklappen« und eine Auflistung weiterer Menüeinträge enthalten. Wenn erforderlich, löst die Anwahl eines Untermenüeintrages ein weiteres Untermenü aus, und so fort.

Untermenüs werden mit Hilfe der Funktion *NewSubMenu* aus der Unit *Menus* erzeugt, die vier Parameter enthält:

```
FUNCTION NewSubMenu (Name, AHelpCtx, SubMenu, Next): PMenu-
Item.
```

Die Parameter haben folgende Bedeutung:

⇨ **Name** (Beispiel: '~T~erz'):
STRING mit der Bezeichnung des Untermenüs, der als Menüzeileneintrag erscheint (oder als Eintrag eines übergeordneten Untermenüs).

⇨ **AHelpCtx** (Beispiel: *hcNoContext*):
Bedeutung wie in *NewMenu*.

⇨ **SubMenu**:
Hier wird der Inhalt des Untermenüs untergebracht, wobei folgende Möglichkeiten bestehen:

   ❐ Optionen als verkettete Liste von Funktionen *NewItem*,
   ❐ Trennlinie mittels der Funktion *NewLine* (Beispiel weiter unten),
   ❐ weiteres Untermenü mittels der Funktion *NewSubMenu*.

⇨ **Next**:
Zeiger wahlweise auf
   ❐ Menüzeilenoption mittels der Funktion *NewItem*,
   ❐ Untermenü mittels der Funktion *NewSubMenu*,
   ❐ *NIL*, falls das Untermenü die letzte Menüzeilenoption war.

Zur Erläuterung: Eine Menüzeile habe zwei Einträge. Der erste sei ein Untermenü mit abermals zwei Einträgen, und der zweite sei eine selbständige Option. Dann ergibt sich folgende Struktur der Funktionen *NewMenu*, *NewSubMenu* und *NewItem*:

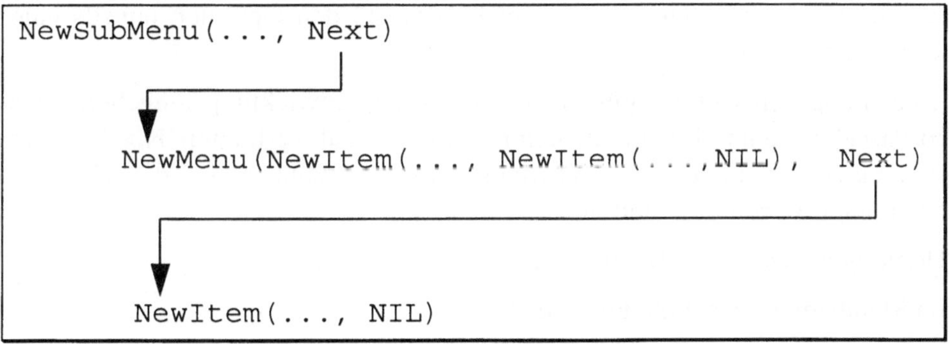

Man erkennt, daß es sich um eine doppelt verkettete Liste handelt. Der eine Strang ist die Kette

```
NewSubMenu - NewMenu - NewItem - NIL,
```

der andere

```
NewItem - NewItem - NIL.
```

Als Beispiel hierzu das Programm *Prg3-2.pas*, das dem ersten Eintrag der Menüzeile ein Untermenü zuordnet, welches die beiden Optionen »schnell« und »langsam« zur Auswahl stellt:

```
PROGRAM Prg3_2;
...
CONST
  cmTerz_schnell  = 1000;
  cmTerz_langsam  = 1100;
  cmQuint         = 2000;
  MenuBar  := New(PMenuBar, Init(R, NewMenu(
              NewSubMenu('~T~erz', hcNoContext, NewMenu(
                NewItem('~s~chnell', 'F3', kbF3,
                          cmTerz_schnell, hcNoContext,
                NewItem('~l~angsam', 'F4', kbF4, '
                          cmTerz_langsam, hcNoContext,
              NIL))),
              NewItem('~Q~uint', '', kbNoKey, cmQuint,
                    hcNoContext,
              NIL))
              ))));
```

Im Gegensatz zum Hauptmenü wird im Untermenü den Optionen jeweils eine
Funktionstaste zugeordnet.

Die Bedienung von Untermenüs ist Ihnen aus der Entwicklungsumgebung von
Turbo-Pascal bekannt. Einem nicht mit Turbo-Pascal vertrauten Nutzer Ihrer
Programme sollten die Tasten- und Mausoperationen zum Aufruf der Menüop-
tionen erläutert werden. Es sind dies:

⇨   Hervorgehobene (rote) Buchstabentaste (auch <u>ohne</u> Alt!),

⇨   im Menüeintrag genannte Funktionstaste,

⇨   mit den Cursortasten ⎣↓⎦ und ⎣↑⎦ die gewünschte Option anfahren und mit der
    Enter-Taste bestätigen,

⇨   mit der Maus die gewünschte Option anklicken,

⇨   mit *Esc* abbrechen: Zurück zum übergeordneten Menü.

Wenn Sie *Prg3-2.pas* laufen lassen und die erste Menüzeilenoption wählen, erscheint folgender Bildschirm mit dem Untermenü-Fenster:

Bild 3-2: Menüoption mit Untermenü

3.3 Trennlinien

Zwischen zwei Optionseinträgen eines Untermenüs kann eine Trennlinie eingefügt werden. Damit werden lange Optionslisten für den Nutzer übersichtlich in
Blöcke unterteilt. Sie kennen als Beispiel dafür die Menüoption *Datei* der Turbo-Pascal-Entwicklungsumgebung.

Dafür wird die Funktion *NewLine* herangezogen, die an der gewünschten Stelle
in die Liste der Funktionen *NewItem* eingeschoben wird. *NewLine* hat nur einen
Parameter, und zwar den Zeiger auf das nächste Element, *Next*. Das Untermenü
des vorigen Beispiels soll mit einer Trennlinie versehen werden, wobei nach der
Struktur

```
NewMenu (NewItem(..., Next)
                 ⇩
             NewLine(Next)
                 ⇩
             NewItem(..., NIL)
```

vorzugehen ist. Der entsprechende Ausschnitt des Programmcodes sieht so aus:

```
. . .
MenuBar := New(PMenuBar, Init(R, NewMenu(
            NewSubMenu('~T~erz', hcNoContext, NewMenu(
              NewItem('~s~chnell', 'F3', kbF3,
                         cmTerz_schnell, hcNoContext,
              NewLine(
              NewItem('~l~angsam', 'F4', kbF4,
                         cmTerz_langsam, hcNoContext,
              NIL)))),
            NewItem('~Q~uint', '', kbNoKey, cmQuint,
                    hcNoContext,
              NIL))
            )));
. . .
```

Das vollständige Programm heißt *Prg3-3.pas*. Nach dem Programmaufruf wird
die erste Menüzeilenoption gewählt, wonach folgender Bildschirm erscheint:

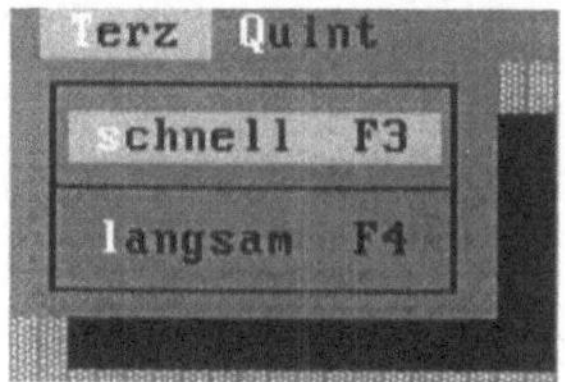

Bild 3-3: Trennlinie in einem Untermenü

3.4 Schachtelung von Untermenüs

Ist mehreren Menüzeilenoptionen jeweils ein Untermenü zugeordnet, so stehen
die Untermenüs auf gleicher Hierarchiestufe. Wird dagegen ein Untermenü der
Option eines anderen Untermenüs zugeordnet, steht es auf der nächst niedrigeren
Hierarchiestufe. Wir geben im folgenden je ein Beispiel für Untermenüs auf
gleicher und auf verschiedener Hierarchiestufe. Dazu stehen die schon besprochenen Funktionen *NewMenu*, *NewSubMenu* und *NewItem* als Hilfsmittel bereit.

Untermenüs auf gleicher Hierarchiestufe

Die Instanz *MenuBar* werde durch folgenden Programmcode erzeugt, der zum
Beispielprogramm *Prg3-4.pas* führt:

```
PROGRAM Prg3_4;
...
CONST
  cmTerz_schnell  = 1000;
  cmTerz_langsam  = 1100;
  cmQuint_schnell = 2000;
  cmQuint_langsam = 2100;
...
  MenuBar := New(PMenuBar, Init(R, NewMenu(
              NewSubMenu('~T~erz            ', hcNoContext,
                      NewMenu(
              NewItem('~s~chnell', 'F3', kbF3,
                      cmTerz_schnell,  hcNoContext,
              NewItem('~l~angsam', 'F4', kbF4,
                      cmTerz_langsam,  hcNoContext,
          NIL))),
              NewSubMenu('~Q~uint           ', hcNoContext,
                       NewMenu(
              NewItem('~s~chnell', 'F5', kbF5,
                      cmQuint_schnell, hcNoContext,
              NewItem('~l~angsam', 'F6', kbF6,
                      cmQuint_langsam, hcNoContext,
          NIL))),
          NIL))
        ))));
END;                                                         .
...
```

Außer der Neukonstruktion der Instanz *MenuBar* waren zwei neue Befehlskonstanten *cm...* zu deklarieren. Außerdem wurden wegen des gefälligeren Aussehens die beiden Menüzeilenoptionen auf die Breite der Untermenüs auseinandergerückt.

Untermenüs verschiedener Hierarchiestufen

Der erste Menüzeileneintrag sei wieder ein Untermenü. Nun wird dessen erstem Eintrag ein weiteres Untermenü zugeordnet. Der entsprechende Programmausschnitt des zugehörigen Beispielprogramms *Prg3-5.pas* hat die Form:

```
PROGRAM Prg3_5;
...
CONST
  cmTerz_schnell_hoch = 1010;
  cmTerz_schnell_tief = 1020;
  cmTerz_langsam      = 1100;
```

```
    cmQuint                 = 2000;
    ...
    MenuBar := New(PMenuBar, Init(R, NewMenu(
            NewSubMenu('~T~erz                  ', hcNoContext,
                    NewMenu(
            NewSubMenu('~s~chnell', hcNoContext,
                    NewMenu(
            NewItem('~h~och      ', 'F3', kbF3,
                    cmTerz_schnell_hoch, hcNoContext,
            NewItem('~t~ief      ', 'F4', kbF4,
                    cmTerz_schnell_tief, hcNoContext,
            NIL))),
            NewItem('~l~angsam', 'F5', kbF5,
                    cmTerz_langsam, hcNoContext,
            NIL))),
            NewItem('~Q~uint                  ', '', kbNoKey,
                    cmQuint, hcNoContext,
            NIL))
            )));
    END;                                                               .
    ...
```

Der zugehörige Bildschirm ist in Bild 3-4 dargestellt.

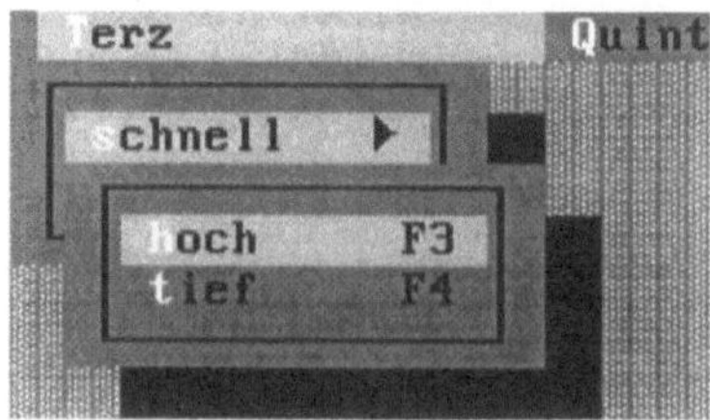

Bild 3-4: Nachgeordnete Untermenüs

Im ersten Untermenüeintrag weist eine Pfeilmarke darauf hin, daß dieser Eintrag
ein weiteres Untermenü enthält.

3.5 Menübox

Das leere *DeskTop* unter der Menüzeile nach dem Start des Programms sieht etwas ärmlich aus. Man könnte hier den Titel des Programms oder ein Firmenlogo
unterbringen. Es bietet sich aber auch die Möglichkeit, das Hauptmenü nicht in
der obersten Bildschirmzeile, sondern in der Bildmitte unterzubringen. Das

Hilfsmittel dazu ist das Objekt *TMenuBox*. Dieses stammt wie *TMenuBar* von *TMenuView* ab:

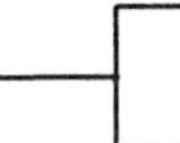

TMenuPopup erzeugt statt der Menüzeile am oberen Bildrand eine Menübox in der Mitte des *DeskTop*. Im Gegensatz zur Menüzeile kann einem Eintrag der Menübox auch zusätzlicher Text, z.B. ein Tastencode, zugeordnet werden.

Die leere oberste Bildschirmzeile - nun nicht mehr als Menüzeile benötigt - kann später für andere Zwecke, z.B. für eine Programmüberschrift oder zur Ausgabe der Uhrzeit benutzt werden.

Wir wollen jetzt das Beispielprogramm *Prg3-1.pas*, das zwei Menüzeileneinträge hatte, für eine Menübox umformulieren zu *Prg3-6.pas*:

```
PROGRAM Prg3_6;
...
TYPE
  TMeinPrg = OBJECT(TApplication)
    CONSTRUCTOR Init;
  END;
...
```

Während das Erzeugen der Menüzeile eine in *TApplication.Init* bereits programmierte Aufgabe ist, müssen wir das Erzeugen der Menübox selbst besorgen. Daher muß der Konstruktor überschrieben werden. *TMeinPrg.Init* ruft zunächst den »alten« Konstruktor auf, der die gesamte Initialisierung des Programms erledigt, und fügt dann den Programmcode zur Erzeugung der Menübox hinzu. Die Menübox wird in drei Schritten erzeugt:

➪ Festlegen des geometrischen Bereichs, in dem die Box ausgegeben wird,

➪ Instantiierung der Menübox,

➪ Einfügen in das DeskTop mittels der Methode *Insert*:

```
  ...
CONSTRUCTOR TMeinPrg.Init;
VAR
  R       : TRect;
  MenuBox : PMenuPopup;
BEGIN
  INHERITED Init;
```

```
    GetExtent(R);
    R.A.X := 30; R.A.Y := 7;              { Festlegung der linken
                                             oberen Ecke }
    MenuBox := New(PMenuPopup, Init(R, NewMenu(
              NewItem('~T~erz' , 'F3', kbF3, cmTerz ,
                    hcNoContext,
              NewItem('~Q~uint', 'F4', kbF4, cmQuint,
                    hcNoContext,
                 NIL))))));
    Desktop^.Insert(MenuBox);
  END;
```

In der Variablenliste muß der Zeiger *MenuBox* deklariert werden, was im Falle *MenuBar* bereits innerhalb *TApplication* erledigt wird. Mit R.A.X und R.A.Y wird die linke obere Ecke der Menübox bezüglich der *DeskTop*-Fläche festgelegt, worauf bei den View-Objekten noch näher eingegangen wird. Die Größe der Menübox paßt sich von selbst den Einträgen an.

In der Funktion *New* steht *PMenuPopup* statt *PMenuBar*.

Natürlich können den Einträgen der Menübox auch Untermenüs zugeordnet sein. Die Handhabung der Funktion *NewSubMenu* ist hier genauso wie bei der Menüzeile. Auf der Diskette findet sich dazu das Beispiel *Prg3-7.pas*, dessen Quellcode hier im Text nicht noch einmal abgedruckt wird.

TMenuPopup ist erst ab Turbo-Pascal Version 7.0 verfügbar. Besitzer der Vorgängerversion 6.0 müssen mit dem Objekt *TMenuBox* arbeiten. *TMenuBox* tritt normalerweise beim Programmieren nicht in Erscheinung, sondern wird implizit für Untermenüs verwendet. Im Unterschied zu *TMenuPopup* steht daher in der Parameterliste des Konstruktors *Init* von *TMenuBox* noch ein Parameter *AParentMenu*,

```
    Init(R, NewMenu(..), AParentMenu) ,
```

der die Menübox der Menüzeile oder einem Untermenü zuordnet. Wenn *TMenuBox* das Hauptmenü ist, gibt es kein übergeordnetes Menü, weshalb für *AParentMenu* der Zeiger *NIL* eingesetzt wird. Im Quellcode auf der Diskette sind die Änderungen für Version 6.0 in {} angegeben. Bild 3-5 zeigt die Menübox des Beispielprogramms.

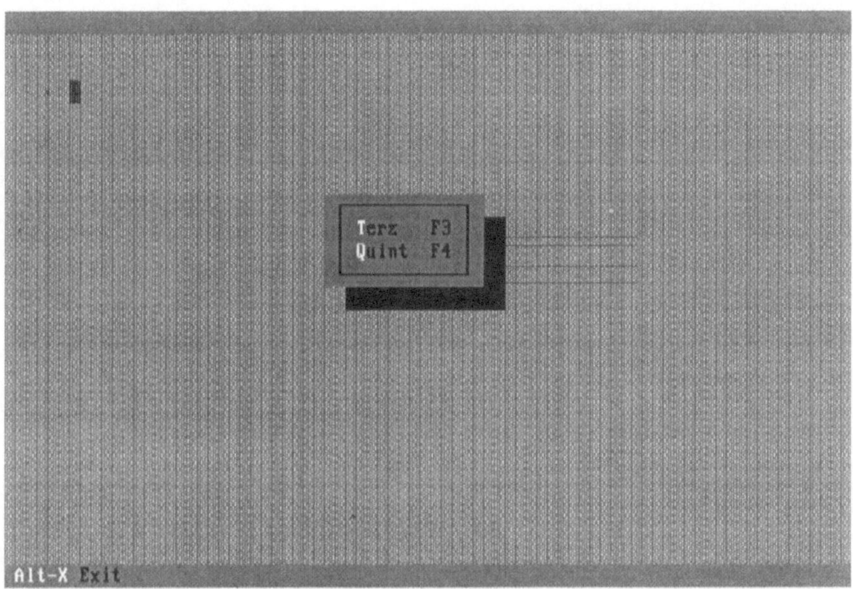

Bild 3-5: Menübox als Hauptmenü

4 Programmsteuerung durch Ereignisse

Bis jetzt nahmen die Menüs zwar Nutzereingaben, d.h. Mausklicks und Tastenbetätigungen entgegen, aber es erfolgte keine Reaktion (außer bei *Alt+X*, mit
dem sich das Programm beenden läßt). In diesem Kapitel wird das Beispielprogramm so erweitert, daß sich anwendungsbezogene Reaktionen auslösen
lassen. Da bisher die wichtigsten sichtbaren Objekte, die Dialogfenster, noch
nicht behandelt wurden, beschränken wir uns zunächst auf akustische Reaktionen, was ja durch die Wahl der Menüoptionen und Befehlskonstanten der letzten Beispiele schon vorbereitet wurde.

4.1 Die Programmschleife

Nach den Initialisierungen des Programms, die unter der von *TApplication*
geerbten Methode *Init* stattfinden, wird an die Methode *Run* übergeben. *Run* ruft
seinerseits die Prozedur *Execute* auf, die eine Endlosschleife aufbaut (vgl. Bild
4-1).

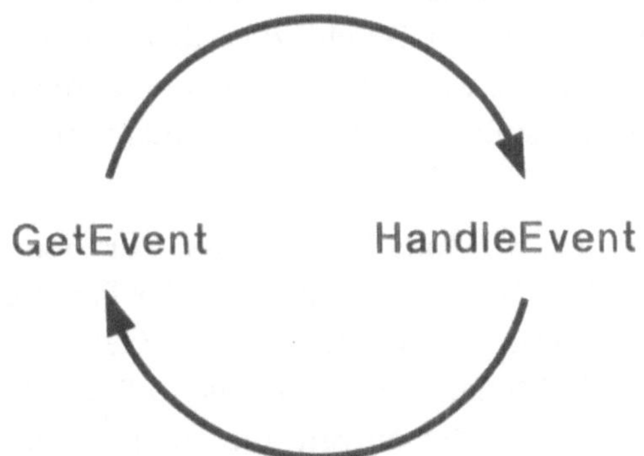

Bild 4-1: Die Programmschleife

Die Schleife enthält die zwei Methoden *GetEvent* und *HandleEvent*.

GetEvent wartet auf »Ereignisse«. In Turbo-Vision werden darunter verstanden:

- Mausaktionen

- Tastendrücke

- Befehle.

Ein »Befehl«, charakterisiert durch eine *cm*-Konstante, kann von einem Objekt mittels der Funktion *Message* (oft auch der Prozedur *TView.PutEvent*) ausgesendet werden.

Ist ein Ereignis aufgetreten, wird es von *GetEvent* in einen Befehl umgesetzt, indem ein Event-Rekord mit einer Befehlskonstanten erzeugt wird, und an die *HandleEvent*-Methode weitergereicht. Dort wird eine entsprechende Reaktion ausgelöst. War das Ereignis der Befehl *Quit* (Konstante *cmQuit*), wird das Programm beendet, sonst wird zu *GetEvent* zurückgesprungen und die Schleife beginnt von vorn. Immer, wenn der Nutzer das Programm auf dem Bildschirm sieht, befindet sich das Programm in einem Wartezustand, in dem der Zyklus *GetEvent-HandleEvent* ständig durchlaufen wird. Diese beiden Elemente der Programmschleife werden ab S. 179 genauer besprochen.

4.2 Ereignisse bearbeiten

Bisher wurde sehr allgemein von »Ereignissen« gesprochen. Das muß jetzt genauer gefaßt werden: Ein Ereignis ist ein Rekord namens *TEvent*. Sein wichtigstes Feld *TEvent.What* kann mit vordefinierten Konstanten *ev...* belegt werden. Davon benutzen wir zunächst nur *evCommand*, um in der Methode *HandleEvent* festzustellen, ob ein Befehl zur Abarbeitung vorliegt. Weiterhin werden die Felder *Command* und *InfoPtr* verwendet, deren Bedeutung aus dem weiter unten folgenden Beispiel hervorgeht. Genaueres über den Event-Rekord folgt im Kapitel 8.3.

Die Ereignisse werden der Methode *HandleEvent* zur Bearbeitung übergeben, d.h. eine Variable vom Typ *TEvent* wird als aktueller Parameter in die Prozedur *HandleEvent* eingesetzt. Damit ein Ereignis das Geschehen des Programms bestimmen kann, muß die Methode *HandleEvent* so überschrieben werden, daß eine Konstante *cm...* eine Prozedur aufruft, die das Ereignis im Sinne der Programmfunktion bearbeitet. Das sei an einem Beispiel erläutert.

Wir greifen auf *Prg3-5.pas* zurück, das über ein Menü und über Funktionstasten 4 Befehlsereignisse erzeugen, also 4 Konstanten *cm...* an *MeinPrg.HandleEvent* übergeben kann. Wir wollen den Konstanten Prozeduren zuordnen, die entsprechende Tonfolgen erzeugen. Das ergibt dann Beispielprogramm *Prg4-1.pas*:

```
PROGRAM Prg4_1;

USES ..., Crt;

CONST
  ...
  normal  =  500;
  langsam = 1000;
  schnell =  200;
  a1 =  440;
  c2 =  550;
  e2 =  600;
  a2 =  880;
  c3 = 1100;

TYPE
  TMeinPrg = OBJECT(TApplication)
    PROCEDURE InitMenuBar; VIRTUAL;
    PROCEDURE Ton(Tonhoehe, Dauer: Word);
    PROCEDURE HandleEvent (VAR Event: TEvent); VIRTUAL;
  END;

PROCEDURE TMeinPrg.InitMenuBar;
...

PROCEDURE TMeinPrg.Ton(Tonhoehe, Dauer: Word);
BEGIN
  Sound(Tonhoehe); Delay(Dauer); NoSound;
END;

PROCEDURE TMeinPrg.HandleEvent(VAR Event: TEvent);
BEGIN
  TApplication.HandleEvent(Event);
  IF Event.What = evCommand
  THEN
    BEGIN
      CASE Event.Command OF
        cmTerz_schnell_hoch: BEGIN Ton(a2, schnell); Ton(c3,
                                                          schnell)
                             END;
        cmTerz_schnell_tief: BEGIN Ton(a1, schnell); Ton(c2,
                                                          schnell)
                             END;
        cmTerz_langsam     : BEGIN Ton(a1, langsam); Ton(c2,
                                                          langsam)
                             END;
```

```
        cmQuint             : BEGIN Ton(a1, normal);  Ton(e2,
                                         normal)
                            END;
    END;
    ClearEvent(Event);
  END;
END;
...
```

Auf die Tonerzeugung sei hier nicht weiter eingegangen, da sie in Zusammenhang mit Turbo-Vision nur Beiwerk ist. Die Methode *HandleEvent* ruft zunächst die namensgleiche Methode des Vorfahren auf, um alle Ereignisse, die sich nicht speziell auf unsere Anwendung beziehen, abzuarbeiten. Die folgende IF-Bedingung filtert Ereignisse heraus, deren Feld *What* mit *evCommand* besetzt ist, die also Befehlen entsprechen. Der eigentliche Befehl ist im Rekord-Feld *Command* enthalten; er löst in einer CASE-Anweisung die entsprechende Programmfunktion aus. Nicht vergessen werden darf, durch Aufruf der globalen Prozedur *ClearEvent* kenntlich zu machen, daß das Ereignis abgearbeitet ist. *ClearEvent* setzt das Feld *What* auf *evNothing* zurück und trägt im Rekord-Feld *InfoPtr* einen Zeiger auf das Objekt ein, dessen *HandleEvent* das Ereignis bearbeitet hat, in unserem Fall also einen Zeiger auf *TMeinPrg*. Das Feld *InfoPtr* kann, falls erforderlich, abgefragt werden und gibt dann darüber Auskunft, woher das Ereignis stammt bzw. wer das Ereignis bearbeitet hat.

4.3 Modaler Dialog

Bis jetzt können wir Maus- und Tastenereignisse erzeugen und abarbeiten, aber von einem echten Dialog, also Datenaus- und -eingabe, war noch nicht die Rede. Dies ermöglicht erst das Turbo-Vision-Objekt *TDialog*, ein Dialogfenster mit einer Minimalausstattung vererbter Dialogelemente. *TDialog* gehört zu den View-Objekten, die andere View-Objekte aufnehmen können, und ermöglicht daher, wie im nächsten Kapitel gezeigt wird, komfortable Ein- und Ausgabemenüs aufzubauen.

In die Turbo-Vision-Objekthierarchie ist *TDialog* durch den Stammbaum

```
TObject - TView - TGroup - TWindow - TDialog
```

einzuordnen.

Als Beispiel knüpfen wir an das Programm *Prg4-1.pas* an, in das wir - zugegebenermaßen etwas zusammenhanglos - ein Dialogfenster einfügen wollen.

TDialog ist aus der Unit *Dialogs* zu holen, und die Menüoption »Quint« ersetzen wir durch eine Option »Dialog«, d.h. in der Liste der Befehlskonstanten tritt *cmQuint* an die Stelle von *cmDialog*. Das führt zu Beispielprogramm Prg4-2.pas:

```
PROGRAM Prg4_2;

USES ..., Dialogs;

CONST
   ...
   cmDialog = 2000;
...                                                    .
```

Als neues Objekt wird der Typ *TDialogfenster* deklariert, dessen Instanz *Dialogfenster* genannt wird. Schließlich ergänzen wir das Programm durch die Methode *MakeDialog*, die das Dialogfenster öffnet:

```
   ...
   TYPE
     TMeinPrg = OBJECT(TApplication)
       ...
       PROCEDURE MakeDialog;
       ...
     END;

     PDialogfenster = ^TDialogfenster;
     TDialogfenster = OBJECT(TDialog)
     END;
   ...                                                  .
```

Die Menüzeilenoption *Dialog* wird in die Methode *InitMenuBar* eingebaut:

```
   ...
   PROCEDURE TMeinPrg.InitMenuBar;
   ...
                 NewItem('~D~ialogfenster', '', kbNoKey,
                      cmDialog, hcNoContext,
                 NIL))
               )));
   END;
   ...                                                  .
```

Die neue Methode *MakeDialog* legt zunächst mit *R.Assign* die Ausgabefläche des Fensters *R* fest, worauf im Kapitel 5.1 noch näher eingegangen wird. Dann wird eine Instanz des in der Variablenliste deklarierten Objektes *Dialogfenster* erzeugt. Der Konstruktor *Init* hat als zweiten Parameter einen Text, der als Fen-

sterüberschrift erscheint. Die Eröffnung und Beendigung des Dialoges besorgt
die Funktion *ExecuteDialog*:

```
PROCEDURE TMeinPrg.MakeDialog;
VAR
  R                : TRect;
  Dialogfenster : PDialogfenster;
BEGIN
  R.Assign(10,5,70,15);
  Dialogfenster := New(PDialogfenster, Init(R,
                        'Dialogfenster'));
  ExecuteDialog(Dialogfenster, NIL);
END;
```

Die Funktion *ExecuteDialog* ist definiert als

```
FUNCTION TProgram.ExecuteDialog(P: PDialog; Data: Pointer):
Word.
```

Sie kann wie üblich entweder als Prozedur verwendet werden, wenn der Compiler-Schalter {$X+} gesetzt ist, oder der Funktionswert kann einer Variablen vom
Typ Word zugewiesen werden.

Der erste Parameter ist ein Zeiger auf den einzuverleibenden Dialog. Die Funkti-
on überprüft zuerst, ob die Aufnahme des Dialogfensters überhaupt möglich ist.
Wenn nicht, wird der Funktionswert *cmCancel* zurückgegeben. Wenn ja, wird
das Fenster dem *DeskTop* einverleibt und der modale Dialog eröffnet, indem die
Funktion *Execute* aufgerufen wird. Nach Beendigung des Dialogs wird das
Fenster geschlossen und der Speicherplatz freigegeben. Der Rückgabewert der
Funktion ist der letzte Befehl, also meist einer der vordefinierten Werte *cmOK*,
cmCancel, *cmYes*, *cmNo*.

Als zweiten Parameter hat *ExecuteDialog* einen Zeiger auf einen Datenrekord,
mit dessen Hilfe Daten an die Subviews des Dialogfeldes übergeben oder von
ihnen entnommen werden können. Darauf wird im Kapitel 5.7 eingegangen. Da
in unserem Beispiel keine Daten ausgetauscht werden, zeigt der Parameter auf
NIL.

ExecuteDialog wird intern beendet durch Aufruf der Methode

```
PROCEDURE TGroup.EndModal(Command: Word); VIRTUAL.
```

ExecuteDialog ist erst in Version 7.0 hinzugekommen. Es stützt sich auf die

```
FUNCTION TGroup.ExecView(P: PView): Word
```

ab, die in der Version 6.0 anstelle von *ExecuteDialog* verwendet werden mußte. In diesem Fall ist über die Prozedur *Dispose* - das Gegenstück zu *New* - auch der von *Dialogfenster* belegte Speicher wieder freizugeben. Im Beispielprogramm *Prg4-2.pas* wird der alternative Programmcode dafür in {} angegeben. Um Besitzern der Version 6.0 das Umschreiben zu ersparen, wird in allen folgenden Beispielprogrammen durchweg *ExecView* benutzt.

Man beachte die Unterschiede zwischen den beiden Funktionen:

⇨ *ExecuteDialog* ist eine Methode von *MeinPrg*;
ExecView eine Methode von *DeskTop*.

⇨ *ExecuteDialog* hat als Parameter ein Dialogobjekt;
ExecView hat als Parameter ein View-Objekt.

In unserem Beispielprogramm fortfahrend muß noch die Befehlskonstante *cmDialog* in die CASE-Liste des *HandleEvent* so eingefügt werden, daß sie die Methode *MakeDialog* aufruft:

```
PROCEDURE TMeinPrg.HandleEvent(VAR Event: TEvent);
BEGIN
  TApplication.HandleEvent(Event);
  IF Event.What = evCommand
  THEN
    BEGIN
      CASE Event.Command OF
        ...
        cmDialog          : MakeDialog;
        ...
```

Was ist nun ein <u>modaler</u> Dialog?

Es wurde erläutert, daß die Funktion *Execute* in einer Endlosschleife auf Ereignisse wartet und diese abarbeitet. Bei Start des Programms ist *Execute* von *MeinPrg* wirksam. Mit Aufruf des Dialogfensters wird aber an dessen eigene *Execute*-Schleife übergeben. Das heißt, daß jetzt auch dessen *HandleEvent*-Methode zuständig ist. Die aber reagiert nur auf Ereignisse, die das Dialogfenster betreffen; Ereignisse anderer Objekte, z.B. die der Menüleiste bleiben wirkungslos. Eine Ausnahme bildet die Statuszeile, die immer wirksam bleibt. Dieses Abkoppeln der Ereignisbearbeitung vom Hauptprogramm und die Beschränkung auf die Ereignisse des gerade aktiven Dialogs wird Modalität des Dialogs genannt.

Die Methode *TDialog.HandleEvent* haben wir hier in der ererbten Form verwendet. Sie enthält bereits die Bearbeitung der Ereignisse »Mausklick auf Schließfeld« (vgl. Bild 4-2) und Taste *Esc*, die das Fenster schließen und die Modalität des Dialoges abbrechen, also die Ereignisbearbeitung wieder an *MeinPrg* abgeben.

Wer ist nach Schließen des Dialogfeldes das modale View-Objekt? Nun, unser Programm selbst, als Instanz von *TApplication*.

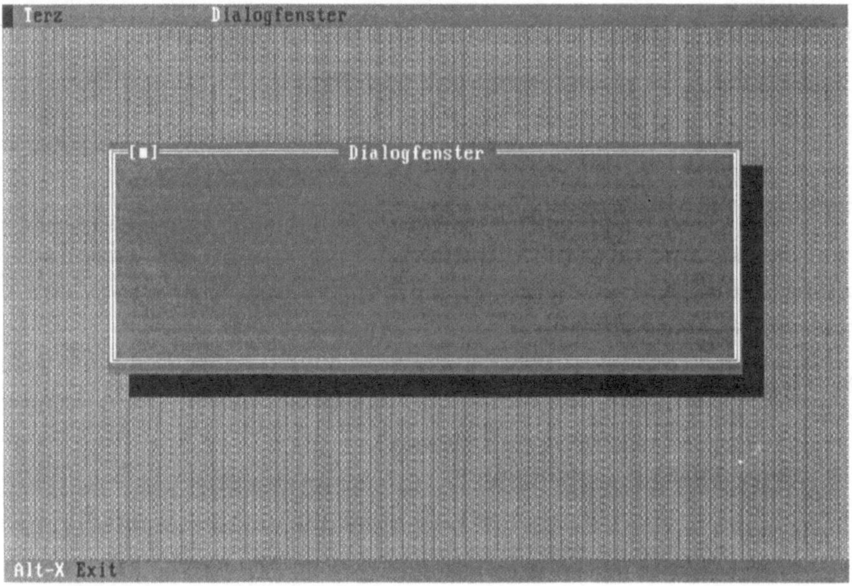

Bild 4-2: Dialogbox

5 Dialogfenster

Das Dialogfenster war bis jetzt nur Mittel zu dem Zweck, eine Menüoption zu demonstrieren. Wir benutzten nur die Minimaleigenschaften, nämlich ein solches Fenster zu öffnen und zu schließen. In diesem Kapitel wird nun das Fenster zu einem vielfältigen und komfortablen Dialog mit dem Nutzer ausgebaut.

5.1 Das Koordinatensystem

Das Objekt *TDialog* stammt, wie dargestellt wurde, von *TView* ab. Abkömmlinge von *TView* nennt man »View-Objekte«. Ihre herausragende Eigenschaft ist, daß sie auf dem Bildschirm sichtbar werden.

Eine zweite wichtige Eigenschaft der Dialogfenster leitet sich aus der Abstammung von *TGroup* ab. Wir nennen einen solchen Nachkommen ein »aufnehmendes Gruppenobjekt« oder kurz »Gruppenobjekt« (im Turbo-Vision-Handbuch etwas mißverständlich »Gruppe« genannt). Denn es ist in der Lage, sich ein View-Objekt »einzuverleiben«. Das eingefügte View-Objekt wird von seinem Gruppenobjekt mitverwaltet, also z.B. gemeinsam mit ihm verschoben und beim Löschen des Gruppenobjektes ebenfalls gelöscht. Andererseits übernimmt das eingefügte View-Objekt (»Subview« genannt) auch Aufgaben des Gruppenobjektes, z.B. die Entgegennahme von Ereignissen, die in seinem Bereich stattfinden, also etwa einen Mausklick. Aber nicht jedes View-Objekt ist ein Gruppenobjekt! Ein View-Objekt, das nicht von *TGroup* abstammt, kann zwar in ein anderes View-Objekt eingefügt werden, selbst aber keine View-Objekte aufnehmen. Dafür wird der Ausdruck »terminales« (= am Ende stehendes) View-Objekt gebraucht. Dialogfenster vom Typ *TDialog* stammen von *TGroup* ab und können also mit anderen View-Objekten gefüllt werden.

Über die Besitzverhältnisse eines View-Objektes geben zwei seiner Felder Auskunft: *Owner* zeigt auf das Gruppenobjekt, zu dem das View-Objekt gehört, und *Next* auf eine (gleichrangige) Subview, die hinter dem View-Objekt ebenfalls in das Gruppenobjekt eingefügt wurde. Wurde das View-Objekt als letztes eingefügt, so zeigt *Next* auf das erste. Man kann sich also die Subviews eines Gruppenobjektes zyklisch aneinandergereiht vorstellen.

Das augenfälligste Charakteristikum der View-Objekte ist ihre Ausdehnung und Plazierung auf dem Bildschirm. Beide werden mit Hilfe des Objektes *TRect* festgelegt.

Der Rechteckbereich, den eine Instanz von *TRect* darstellt, wird beschrieben durch die Felder A und B:

A = linke obere Ecke mit den Koordinaten A.X und A.Y

B = rechte untere Ecke mit den Koordinaten B.X und B.Y   .

Das zugrundeliegende Koordinatensystem bezieht sich nicht - wie in Turbo-Pascal gewohnt - auf die Schreibpositionen »Spalte« und »Zeile«, sondern auf die gedachten Begrenzungslinien zwischen den Spalten und Zeilen. Die Ecken A = (2,1) und B = (14,5) kennzeichnen also folgenden Bereich (Bild 5-1):

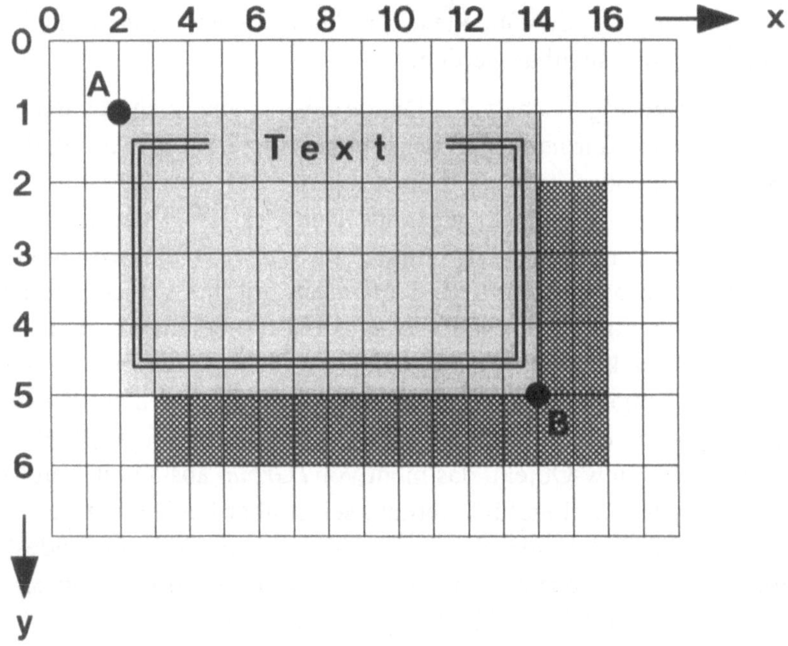

Bild 5-1: Koordinatensystem von View-Objekten

Man beachte, daß die y-Achse nach unten gerichtet ist! Bei einem View-Objekt mit Schatten, wie in Bild 5-1, ist zu beachten, daß der Schatten rechts und unten außerhalb des von A und B beschriebenen Rechtecks liegt. Beim Einfügen von Fenstern in Gruppenobjekte ist dafür extra Platz vorzuhalten. Der Ursprung des Koordinatensystems ist meist die linke obere Ecke des Bildschirms, oft auch die des *DeskTops* oder die des zugehörigen Gruppenobjektes.

Den Feldern A und B werden entweder direkt Werte zugewiesen, wie z.B. A.X := 33, oder mittels der Methode

```
PROCEDURE TRect.Assign (Ax, Ay, Bx, By: Integer).
```

Einige weitere nützliche Methoden von TRect sind:

```
PROCEDURE TRect.Grow (dX, dY: Integer),
```

welche das Rechteck um dX Einheiten links und rechts und um dY Einheiten nach oben und unten vergrößert; negative Werte liefern eine Verkleinerung. Die

```
PROCEDURE TRect.Move (dX, dY: Integer)
```

verschiebt das Rechteck um dX nach rechts und dY nach unten, bei negativen Werten in umgekehrter Richtung.

Ein so definierter Rechteckbereich *R* wird als Parameter in den Konstruktor *Init(R, ...)* eines View-Objektes eingesetzt.

Beim Einfügen von View-Objekten in ein anderes soll das eingefügte Objekt oft eine bestimmte relative Position innerhalb des Gruppenobjektes haben. Dazu muß zunächst der Rechteckbereich des Gruppenobjektes abgefragt werden. Dies besorgt die Methode

```
PROCEDURE TView.GetExtent (VAR Extent: TRect).
```

Beispiele:

   (1)   *MeinPrg.GetExtent(R);*
          Ergebnis: R.A = (0,0); R.B = (80,25), also die ganze Bildschirm-fläche.

   (2)   *DeskTop^.GetExtent(R);*
          Ergebnis: R.A = (0,0); R.B = (80,23).

   (3)   Die Menüzeile soll als oberste Bildschirmzeile eingerichtet werden; und zwar so, daß die Zeilenlänge unabhängig von der Anzahl der Bildschirmspalten die ganze Breite einnimmt:

```
MeinPrg.GetExtent(R);
R.B.Y := R.A.Y + 1;.
```

Alternativ zur Methode *GetExtent* kann das Feld *Size* dienen, das Breite (Size.X) und Höhe (Size.Y) enthält. Beispiel:

```
DeskTop^.Size.X      liefert 80,
DeskTop^.Size.Y      liefert 23.
```

Die Position eines View-Objektes relativ zum Gruppenobjekt liefert sein Feld
Origin, dessen Verwendung folgendes Beispiel illustriert:

```
DeskTop^.Origin.X    liefert 0,
DeskTop^.Origin.Y    liefert 1.
```

Gewissermaßen die Umkehrung zu *Assign* ist

```
PROCEDURE TView.GetBounds (VAR Extent: TRect),
```

das die Koordinaten eines aufgenommenen Objektes relativ zu seinem Gruppenobjekt zurückgibt.

Bei Fenstern ist zu beachten, daß *Size* zwar die Größe einschließlich Rahmen
enthält, aber außerhalb des Fensters rechts noch ein Schatten von 2 Einheiten und
unten von 1 Einheit dazuzurechnen ist. Überragt das Fenster sein Gruppenobjekt,
wird der rechte Überstand abgeschnitten.

Wir beginnen nun ein neues Beispielprogramm, genannt *Prg5-1.pas*, für das eine Menüzeile mit zunächst nur einer Option »Autokauf« vorgesehen ist. Mit der
zugehörigen Befehlskonstanten *cmAuto* wird ein in diesem Stadium noch leeres
Dialogfenster aufgerufen. Absichtlich ist unser Beispiel von der Programmfunktion her wieder sehr trivial, um den funktionalen Programmcode so kurz wie
möglich zu halten.

Der Programmanfang hat die übliche Form:

```
PROGRAM Prg5_1;

USES  App, Objects, Menus, Drivers, Views, Dialogs;

CONST
  cmAuto = 100;

TYPE
  TMeinPrg = OBJECT(TApplication)
    PROCEDURE InitMenuBar; VIRTUAL;
    PROCEDURE MakeDialog;
    PROCEDURE HandleEvent (VAR Event: TEvent); VIRTUAL;
  END;
```

```
    PDialogfenster = ^TDialogfenster;
    TDialogfenster = OBJECT(TDialog)
    END;

PROCEDURE TMeinPrg.InitMenuBar;
VAR
  R : TRect;
BEGIN
  GetExtent(R);
  R.B.Y := R.A.Y + 1;
  MenuBar := New(PMenuBar, Init(R, NewMenu(
            NewItem('~A~utokauf', '', kbNoKey, cmAuto,
                                        hcNoContext,
            NIL)
          )));
END;
...
```

Das Dialogfenster mit der Breite B und der Höhe H soll zentral in das*DeskTop* eingefügt werden:

```
...
PROCEDURE TMeinPrg.MakeDialog;
CONST
  B = 50; { Breite des Dialogfensters }
  H = 10; { Höhe des Dialogfensters  }
VAR
  R                 : TRect;
  Dialogfenster : PDialogfenster;
BEGIN
  R.A.X := Round((DeskTop^.Size.X - B)/2);
  R.A.Y := Round((DeskTop^.Size.Y - H)/2);
  R.B.X := R.A.X + B;
  R.B.Y := R.B.X + H;
  Dialogfenster := New(PDialogfenster, Init(R, 'Autokauf'));
  Desktop^.ExecView(Dialogfenster);
  Dispose(Dialogfenster, Done);
END;
...
```

Mit *R.Assign(15,6,65,16)* hätte man dasselbe mit weniger Programmcode erreicht, aber die obige Schreibweise ist sehr viel flexibler bei eventuellen späteren Änderungen des Objektes oder bei der Übernahme dieses Programmteils in andere Programme. Für den Spezialfall der Zentrierung lernen wir weiter unten allerdings eine noch elegantere Möglichkeit kennen.

Die Methode *HandleEvent* verarbeitet zunächst nur das Ereignis *cmAuto*:

```
  . . .
PROCEDURE TMeinPrg.HandleEvent(VAR Event: TEvent);
BEGIN
  TApplication.HandleEvent(Event);
  IF Event.What = evCommand
  THEN
    BEGIN
      CASE Event.Command OF
        cmAuto  : MakeDialog;
      END {CASE};
      ClearEvent(Event);
    END {THEN}
  ELSE
    Exit;
END;
  . . .
```

Der Rest des Programms weist keine Besonderheiten auf. Nach Anklicken der Menüoption *Autokauf* erscheint das Dialogfenster, dessen einzige Funktion derzeit allerdings nur das Schließen über das Schließfeld oder die *Enter*-Taste ist.

5.2 Die Fensterelemente

Das Dialogfenster ist von einem Rahmen umgeben, der mehr ist als nur eine Verzierung des Fensters. Sie kennen seine Eigenschaften aus der Arbeit mit der Turbo-Pascal-Entwicklungsumgebung. Einem wohl meist weniger bewanderten Nutzer Ihres Programmes sollten Sie jedoch Gebrauchshinweise per Hilfetext oder Handbuch geben.

Eine vorteilhafte Eigenschaft des Fensterrahmens ist es, daß er mittig eine Überschrift aufnehmen kann. Sie wird als zweiter Parameter in den Konstruktor *Init(R, Überschrift)* aufgenommen, wobei *Überschrift* als STRING[80] definiert ist. Falls die Überschrift breiter als das Fenster ist, wird der rechte Überstand abgeschnitten. Am rechten Fensterrand ist ein Schatten von 2 Zeichen Breite und am unteren von 1 Zeichen Höhe angefügt. Der Schatten zählt nicht zu den Fensterkoordinaten.

Der Rahmen von Dialogfenstern hat von Haus aus die Eigenschaft, daß man ihn mit der Maus an der oberen Rahmenseite «packen» und bewegen kann. Wichtig ist das Schließfeld am oberen linken Fensterrand, mit dem das Fenster geschlossen werden kann.

Diese Fenstereigenschaften werden durch einige Felder des Objekts gesteuert. Im folgenden sind nur diejenigen Möglichkeiten aufgeführt, die für Dialogfenster gelten, (die später zu besprechenden allgemeinen Fenster bieten weitere Möglichkeiten, vgl. Kapitel 6.2).

Das Setzen und Löschen von Bits in den Feldern geschieht üblicherweise mit Hilfe der Operatoren OR und AND NOT:

⇨ Bit setzen : Feld := Feld OR Konstante

⇨ Bit löschen: Feld := Feld AND NOT Konstante.

Feld **Flags**:   Diesem Feld sind die vordefinierten Konstanten *wf..* (= Window Flag) zugeordnet:

Konstante	Wert	Bedeutung
wfMove	$01	Fenster kann bewegt werden
wfClose	$04	Fenster besitzt Schließfeld

Ob das Dialogfeld versetzbar sein soll oder nicht, ist Geschmackssache. Das Schließfeld könnte eventuell entfallen, da dem Dialogfenster ohnehin die später zu besprechenden Schalter - unter andcrem ein Feld zum Abbrechen des Dialogs - eingefügt werden und außerdem die *Esc*-Taste wirksam bleibt. Als Beispiel seien hier beide Eigenschaften «abgeschaltet»:

```
WITH Dialogfenster^ DO
BEGIN
  Flags := (Flags AND NOT wfMove) AND NOT wfClose;
  ...
```

Feld **Options**:   Diesem Feld sind die Konstanten *of...* (= Option Field) zugeordnet:.

Konstante	Wert	Bedeutung
ofBuffered	$0040	Beschleunigt Bildschirmausgabe durch Anlegen eines Bildschirmpuffers für Subviews.
ofCenterX	$0100	Zentrierung in X-Richtung
ofCenterY	$0020	Zentrierung in Y-Richtung
ofCentered	$0300	Zentrierung in X- und Y-Richtung
ofFirstClick	$0004	Mausklick selektiert das Element (z.B. Schalter) und löst gleichzeitig die Aktion aus

Die *ofCenter*-Konstanten bieten eine bequeme Möglichkeit, das Dialogfenster auf dem *DeskTop* zu zentrieren. Außerdem verwenden wir vorsorglich auch die Konstante *ofBuffered*, die bewirkt, daß für das Gruppenobjekt ein Bildschirmpuffer angelegt wird, in den der erstmalige Bildaufbau geschrieben wird. Bei wiederholter Ausgabe wird das Bild dann statt eines Neuaufbaus aus dem Puffer kopiert. Wird das Optionsbit *ofFirstClick* bei einem Schalter auf 0 gesetzt, so bewirkt ein Mausklick zunächst nur, daß der Schalter selektiert wird, erst ein zweiter Mausklick löst die Schalteraktion aus. Als Beispiel zum Feld *Options* hier die zentrierte Ausgabe des Dialogfensters:

```
Dialogfenster := New(PDialogfenster, Init(R, 'Autokauf'));
WITH Dialogfenster^ DO
BEGIN
   Options := (Options OR ofCentered) OR ofBuffered;
   ...                                                        .
```

Feld **State**:   Das Feld dient hauptsächlich zur Abfrage des Status eines Dialogfensters; zur Beeinflussung kann nur ein Bit, das für den Fensterschatten zuständig ist, genutzt werden. Das Setzen des Feldes auf einen vorgegebenen Wert wird erleichtert durch die Prozedur

```
PROCEDURE TView.SetState(Wert: Word,
Enable: Boolean); VIRTUAL.
```

Ist *Enable* True, werden die Bits des Feldes *State* auf *Wert* gesetzt; bei False werden die durch *Wert* bezeichneten Bits zurückgesetzt. Vordefinierte Konstanten *sf...* (= Ṣtate Ḟield) erleichtern die Arbeit:

Konstante	Wert	Bedeutung
sfShadow	$0008	Fenster hat einen Schatten.

Ob ein Dialogfenster ohne Schatten einen praktischen Wert hat, sei dahingestellt; wenn gewünscht, kann jedenfalls der Schatten abgeschaltet werden, wie folgendes Beispiel zeigt:

```
SetState(sfShadow, False);.
```

Alle Beispiele sind in dem kleinen Programm *Prg5-2.pas* zusammengefaßt: Es erscheint ein Dialogfenster, das zentriert ist, gepuffert wird, weder Schließfeld noch Schatten hat und auch nicht bewegt werden kann. Es reagiert nur auf die *Esc*-Taste.

5.3 Schalter

Es wird Zeit, das Dialogfenster mit Dialogobjekten zu füllen. Die einfachsten sind die Schalter, die eigentlich »Taster« heißen müßten, da sie nach dem Drücken wie ein Klingelknopf wieder in die Ausgangslage zurückkehren; wir bleiben aber bei der im Turbo-Vision-Handbuch verwendeten Bezeichnung. Die Schalter werden mit der Maus angefahren und mit der Maustaste »gedrückt« oder mit der TAB-Taste gewählt und mit *Enter* bestätigt. Ein kurzzeitiges Verschwinden des Schattens gibt das Hineindrücken auch optisch wieder.

Ein Schalter ist eine Instanz des Turbo-Vision-Objektes *TButton*, das wiederum eine Kette von Vorfahren hat:

```
TObject - TView - TButton.
```

TButton stammt nicht von *TGroup* ab und ist daher ein terminales View-Objekt, das selbst keine View-Objekte aufnehmen kann!

Im Konstruktor

```
CONSTRUCTOR TButton.Init (VAR R: TRect; ATitle:
TTitleStr; ACommand: Word; AFlags: Byte)
```

legt der Rechteckbereich *R* Lage und Größe des Schalters fest. Bild 5-2 zeigt, wie die Eckpunkte definiert sind. Zu beachten ist, daß *R* - anders als bei Fenstern - sowohl den Schatten als auch links und rechts einen Leerstreifen einschließt.

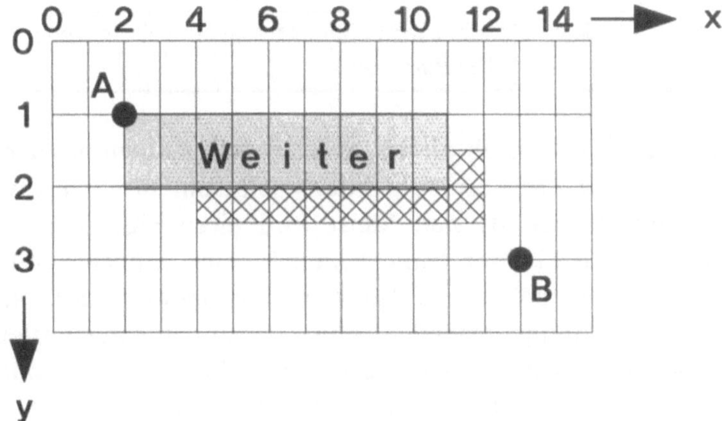

Bild 5-2: Rechteckbereich eines Schalters

Mit dem Feld *ATitle* läßt sich dem Schalter eine Bezeichnung zuordnen, wobei - wie auch bei der Menüleiste - ein in Tilden (~) gefaßter Buchstabe hervorgehoben wird und dem Nutzer anzeigt, daß die Taste auch durch *Alt+Buchstabe* gewählt werden kann. Soll die Länge eines solchen Strings, der Tilde-Zeichen enthält, ermittelt werden, steht die globale Funktion *CStrLen* zur Verfügung, die bei der Längenermittlung die Tilde-Zeichen abzieht.

Der zweite Parameter des Konstruktors ist eine Befehlskonstante, die als »Ereignis« an die zur Gruppe gehörigen Objekte gesandt wird. Vier Befehlskonstanten sind bereits vordefiniert:

Konstante	Wert	Bedeutung
cmOK	10	»Weiter«-Schalter gedrückt
cmCancel	11	»Zurück«-Schalter gedrückt
cmYes	12	»Ja«-Schalter gedrückt
cmNo	13	»Nein«-Schalter gedrückt

Das dritte Feld, *AFlags*, legt mittels vordefinierter Konstanten *bf...* (= Button Field) verschiedene Eigenschaften des Schalters fest. Hier eine Übersicht:

Konstante	Wert	Bedeutung
bfNormal	$00	normaler Schalter
bfDefault	$01	reagiert auf Enter-Taste
bfLeftJust	$02	Beschriftung linksbündig
bfBroadcast	$04	Befehl wird über »Message« weitergegeben, sonst über *PutEvent*

Der Wert *bfDefault* legt fest, ob dieser Schalter sich dadurch auszeichnet, daß beim Drücken der *Enter*-Taste seine Funktion auch dann ausgeführt wird, wenn er nicht angewählt (fokussiert) war. Meist wird diese Eigenschaft dem OK-Schalter zugeordnet; der Nutzer kann dann z.B. eine Eingabe einfach überspringen, indem er *Enter* drückt und damit die Vorgabewerte der Eingabezeile bestätigt. Schalter, die normal reagieren sollen, haben den voreingestellten Wert *bfNormal*. *bfDefault*-Schalter tragen grünblaue Schrift, *bfNormal*-Schalter schwarze Schrift. Achten Sie darauf, den Wert *bfDefault* nur einmal zu vergeben!

Die Hervorhebung eines Schalters mittels *bfDefault* hat nichts mit der Fokussierung zu tun. Der jeweils im Programmcode zuletzt definierte Schalter ist nach dem Dialogaufruf zunächst fokussiert, unabhängig davon, ob er die Eigenschaft *bfDefault* oder *bfNormal* trägt. *bfDefault* kommt erst zum Tragen, wenn der Fokus nicht auf dem betreffenden Schalter liegt. Soll der Fokus nach Aufruf des Dialoges auf einem anderen als dem letzten View-Objekt liegen, kann die Prozedur *TView.Select* für das zu fokussierende View-Objekt oder *TGroup.SelectNext(False)* (S. 75) aufgerufen werden.

Die Beschriftung wird zentriert auf der Schalterfläche eingetragen, außer wenn Sie *AFlags* die Konstante *bfLeftJust* zuordnen, was die Beschriftung linksbündig anordnet. Die Konstante *bfLeftJust* kann mit der OR-Funktion mit anderen *AFlags*-Werten verknüpft werden, z.B.

```
bfDefault OR bfLeftJust.
```

Ist *bfBroadcast* nicht gesetzt, wird der Befehl als *evCommand* mittels der Prozedur *PutEvent* (S. 199) ausgesandt, sonst über die Funktion *Message* als *cmBroadcast* (S. 195). Wollen Sie die voreingestellten Werte des Feldes *AFlags* verwenden, kann für diesen Parameter einfach 0 eingesetzt werden.

Wir bauen jetzt in unser Beispielprogramm die Schalter »OK« und »Cancel« ein, wovon »OK« mittels *bfDefault* die Eigenschaft erhält, auf die *Enter*-Taste zu reagieren. Um die Bearbeitung der Schalterereignisse brauchen wir uns vorläufig nicht zu kümmern, denn das *TDialog*-Objekt leitet aus beiden das Löschen des Dialogfensters ab.

```
PROGRAM Prg5_3;
...
  PDialogfenster = ^TDialogfenster;
  TDialogfenster = OBJECT(TDialog)
    FUNCTION MaxLen(a, b: STRING): Integer;
  END;

FUNCTION TDialogfenster.MaxLen(a, b: STRING): Integer;
BEGIN
  IF CStrLen(a) > CStrLen(b) THEN MaxLen := CStrLen(a)
  ELSE MaxLen := CStrLen(b);
END;
...

PROCEDURE TMeinPrg.MakeDialog;
CONST
  B = 50;                              { Breite des Dialogfensters }
  H = 14;                              { Höhe des Dialogfensters   }
  Schalter1Txt = '~W~eiter';
  Schalter2Txt = '~Z~urück';
```

```pascal
VAR
  R, R1, R2         : TRect;
  Dialogfenster   : PDialogfenster;
  Breite            : Integer;
BEGIN
  GetExtent(R);
  R.B.X := R.A.X + B;
  R.B.Y := R.A.Y + H;
  Dialogfenster := New(PDialogfenster, Init(R, 'Autokauf'));
  WITH Dialogfenster^DO
  BEGIN   { Dialogfenster zentriert und mit Bildschirmpuffer}
    Options := (Options OR ofCentered) OR ofBuffered;
    Breite := MaxLen(Schalter1Txt, Schalter2Txt) + 4;
    R1.A.X := Round((Size.X - 2*Breite)/3);
    R1.B.X := R1.A.X + Breite;
    R1.B.Y := Size.Y - 1;
    R1.A.Y := R1.B.Y - 2;
    Insert(New(PButton, Init(R1, Schalter1Txt, cmOK,
                        bfDefault)));
    R2.A.X := R1.B.X + Round((Size.X - 2*Breite)/3);
    R2.B.X := R2.A.X + Breite;
    R2.A.Y := R1.A.Y;
    R2.B.Y := R1.B.Y;
    Insert(New(PButton, Init(R2, Schalter2Txt, cmCancel,
            bfNormal)));
  END;
  Desktop^.ExecView(Dialogfenster);
  Dispose(Dialogfenster, Done);
END;
...
```

Die Methode *TMeinPrg.MakeDialog* fügt die zwei Schalter in das Dialogfenster ein. Dabei werden die Koordinaten so berechnet, daß die Schalter gleich breit sind, wobei sie sich nach der längsten Beschriftung richten, und symmetrisch in der unterstmöglichen Zeile angeordnet werden. Natürlich würde der Gebrauch von *R.Assign* auch hier das Programm abkürzen, aber bei Änderungen weniger flexibel sein.

Mit *New* wird jeweils ein Schalter als Instanz von *PButton* erzeugt und mit der Funktion *Dialogfenster^.Insert* in das Dialogfenster eingefügt.

Bild 5-3 ist eine Abbildung des bis jetzt erarbeiteten Dialogfensters:

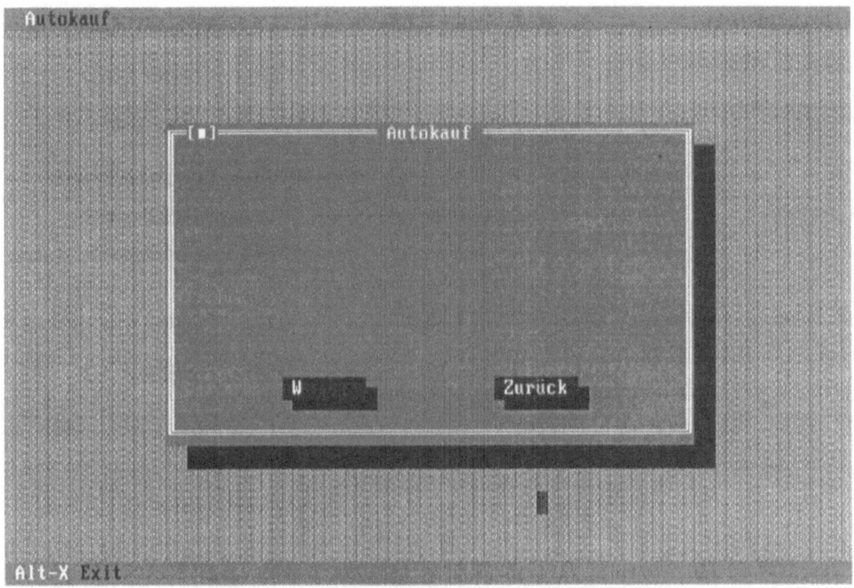

Bild 5-3: Dialogfenster mit Schaltern

5.4 Auswahlfelder

Ganz im Sinne nutzerfreundlicher Dateneingabe stellen Auswahlfelder dem Nutzer eine Anzahl fertig formulierter Antworten zur Auswahl bereit und sorgen somit dafür, daß die Eingaben schnell und fehlerlos erfolgen. Turbo-Vision stellt drei Arten von Auswahlfeldern bereit: Wahlfelder, Markierungsfelder und Mehrfach-Markierungsfelder. Eine Anzahl von Feldern ist jeweils in einer Box zusammengefaßt.

⇨ **Wahlfelder** verhalten sich wie Sendertasten eines Radios: Man kann nur einen Sender gleichzeitig hören. Wenn also eine Taste gedrückt wird, springt dafür eine andere in die Ausgangslage zurück. Treffend ist die englische Originalbezeichnung *RadioButtons*.

⇨ **Markierungsfelder** gleichen in ihrer Aufmachung weitgehend den Wahlfeldern, allerdings ist es möglich, gleichzeitig mehrere Felder zu markieren. Das zugehörige Objekt ist *TCheckBoxes*.

⇨ **Mehrfach-Markierungsfelder** sind Markierungsfelder, bei denen für jedes einzelne Feld nicht nur die Auswahl zwischen den beiden Zuständen »angekreuzt« und »nicht angekreuzt« besteht, sondern eine Auswahl zwischen mehreren Zuständen getroffen werden kann. Das zugehörige Objekt ist *TMultiCheckBoxes*.

Die »Ahnenreihe« dieser Turbo-Vision-Objekte stellt sich wie folgt dar:

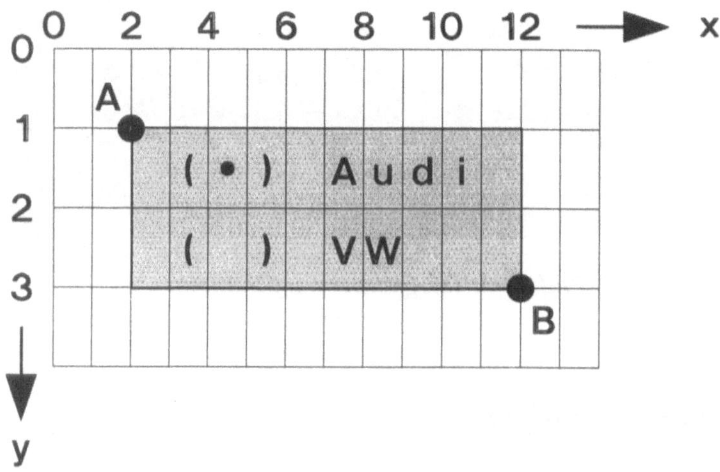

Bild 5-4: Auswahlbox

Die gemeinsamen Eigenschaften sind in *TCluster* (engl.: Bündel) zusammengefaßt. Ansonsten verhalten sich Auswahlboxen wie terminale View-Objekte. Die Eckkoordinaten einer Auswahlbox sind nach dem Muster von Bild 5-4 definiert; die Breite des Objektes richtet sich nach dem längsten Texteintrag, dem 6 zusätzliche Leer- und Markierungszeichen hinzuzurechnen sind.

Der Konstruktor

```
CONSTRUCTOR TCluster.Init (VAR R: TRect; AStrings: PSItem)
```

gilt für die beiden Boxen-Arten *TRadioButtons* und *TCheckBoxes*. *R* ist wie üblich der zu belegende Rechteckbereich. *AStrings* ist eine verkettete Liste von Beschriftungs-Strings, ähnlich wie die schon bei der Erzeugung der Menüleiste besprochene. Die Liste wird mittels der Funktion

```
FUNCTION NewSItem(Text, Next) : PSItem
```

aus der Unit *Dialogs* erstellt, wobei für den Parameter *Next* die nächste *NewSItem*-Funktion einzusetzen ist, oder NIL beim letzten Eintrag:

```
NewSItem(..., Next)
             ⇩
             NewSItem(..., Next)
                          ⇩
                          NewSItem(..., NIL)
```

Die Anzahl der Felder einer Markierungsbox ist auf 16 begrenzt, weil der Zustand der Felder - markiert oder nicht markiert - in den Bits eines Feldes *Value* vom Typ *Word* (16 Bit) gespeichert wird. Jeder Option der Box ist ein Bit zugeordnet, wobei die oberste Optionszeile zum niederwertigsten Bit gehört. Bei einer markierten Option ist das entsprechende Bit gesetzt. *Value = $0000* heißt, daß keine Option markiert ist.

Bei Wahlboxen gibt *Value* die laufende Nummer des gewählten Feldes an, bei 0 beginnend. Somit ist die Anzahl der Felder praktisch unbegrenzt ($= 2^{16}$).

Ein Beispielprogramm (*Prg5-4.pas*) mit einer Wahlbox und einer Markierungsbox sieht so aus:

```
PROGRAM Prg5_4;
  ...


PROCEDURE TMeinPrg.MakeDialog;
CONST
  ...
  WahlboxLinks     = 3;                { Daten der Auswahlbox }
  WahlboxOben      = 3;
  AnzFelderWahlbox = 3;
  WahlTxt1         = '~A~udi';
  WahlTxt2         = '~B~MW';
  WahlTxt3         = '~V~olkswagen';

  MarkBoxLinks     = 23;              { Daten der Markierungsbox }
  MarkBoxOben      = 3;
  AnzFelderMarkBox = 4;
  MarkTxt1         = 'Schiebedach';
  MarkTxt2         = 'Automatik-Getriebe';
  MarkTxt3         = 'Metallic-Lack';
  MarkTxt4         = 'Leichtmetallfelgen';

  VAR
  R, R1, R2        : TRect;
```

```
    ...
    WahlBox          : PRadioButtons;
    MarkBox          : PCheckBoxes;
    ...

BEGIN
  ...
  WITH Dialogfenster^ DO
  BEGIN
    ...
{ Auswahlbox: }
    Breite := CStrLen(WahlTxt3) + 6;        { längster Text
                                              bestimmt Breite }
    R.A.X   := WahlboxLinks;
    R.A.Y   := WahlboxOben;
    R.B.X   := R.A.X + Breite;
    R.B.Y   := R.A.Y + AnzFelderWahlbox;
    WahlBox := New(PRadioButtons, Init(R, NewSItem(WahlTxt1,
                                          NewSItem(WahlTxt2,
                                          NewSItem(WahlTxt3,
                                                NIL)))));
    Insert(WahlBox);

{ Markierungsbox: }
    Breite := CStrLen(MarkTxt2) + 6;        { längster Text
                                              bestimmt Breite }
    R.A.X   := MarkBoxLinks;
    R.A.Y   := MarkBoxOben;
    R.B.X   := R.A.X + Breite;
    R.B.Y   := R.A.Y + AnzFelderMarkBox;
    MarkBox := New(PCheckBoxes, Init(R, NewSItem(MarkTxt1,
                                        NewSItem(MarkTxt2,
                                        NewSItem(MarkTxt3,
                                        NewSItem(MarkTxt4,
                                              NIL))))));
    Insert(MarkBox);
    WahlBox^.Select;
  END {WITH Dialogfenster};
  ...
```

Die aktuellen Parameter der Boxen, wie Koordinaten und Beschriftungen, werden am besten am Anfang der Prozedur in einer Konstantenliste untergebracht. Mögliche spätere Korrekturen werden dadurch sehr erleichtert, außerdem kommt es dem Zweck der Beispielprogramme, als Musterprogramme für eigene Anwendungen zu dienen, sehr entgegen.

An dieser Stelle sei auf den Zweck der Methoden *Select* und *SelectNext* hingewiesen. Unser Beispielprogramm enthält jetzt 4 Dialogelemente: Wahlbox, Markierungsbox und zwei Schalter, die mit der *TAB*-Taste in dieser Reihenfolge selektiert werden können. Diese Reihenfolge entspricht der Aufeinanderfolge im Quelltext von *MakeDialog*. Sie heißt auch TAB-Reihenfolge oder Z-Reihenfolge, wobei man sich bei der letzteren Bezeichnung vorstellt, daß die Fensterelemente übereinander - also in Z-Richtung gestaffelt - liegen.

Beim Aufruf des Dialogfensters ist automatisch das im Programm als letztes aufgeführte selektiert. Für den Nutzer wäre das irritierend, denn das letzte Objekt ist der Schalter *Zurück* rechts unten, und man erwartet intuitiv, daß beim Start das erste Objekt, links oben, selektiert ist. Verlegte man aber zu diesem Zweck das linke obere Objekt, hier die Wahlbox, im Programmtext an letzte Stelle, wäre sie zwar beim Start selektiert, aber die *TAB*-Taste würde die Objekte nicht mehr in der am Bildschirm sichtbaren Reihenfolge selektieren. Die Lösung des Problems liefert die Funktion *Select*, die in der Form *Erstes_Objekt^.Select* im Programmtext direkt vor dem *ExecView*-Aufruf gesetzt wird und damit festlegt, daß *Erstes_Objekt* das vom Start weg selektierte Element ist.

Eine andere Möglichkeit, ein View-Objekt gezielt zu selektieren, bietet die Methode

```
TGroup.SelectNext(Backwards: Boolean)
```

in der *Backwards* auf True gesetzt wird, wenn in der Reihenfolge der View-Objekte um eins zurückgegangen, und False, wenn das nächste Objekt selektiert werden soll. Die für *TGroup* einzusetzende Instanz ist in unserem Beispielprogramm *Dialogfenster*.

Bild 5-5 zeigt, wie sich das Dialogfenster beim jetzigen Stand des Beispielprogramms darstellt: Die Markierungszeichen der Wahlbox *(•)* unterscheiden sich von denen der Markierungsbox *[X]*. Die Felder werden einfach mit der Maustaste angeklickt. Sofern die Bedienung über die Tastatur erfolgt, selektiert die *TAB*-Taste die gewünschte Box, die Cursortasten »auf« und »ab« führen zum gewünschten Feld, und in der Markierungsbox wird mit der Leertaste das Markierungskreuz alternierend gesetzt oder gelöscht.

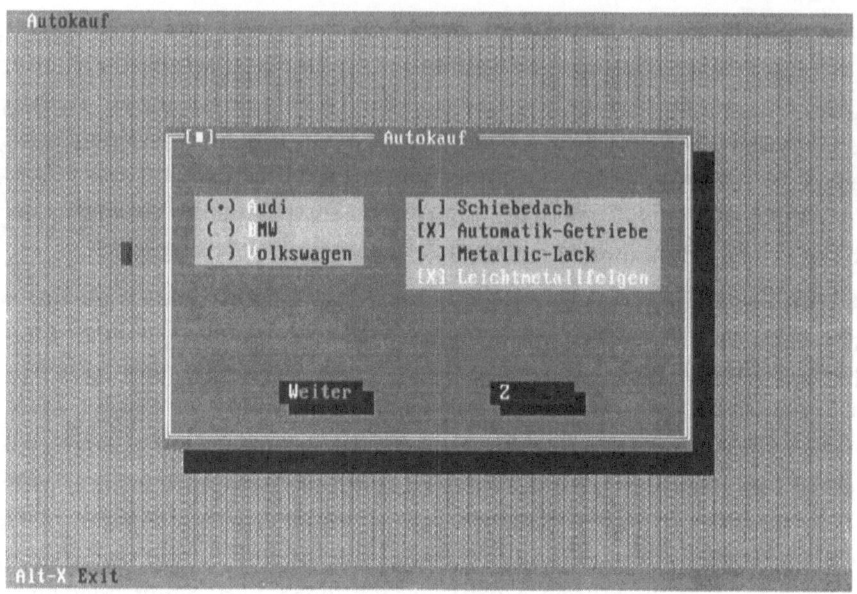

Bild 5-5: Dialogfenster mit Wahl- und Markierungsbox

Zum Schluß noch ein Tip zum Experimentieren für Individualisten, die den Auswahlboxen ihre eigene Note geben möchten. Die Ankreuzsymbole und deren Einrahmungszeichen sind Parameter der Methode

```
PROCEDURE TCluster.DrawBox(Einrahmungen: STRING,
Ankreuzsymbol: Char),
```

wobei der String genau 5 Zeichen lang sein muß. Dafür ein Beispiel, ohne Anspruch auf besonderen Phantasiereichtum. Das hier wiedergegebene Listing von *Prg5-6.pas* führt nur die Änderungen gegenüber *Prg5-4.pas* auf:

```
PROGRAM Prg5_6;
...

TYPE
  ...
  PWahlbox = ^TWahlbox;
  TWahlbox = OBJECT(TRadioButtons)
    PROCEDURE Draw; VIRTUAL;
END;

  PMarkBox = ^TMarkBox;
  TMarkBox = OBJECT(TCheckBoxes)
    PROCEDURE Draw; VIRTUAL;
END;
```

```
   ...

PROCEDURE TMeinPrg.MakeDialog;
...

VAR
  ...
  WahlBox           : PWahlBox;
  MarkBox           : PMarkBox;
  ...
BEGIN
  ...
    ...
    WahlBox := New(PWahlBox, Init( ...
    ...
    MarkBox := New(PMarkBox, Init( ...
  ...

PROCEDURE TWahlBox.Draw;
CONST
  MarkFeld = '  |  |  ';
  Zeichen  = #8;
BEGIN
  TCluster.DrawBox(MarkFeld, Zeichen);
END;


PROCEDURE TMarkBox.Draw;
CONST
  MarkFeld = '  •  ';
  Zeichen  = #16;
BEGIN
  TCluster.DrawBox(MarkFeld, Zeichen);
END;
```

Wir kommen jetzt zur dritten Art von Wahlfeldern, dem Objekt *TMultiCheck-Boxes*. Es ist ab Version 7.0 verfügbar. Sein Zweck läßt sich am besten an einem Beispiel erläutern: Für eine Reihe von Fächern, z.B. »Deutsch«, »Geschichte«, »Mathematik« und »Sport« soll jeweils aus den Zensuren-Möglichkeiten »1« bis »6« gewählt werden. Die Lösung ist eine Zensurenliste in Form einer Mehrfach-Markierungsbox. Nach der Selektierung eines Feldes der Box werden mittels der Leertaste oder der Maus die vorhandenen Wahlmöglichkeiten durchlaufen.

Der Konstruktor von *TMultiCheckBoxes* ist unterschiedlich zu dem des Vorfahren *TCluster*:

```
CONSTRUCTOR TMultiCheckBoxes.Init (VAR R: TRect;
AStrings: PSItem; ASelRange: Byte; AFlags: Word;
CONST AStates: STRING).
```

Der neu hinzugekommene Parameter *ASelRange* (engl.: <u>Sel</u>ection <u>Range</u> = Auswahlbereich) gibt an, aus wieviel Möglichkeiten ausgewählt werden darf, in unserem Zensurenbeispiel sind das 6. Die Höchstzahl ist 256.

AFlags ist eine Zahl aus 2 Bytes, die im oberen Byte angibt, wieviele Bits pro Auswahlfeld benutzt werden sollen, und deren unteres Byte die Maske für die Auswertung der Bits darstellt. Es gibt jedoch vordefinierte Konstanten*cf*.., die gemäß nachstehender Tabelle einfach ausgewählt werden können:

Konstante	Wert	max. für *ASelRange*	max. Anzahl Felder
cfOneBit	$0101	2	32
cfTwoBits	$0203	4	16
cfFourBits	$040F	16	8
cfEightBits	$08FF	256	4

Nach Festlegung von *ASelRange* sucht man in der 3. Spalte den nächstgrößeren Wert und setzt für *AFlags* die zugehörige Konstante ein. Bei unserem Zensurenbeispiel soll aus 6 Zensuren ausgewählt werden, der nächstgrößere Tabellen-Wert ist 16, also wird *cfFourBits* für *AFlags* eingesetzt.

Der letzte Parameter des Konstruktors von *TMultiCheckBoxes* ist die String-Konstante *AStates*. In ihr werden die in den Markierungsfeldern anzuzeigenden Wahlmöglichkeiten zusammengestellt, wobei jeder Möglichkeit genau ein Zeichen des Strings entspricht. In unserem Beispiel sähe *AStates* so aus: '123456'.

Da die Daten der Mehrfach-Markierungsbox in einer LongInt-Zahl von 4 Bytes gespeichert werden, hängt die maximal mögliche Anzahl der Felder von der Anzahl der Wahlmöglichkeiten pro Feld ab. In der obigen Tabelle wird daher in der letzten Spalte auch die maximale Anzahl von Feldern aufgeführt.

Die Eingaben in eine Mehrfach-Markierungsbox sind wieder im Feld*Value* gespeichert, das wie erwähnt vom Typ *Longint* ist. Zu jedem Feld der Mehrfach-Markierungsbox gehören so viele Bits der *LongInt*-Zahl wie in der Konstanten *cf*.. angegeben sind. Die niederwertigsten Bits von*Value* entsprechen dem ersten

Box-Feld. Die Zahl, die diese Bits repräsentieren, ist die laufende Nummer der Eintragsmöglichkeiten (Zählung beginnt mit 0). Beispiel: Die Konstante *cfFourBits* wurde verwendet. In »Deutsch«, dem 1. Feld, wurde die Zensur »3« eingetragen. Dann sind die niederwertigen 4 Bits von *Value* »...0010« = »2«.

Auch für die Mehrfach-Markierungsboxen soll ein Programmbeispiel, *Prg5-5.pas*, entwickelt werden. Wir verwenden dazu wieder das Zensurenbeispiel. Große Teile des Programms sind schon bekannt: Die Menüleiste enthält nur eine Option »Zensuren«. Entsprechend reagiert *HandleEvent* nur auf *cmZensuren*. In die Dialogbox mit den zwei Schaltern »OK« und »Cancel« wird die Mehrfach-Markierungsbox *MultiBox* eingefügt. Beachten Sie: Der String *AStates* der aufrufbaren Zensuren wird in absteigender Reihenfolge, beginnend mit »1« als Default, angeschrieben, da beim Betätigen der Leertaste oder Maus *AStates* rückwärts durchlaufen wird.

```pascal
PROGRAM Prg5_5;

USES  App, Objects, Menus, Drivers, Views, Dialogs;

CONST
  cmZensuren = 1000;

TYPE
  TMeinPrg = OBJECT(TApplication)
    PROCEDURE InitMenuBar; VIRTUAL;
    PROCEDURE MakeDialog;
    PROCEDURE HandleEvent (VAR Event: TEvent); VIRTUAL;
  END;
...

PROCEDURE TMeinPrg.MakeDialog;
VAR
  R               : TRect;
  Dialogfenster   : PDialog;
  MultiBox        : PMultiCheckBoxes;
BEGIN
  R.Assign(0,0,50,14);
  Dialogfenster := New(PDialog, Init(R, 'Zensuren'));
  WITH Dialogfenster^DO
  BEGIN
    Options := (Options OR ofCentered) OR ofBuffered;
{ 2 Schalter: }
    R.Assign(10,10,20,12);
    Insert(New(PButton, Init(R, '~W~eiter', cmOK,
```

```
                bfDefault))) ;
      R.Assign(30,10,40,12);
      Insert(New(PButton,  Init(R,  'Zurück',  cmCancel,
            bfNormal))) ;
{ Mehrfach-Markierungsbox: }
      R.Assign(17,3,33,7);
      MultiBox := New(PMultiCheckBoxes,  Init(R,
                                    NewSItem('Deutsch    ',
                                    NewSItem('Geschichte',
                                    NewSItem('Mathematik',
                                    NewSItem('Sport      ',
                                    NIL)))),6 ,cfFourBits,
                                       '123456'));

      Insert(MultiBox);
   END {WITH Dialogfenster};
   DeskTop^.ExecView(Dialogfenster);
   Dispose(Dialogfenster, Done);
END;
 ...
```

5.5 Eingabezeilen

Für den Dialog mit dem Programmnutzer ist eines der wichtigsten Elemente ein
Feld, in das er seine Daten eingeben kann. Turbo-Vision stellt dafür ein Einga-
befeld zur Verfügung, das eine Zeile umfaßt, in der auch editiert werden kann.
Der Datentyp der Eingabe ist immer ein String, für den bei der Festlegung der
Eingabezeile eine maximale Länge definiert wird. Der String kann länger als die
Feldbreite sein, da das Fenster den Text horizontal rollen kann. Sind die
Eingaben von einem anderem Typ als String, liegt die Konvertierung in der Ver-
antwortung des Programmierers.

Die Eingabezeile kann um ein Fenster erweitert werden, in dem die vorangegangenen Eingaben gespeichert sind. Bei wiederholter Eingabe bereits vorher ver-
wendeter Werte läßt sich der Eingabevorgang damit merklich beschleunigen.

5.5.1 Die Eingabezeile

Die Eingabezeile ist eine Instanz des Turbo-Vision-Objektes *TInputLine*, das
gemäß seiner Herkunft

```
   TObject - TView - TInputLine
```

ein terminales View-Objekt ist.

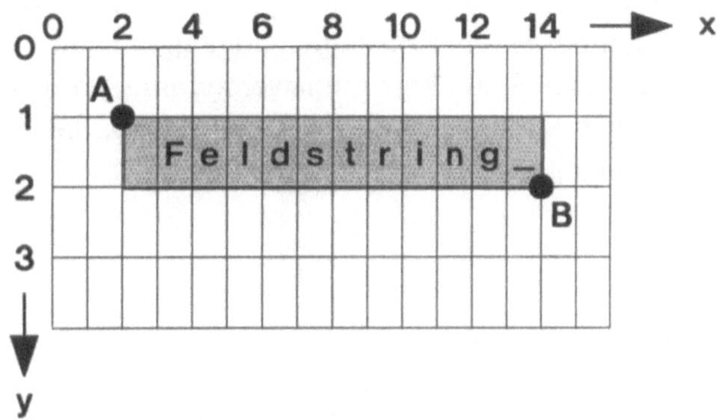

Bild 5-6: Rechteckbereich einer Eingabezeile

Seine Initialisierung übernimmt der Konstruktor

```
CONSTRUCTOR TInputLine.Init (R: TRect; MaxLen: Integer).
```

R ist wie gewohnt der belegte Rechteckbereich (Bild 5-6). Außer der vom Text belegten Breite ist rechts und links je ein Leerfeld vorzuhalten.

MaxLen ist die maximal mögliche Länge des einzugebenden Strings. Das Fenster kann, wie erwähnt, kürzer sein; dies wird dann durch ein Pfeilsymbol an der Seite des sichtbaren Stringteils angezeigt, an der sich verdeckter Text befindet. Meist wird man wohl die Fensterbreite gleich der Textlänge (+ 2 Leerfelder) machen.

Wir schreiben jetzt ein Beispielprogramm (*Prg5-7.pas*) ausgehend von *Prg5-4.pas*. Hier die für die Eingabezeile maßgeblichen Änderungen:

```
PROGRAM Prg5_7;
...
PROCEDURE TMeinPrg.MakeDialog;
CONST
  ...
  EingabeLinks    = 19;        { Koordinaten der Eingabezeile }
  EingabeOben     =  8;
  MaxBreite       = 10;        { Max. Länge der Eingabezeile }

VAR
  ...
  Eingabe         : PInputLine;
  ...
```

Die Koordinaten für die linke obere Ecke des Bereiches und die maximale
String-Länge werden am besten als Konstanten abgelegt, damit sie bei eventuellen Änderungen nur an einer Stelle korrigiert werden müssen. Die rechte untere
Ecke ergibt sich aus der Breite des Strings + 2 Leerzeichen; die Höhe der Eingabezeile ist konstant 1 Einheit.

```
   . . .
   BEGIN
      . . .
   { Eingabezeile: }
      R.Assign(EingabeLinks, EingabeOben,
               EingabeLinks+MaxBreite+2, EingabeOben+1);
      Eingabe := New(PInputLine, Init(R, MaxBreite));
      Eingabe^.Data^ := '123 456,78';
      Insert(Eingabe);
      . . .
```

Die Erzeugung der Instanz *Eingabe* und ihre Einfügung in das Dialogfeld nach
den Auswahlboxen sind ohne Besonderheiten. Allerdings würde ohne die Zeile
Eingabe^.Data^... das Feld zwar erscheinen, auch der Schreibcursor wäre
sichtbar, aber das Eintippen von Zeichen - selbst das Bewegen des Schreibcur-
sors - wäre nicht möglich. Das Feld *Data* des Objekts *TInputLine* ist vom Typ
Zeiger auf einen String und enthält den in der Eingabezeile dargestellten Text.
Vor der Darstellung der Eingabezeile ist *Data* mit einem String zu belegen,
dessen Länge genau dem Parameter *MaxLen* entsprechen muß. Später werden
wir allerdings stattdessen die Methode *SetData* verwenden. Bild 5-7 gibt einen
Eindruck des jetzigen Ausbaus des Dialogfensters.

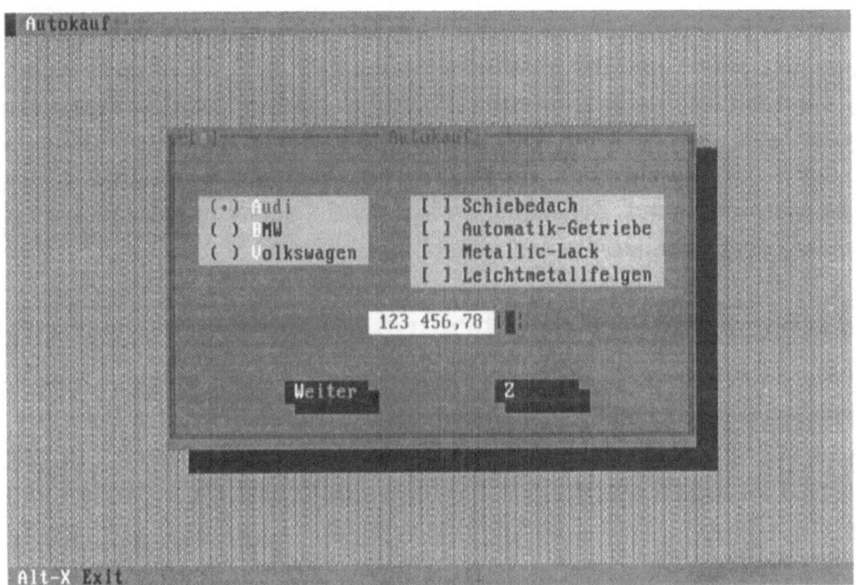

Bild 5-7: Dialogfenster mit einer Eingabezeile

Die Eingabezeile kann mit der *TAB*-Taste oder der Maus gewählt werden. Beim Anwählen mit der *TAB*-Taste ist der Fensterinhalt grün unterlegt, damit wird angezeigt, daß mit dem Eintippen des ersten Zeichens der bestehende Inhalt gelöscht wird. Beim Anklicken mit der Maus bleibt die weiße Schrift auf blauem Hintergrund unverändert, und das erste Zeichen wird an der Schreibcursorposition eingefügt, je nach Cursorform im Einfügemodus (Strichcursor) oder Überschreibmodus (Blockcursor).

Folgende **Tasten-Editierbefehle** stehen zur Verfügung:

Zeichen links	*Strg*+S oder Cursor »links«
Zeichen rechts	*Strg*+D oder Cursor »rechts«
Zeilenanfang	*Pos1*
Zeilenende	*Ende*
Einfüge-/Überschreibmodus	*Einfg*
Zeichen links löschen	*Backspace*
Zeichen an Cursorpos. löschen	*Entf*
Zeile löschen	*Strg*+Y oder *Strg*+QY
Blockmarkierung aufheben	*Strg*+KH

Ein Block wird mit der Maus markiert (grüner Untergrund): Die Maus an den Blockanfang setzen und mit gedrückter Maustaste zum Blockende ziehen. Der Block kann mit *Entf* gelöscht werden. Wird bei markiertem Block eine alphanumerische Taste gedrückt, so wird der Block gelöscht und das Zeichen an die Stelle des Blocks geschrieben. Eine Cursortaste oder die Kombination *Strg+KH* hebt die Markierung auf. Zwischen Einfüge- und Überschreibmodus wird mit der Taste *Einfg* umgeschaltet.

5.5.2 Das Eingabe-Wiederholungsfenster

Das Eingabe-Wiederholungsfenster - leider gibt es wohl keinen kürzeren treffenden Namen dafür - stellt sich zunächst als ein kleines grünes Feld mit einem Abwärtspfeil dar. Nach dem Öffnen klappt ein blaues Textfenster mit den gespeicherten Einträgen heraus; es ist versehen mit je einem vertikalen und horizontalen Rollbalken sowie einem Schließfeld, und es ist immer mit einem Eingabefeld verbunden.

Das Eingabe-Wiederholungsfenster ist eine Instanz des Turbo-Vision-Objektes *THistory*, das von *TView* abgeleitet ist:

```
TObject - TView - THistory.
```

Der

```
CONSTRUCTOR THistory.Init (VAR R: TRect; Eingabefenster: TInputLine; ID: Word)
```

legt die Randbedingungen des Eingabe-Wiederholungsfensters fest.

Der Rechteckbereich ist nicht, wie man vermuten könnte, das geöffnete Fenster, sondern nur das grüne Öffnungsfeld von 3 Einheiten in der Breite und 1 Einheit in der Höhe. Es wird zweckmäßigerweise direkt rechts an die zugehörige Eingabezeile angefügt. Das hat den Vorteil, daß nach dem Öffnen des Fensters dessen erster Eintrag deckungsgleich mit dem Eingabefenster liegt.

Erst auf Befehl klappt das eigentliche Textfenster heraus. Seine Breite paßt sich von selbst der Breite der Eingabezeile an; seine Höhe beträgt 6 Textzeilen zuzüglich 3 Zeilen für Rahmen und Schatten. Das Fenster kann allerdings nicht über den Rahmen des Dialogfensters hinausragen. Gegebenenfalls vermindert sich die Höhe des Fensters von selbst entsprechend.

Somit sieht der Anfang eines Beispielprogramms *Prg5-8.pas* mit einem Eingabe-Wiederholungsfenster, welches an die Eingabezeile von *Prg5-7.pas* angefügt wird, folgendermaßen aus:

```
PROGRAM Prg5_8;
  ...

PROCEDURE TMeinPrg.MakeDialog;
  ...
  WITH Dialogfenster^ DO
    ...
{ Eingabe-Wiederholungsfenster: }
    R3.A.X := R.B.X;
    R3.A.Y := R.A.Y;
    R3.B.X := R3.A.X + 3;
    R3.B.Y := R3.A.Y + 1;
    Insert(New(PHistory, Init(R3, Eingabe, 1)));
  ....
```

Vor dem Block »Eingabe-Wiederholungsfenster« war die Eingabezeile mit den Koordinaten *R* erzeugt worden. Die Anweisungen für *R3*, die Koordinaten des Eingabe-Wiederholungsfenster, sogen dafür, daß *R3* mit der Breite 3 und der Höhe 1 rechts an die Eingabezeile anschließt.

Der zweite Parameter des Konstruktors ist der Instanzenname der zugeordneten Eingabezeile. Der dritte Parameter schließlich ist eine Identifizierungsnummer für die Liste der getätigten Eingaben. Damit wird erreicht, daß verschiedene Eingabe-Wiederholungsfenster gegebenenfalls auf dieselbe Eingaben-Liste zugreifen können.

Das Eingabe-Wiederholungsfenster wird geöffnet, indem man mit der Maus das grüne Feld anklickt oder - von der Eingabezeile aus - die Cursortaste betätigt. Mit Cursortaste oder Maus wird der Eintrag, der in die Eingabezeile übernommen werden soll, selektiert und mit der *Enter*-Taste oder Maus-Doppelklick die Übernahme bestätigt. *Esc* oder Anklicken des Schließfeldes schließen das Fenster ohne Datenübernahme.

Das Fenster aus unserem Beispielprogramm ist in Bild 5-8 dargestellt.

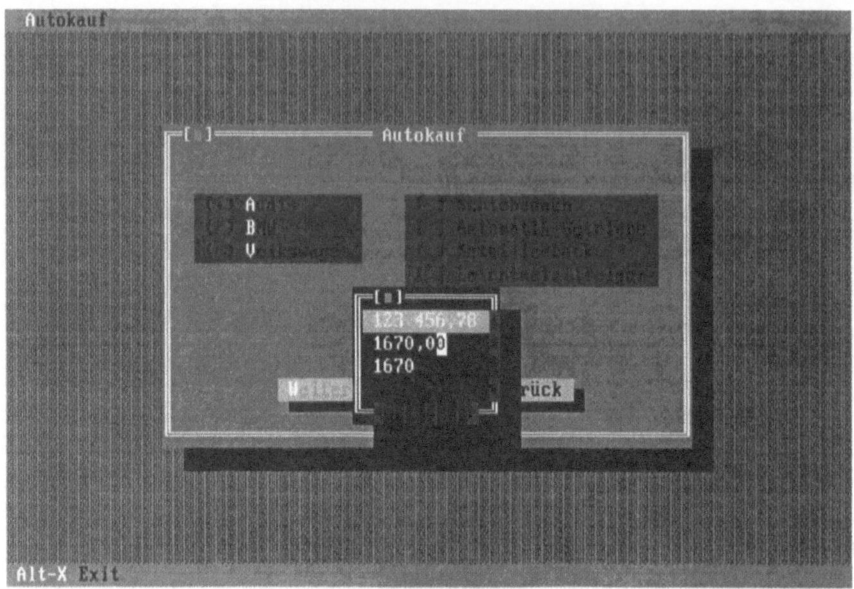

Bild 5-8: Eingabe-Wiederholungsfenster, geöffnet

5.5.3 Eingabe-Überprüfung durch Validator-Objekte

Ein Programm, das professionelle Qualität beansprucht, muß verhindern, daß Fehleingaben des Nutzers zum Programmabsturz oder gar zu falschen Ergebnissen führen. Infolgedessen sollte jede Eingabe - soweit das logisch möglich ist - auf Gültigkeit überprüft werden. Bei der Eingabe von Zahlen ist z.B. zu prüfen, ob ein bestimmter Wertebereich eingehalten und nicht statt des Dezimalkommas ein Punkt eingegeben wurde.

Dafür gibt es (ab Version 7.0) das abstrakte Objekt *TValidator* mit abgeleiteten Objekten zur Überprüfung von Daten, die in Eingabezeilen eingegeben werden. Um eine Eingabezeile mit einem Validator-Objekt zu verbinden, enthält *TInputLine* die Methode

```
TInputLine.SetValidator(AValidator: PValidator).
```

AValidator ist eine Instanz eines der spezialisierten Nachfahren von *TValidator*,

⇨   TFilterValidator

⇨   TRangeValidator

⇨   TStringLookUpValidator

⇨   TPXPictureValidator,

die z.B. in der Form

```
Eingabezeile^.SetValidator(New(PFilterValidator, Init(...))
```

konstruiert wird.

In den Konstruktor *Init* ist dabei einzusetzen, welcher Art die vorzunehmenden Überprüfungen sein sollen:

TFilterValidator.Init(*ErlaubteZeichen*: TCharSet):

> Die erlaubten Zeichen sind als *Menge* (SET OF Char) definiert. Wird diese Menge in *Init* explizit aufgeführt, ist also folgende Schreibweise zu wählen: Zeichen in Hochkommas eingeschlossen, durch Kommas voneinander getrennt, fortlaufende Bereiche durch zwei Punkte markiert und alles in eckige Klammern gesetzt:
>
> ```
> Init(['0'..'9','-',',']),
> ```
>
> d. h. erlaubt sind in diesem Beispiel alle Ziffern, das Minus-Zeichen und das Dezimalkomma. Beim Eintippen eines falschen Zeichens verweigert die Eingabezeile einfach die Annahme.

TRangeValidator.Init(*Anfangswert, Endwert*: LongInt):

> Erlaubt sind alle ganzen (auch negativen) Zahlen zwischen dem Anfangs- und Endwert, einschließlich der beiden Werte selbst. Der Zahlenbereich ist von - 2 147 483 648 bis 2 147 483 647. Bei falscher Eingabe erscheint sofort nach dem Verlassen der Eingabezeile eine Meldung.

TStringLookUpValidator.Init(Strings: PStringCollection):

> Der eingegebene String wird mit den in einer Liste abgelegten erlaubten Strings verglichen. Diese Liste ist als String-Kollektion angelegt, die wir in Kapitel 6.6 behandeln werden.

TPXPictureValidator.Init(*Schablone*: STRING; AutoFill: Boolean):

> Erlaubt sind alle Zeichen, die in eine bestimmte Schablone passen. Der Parameter *AutoFill* legt fest, ob die Eingabe im

Sinne der Schablone aufgefüllt werden soll (True) oder nicht (False).

Für den Aufbau der Schablone stehen folgende Platzhalter zur Verfügung:

Zeichen	Beschreibung
!	Beliebiges Zeichen, Buchstaben werden in Großschreibung gewandelt
#	Ziffer
?	Buchstabe
&	Buchstabe, wird in Großschreibung gewandelt
*	Das darauf folgende Zeichen darf beliebig oft wiederholt werden
;	Das darauf folgende Zeichen wird nicht als Platzhalter interpretiert
[]	Die eingeschlossenen Platzhalter sind optional
,	Trennzeichen zwischen mehreren Masken
{}	Klammer für Zusammenfassung von Platzhaltern

Alle anderen Zeichen werden übernommen, wie sie sind.

Soll zum Beispiel als Eingabe nur das Format eines Geldbetrages in DM erlaubt sein, so könnte der Konstruktor folgendermaßen aussehen:

```
Init('*#;,##', True).
```

Das Wiederholungszeichen bezieht sich auf den Platzhalter »Ziffer«, es dürfen also beliebig viele Ziffern eingegeben werden. Dann muß ein (Dezimal)-Komma folgen, ein Leertastendruck wird in ein Komma umgewandelt. Die folgenden 2 Ziffern, also die Pfennige, sind einzugeben.

Zur Einübung der Eingabeüberprüfung bauen wir die obigen Beispiele in ein kleines Programm *Prg5-9.pas* ein. Es enthält eine Dialogbox mit 3 Eingabezeilen, von denen die erste auf die zulässigen Zeichen, die zweite auf den zulässigen Zahlenbereich und die dritte auf die Einhaltung der Schablone überprüft:

```
PROGRAM Prg5_9;

USES  App, Objects, Menus, Drivers, Views, Dialogs, Validate;

CONST
  cmFenster  = 100;

TYPE
  TMeinPrg = OBJECT(TApplication)
    DataRec: RECORD
                  Str1, Str2, Str3: STRING[11]
             END;
    CONSTRUCTOR Init;
    PROCEDURE InitMenuBar; VIRTUAL;
    PROCEDURE MakeDialog;
    PROCEDURE HandleEvent (VAR Event: TEvent); VIRTUAL;
  END;
...


PROCEDURE TMeinPrg.MakeDialog;
...
BEGIN
  R.Assign(0, 0, 50, 14);
  Dialogfenster := New(PDialog, Init(R, 'Eingaben'));
  WITH Dialogfenster^ DO
  BEGIN
    Options := Options OR ofCentered;

{ 1. Eingabezeile: Filter-Validator}
    R.Assign(8, 2, 20, 3);
    Eingabe1 := New(PInputLine, Init(R, 10));
    Eingabe1^.SetValidator(New(PFilterValidator,
                      Init(['0'..'9','-',',']))));
    Insert(Eingabe1);
    R.Assign(22, 2, 49, 3);
    Insert(New(PStaticText, Init(R, 'Erlaubte Zeichen: 0...9
        - ,')));
{ 2. Eingabezeile: Bereichs-Validator}
    R.Assign(8, 5, 20, 6);
    Eingabe2 := New(PInputLine, Init(R, 10));
    Eingabe2^.SetValidator(New(PRangeValidator, Init(10,
                          100)));
    Insert(Eingabe2);
    R.Assign(22, 5, 49, 6);
    Insert(New(PStaticText, Init(R, 'Erlaubter Bereich:
        10...100')));
```

```
{ 3. Eingabezeile: Schablonen-Validator}
    R.Assign(8, 8, 20, 9);
    Eingabe3 := New(PInputLine, Init(R, 10));

    Eingabe3^.SetValidator(New(PPXPictureValidator,
                           Init('*#;,##',True)));
    Insert(Eingabe3);
    R.Assign(22, 8, 49, 9);
    Insert(New(PStaticText, Init(R, 'Erlaubte Eingabe:
        DM-Betrag')));

    ...
  END {WITH Dialogbox};
  Eingabe1^.Select;
  ExecuteDialog(Dialogfenster, @DataRec);
END;
...
```

5.5.4 Eingabeüberprüfung durch Valid-Funktionen

So bequem wie die von *TValidator* abgeleiteten Objekte für die Eingabeüberprüfung auch sein mögen, manchmal gibt es doch Fälle, die von diesen Werkzeugen nicht abgedeckt werden. Dann muß für die Eingabeüberprüfung ein neues Validator-Objekt abgeleitet oder auf die Funktion *Valid* zurückgegriffen werden. Zu letzterem Behelf muß auch der Besitzer der älteren Turbo-Pascal-Version 6.0 greifen.

Wir werden ein Beispiel für die Verhinderung falscher Zahleneingaben ohne Rückgriff auf *TValidator* als Programm *Prg5-10.pas* erstellen. Dazu erzeugen wir wieder ein Dialogfenster, diesmal nur mit einer Eingabezeile und zwei Schaltern.

Da wir einen Warnton erzeugen wollen, binden wir die Unit *Crt* ein; für Warnmeldungen bedienen wir uns der vorgefertigten »MessageBox« in der Unit *MsgBox*. Näheres dazu folgt allerdings erst ab S. 105. Da die Methode *Valid* des Objekts *TInputLine* geändert werden soll, erzeugen wir ein abgeleitetes Objekt *TEingabe*:

```
PROGRAM Prg5_10;
  ...
USES  ..., Crt, MsgBox;
  ...
TYPE
  ...
```

```
PEingabe = ^TEingabe;
TEingabe = OBJECT(TInputLine)
  FUNCTION Valid(Command: Word): Boolean; VIRTUAL;
END;
 ...
```

Die Überprüfung der Eingabe auf Gültigkeit übernimmt die

```
FUNCTION TDialog.Valid(Command: Word): Boolean; VIRTUAL.
```

Diese Funktion wird bei zwei Gelegenheiten automatisch aufgerufen:

⇨ Zur Überprüfung der korrekten Initialisierung eines View-Objekts, wobei in *Command* die Konstante *cmValid* (= 0) steht.

⇨ Bei der Beendigung eines modalen Dialogs.

Der Dialog endet nur, wenn die Funktion *Valid* True ist. Sie ist dann True, wenn der Dialog abgebrochen, d.h. in *Command* der Befehl *cmCancel* übergeben wurde, oder wenn alle gleichnamigen Methoden der View-Objekte des Dialogs True zurückgegeben haben. Was bei False geschehen soll, ist vom Programmierer beim Überschreiben von *Valid* festzulegen.

Wir klinken uns in den von *TDialog.Valid* veranlaßten Aufruf der Methode *Valid* des von *TInputLine* abgeleiteten View-Objektes *TEingabe* ein. In unserem Beispielprogramm wird *Valid* so überschrieben, daß zunächst die gleichnamige Methode des Vorfahren aufgerufen wird. Liefert diese True zurück, wird eine Überprüfung der eingegebenen Zahl vorgenommen und *Valid* auf False gesetzt, wenn die eingegebene Zahl nicht reell war. Dazu verhilft die in Turbo-Pascal definierte Standard-Prozedur *Val*. Ihr Parameter *FehlerPos* ist ungleich Null, wenn keine reelle Zahl eingegeben wurde.

Der Programmtext dazu lautet:

```
 ...
FUNCTION TEingabe.Valid(Command: Word) : Boolean;
VAR
  Realzahl     : Real;
  FehlerPos    : Integer;
  TempValid    : Boolean;
BEGIN
  TempValid := TInputLine.Valid(Command);
  IF TempValid THEN
  BEGIN
    Val(Data^, Realzahl, FehlerPos);
    IF FehlerPos <> 0 THEN
```

```
     BEGIN
        Sound(1500); Delay(30); NoSound;
        Fehlertext := '#3'Keine gültige Real-Zahl!', NIL,
                       mfError OR mfOKButton);
        MessageBox(Fehlertext, NIL, mfError OR mfOKButton);
        TempValid := False;
     END;
   END;
   Valid := TempValid;
 END;
 ...
```

Lassen Sie *Prg5-10.pas* laufen und geben Sie zum Testen in die Eingabezeile neben den erlaubten numerischen auch nichtnumerische Zeichen ein.

Wenn Sie nach einer unzulässigen Eingabe den Fokus mit der*TAB*-Taste von der Eingabezeile auf den OK-Schalter bewegen, wird die falsche Eingabe zunächst klaglos akzeptiert. Erst beim Verlassen des Dialogs mit OK erscheint eine Meldung. In manchen Fällen möchte man jedoch die Warnung schon gleich nach der (falschen) Eingabe erhalten. Dazu gibt es die Konstante*ofValidate*, die dann dem Feld *Options* zugewiesen werden muß.

Besetzt man das Feld *Options* der Eingabezeile mit diesem Wert, wird die fehlerhafte Eingabe sofort nach Verlassen des Eingabefeldes gemeldet. Modifizieren Sie dazu das Beispielprogramm *Prg5-10.pas* folgendermaßen:

```
PROCEDURE TMeinPrg.MakeDialog;
 ...
BEGIN
   ...
   WITH Dialogfenster^ DO
   BEGIN
      ...
      R.Assign(EingabeLinks, EingabeOben,
              EingabeLinks+MaxBreite+2, EingabeOben+1);
      Eingabe := New(PEingabe, Init(R, MaxBreite));
      Eingabe^.Data^ := '-123456.78';
      Eingabe^.Options := Eingabe^.Options OR ofValidate;
      Insert(Eingabe);
   ...
```

5.6 Beschriftungsfelder

Nachdem nun das Dialogfenster mit einer Reihe von Auswahl- und Eingabefelder gefüllt ist, fällt ein Mangel ganz besonders auf: Die Felder benötigen eine erläuternde Beschriftung. Dazu sind die Turbo-Vision-Objekte *TLabel* und *TStaticText* vorgesehen.

5.6.1 TLabel-Objekte

Die Abstammungslinie von *TLabel*

```
TObject - TView - TStaticText - TLabel
```

zeigt, daß es sich um ein terminales View-Objekt handelt. Auf seinen Vorfahr *TStaticText* wird im nächsten Kapitel eingegangen.

TLabel unterscheidet sich von gewöhnlichem Begleittext dadurch, daß es mit einem Auswahlfeld, einer Eingabezeile oder einem Schalter »verbunden« ist. Das heißt, wenn *TLabel* mit der Maus, der *TAB*-Taste oder *Alt+Buchstabe* selektiert wird, erscheint auch das verbundene Element in den Hervorhebungsfarben und ist fokussiert. Umgekehrt wird beim Anklicken oder Anwählen des Dialogelementes auch das zugehörige *TLabel*-Objekt hervorgehoben.

Der

```
CONSTRUCTOR TLabel.Init (VAR R: TRect; AText: STRING; ALink:
PView)
```

enthält wie üblich als ersten Parameter den belegten Rechteckbereich, als zweites den darzustellenden Text und als drittes einen Zeiger auf die Instanz des verbundenen Objektes. Die Koordinaten von *TLabel* sind wie in Bild 5-9 definiert. Zur Länge der Beschriftung sind 2 Leerfelder hinzuzurechnen.

Die Beschriftung weist keine Besonderheiten auf; wie üblich können Buchstaben durch Einschluß in Tilde-Zeichen hervorgehoben dargestellt werden und stehen für Aufrufe über *Alt+Buchstabe* zur Verfügung.

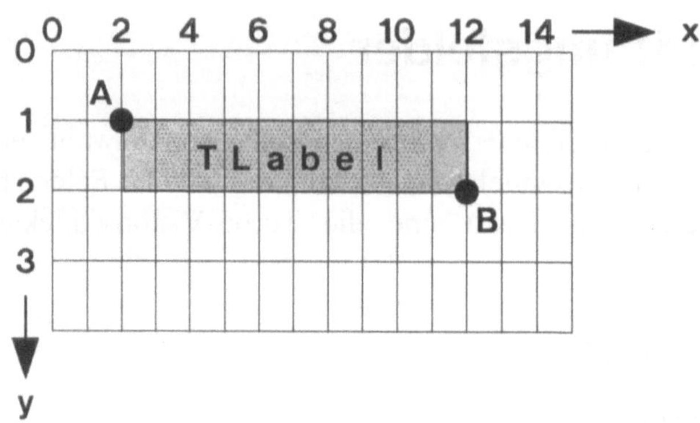

Bild 5-9: Die Koordinaten eines TLabel-Beschriftungsfeldes

Zu beachten ist, daß der Konstruktor eines *TLabel*-Objektes erst nach der Instantiierung des verbundenen Objektes aufgeführt werden darf, da sonst ein
Zeiger auf diese Instanz noch undefiniert wäre.

Wir erweitern nun das Beispielprogamm *Prg5-8.pas* zu *Prg5-11.pas*, indem die
beiden Auswahlboxen und die Eingabezeile je ein *TLabel*-Beschriftungsfeld erhalten. Nachstehend wird der Porgrammcode exemplarisch für eines der Beschriftungsfelder angegeben:

```
PROGRAM Prg5_11;
...
PROCEDURE TMeinPrg.MakeDialog;
CONST
   ...
   BeschrWahlTxtLinks = 3;     { zugehöriges Beschriftungsfeld }
   BeschrWahlTxtOben  = 4;
   BeschrWahlTxt      = '~T~ypenauswahl:';
   ...
   WITH Dialogfenster^ DO
      ...
      Insert(WahlBox);

{ zugehöriges Beschriftungsfeld: }
      Breite := CStrLen(BeschrWahlTxt);
      R.A.X := BeschrWahlTxtLinks;
      R.A.Y := BeschrWahlTxtOben;
      R.B.X := R.A.X + Breite + 2;
      R.B.Y := R.A.Y + 1;
      Insert(New(PLabel, Init(R, BeschrWahlTxt, Wahlbox)));
   ...
```

Im vollständigen Listing finden sich im Vergleich zum vorangegangenen Stand des Beispielprogramms noch einige kleine Korrekturen bei Größe und Lage der Dialogelemente, um Platz für die Beschriftungen zu finden.

Wir führen das Beispielprogramm im folgenden mit Beschriftungen auf der Basis der *TStaticText*-Objekte fort und zeigen danach eine Abbildung des so komplettierten Dialogfensters.

5.6.2 TStaticText-Objekte

TStaticText ist ein Vorfahr von *TLabel*. Es hat alle Eigenschaften eines View-Objektes, kann aber nicht wie *TLabel* mit anderen Dialogelementen »verheiratet« werden. Der

```
CONSTRUCTOR TStaticText.Init (VAR R: TRect; AText: STRING)
```

ist recht einfach. *R* stellt das belegte Rechteck dar, wobei kein Zuschlag für Rand- oder Leerfelder erforderlich ist. Der String wird auf das vorgegebene Rechteck, links oben beginnend, verteilt; Zeilenumbruch findet statt, und zwei Formatierungsbefehle werden beachtet: #3, dem String vorangestellt, bewirkt die Zentrierung des Textes, und #13 (Carriage Return) erzwingt eine neue Zeile. Nach #13 ist ein vorausgegangener Zentrierungsbefehl (#3) erloschen und muß gegebenenfalls neu aufgeführt werden. An dieser Stelle sei an die maximale Länge eines Strings von 256 Zeichen erinnert; längere Texte müssen auf mehrere *TStaticText*-Instanzen verteilt werden. Hier ein entsprechende Ausschnitt aus dem Beispielprogramm *Prg5-12.pas*:

```
   ...
PROCEDURE TMeinPrg.MakeDialog;
   ...
   KopfTxtOben          = 2;
   KopfTxt              = #3'Berechnung der Kosten eines
                            Autokaufs';
   WITH Dialogfenster^ DO
   ...
{ Kopfzeile: }
   GetExtent(R);
   R.Grow(-1,-2);
   R.B.Y := KopfTxtOben + 1;
   Insert(New(PStaticText, Init(R, KopfTxt)));
   ...
```

GetExtent belegt *R* zunächst mit dem gesamten Bereich des Dialogfensters. *R.Grow* zieht rechts und links den Rahmen und oben und unten 2 Zeilen ab; mit der Zuweisung *R.B.Y := ...* wird dann der Beschriftungsbereich auf eine Zeile eingeengt.

Die Eingabezeile wurde um den kurzen Text *DM* ergänzt. Da dieser Programmteil ganz analog aufgebaut ist, sei hier auf eine Wiedergabe verzichtet.

Hier nun ein Abbild des vollständigen Dialogfensters:

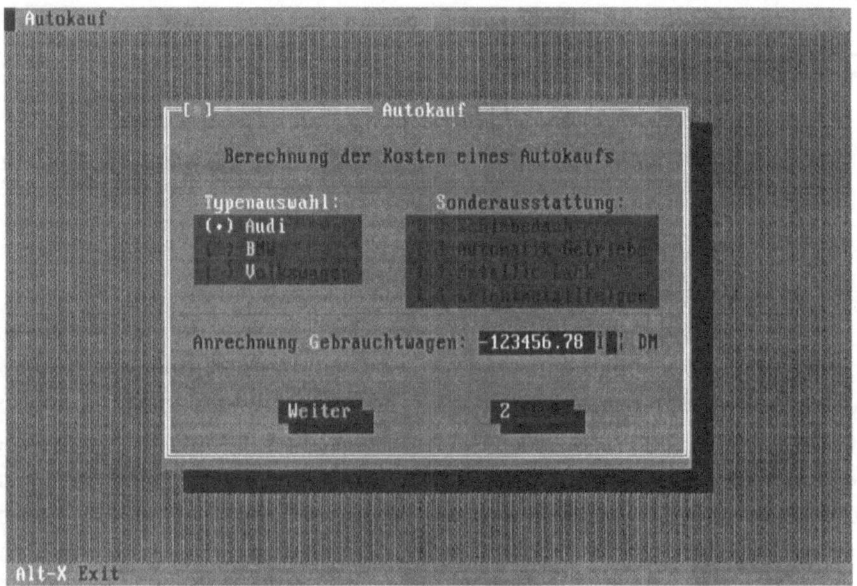

Bild 5-10: Dialogfenster mit Beschriftungen

5.7 Datenaustausch

Das Dialogfenster, das bis hierhin als Beispiel aufgebaut wurde, nimmt vom Nutzer eine Reihe von Eingaben entgegen, überprüft sie sogar, aber mit Anklicken von OK wird der modale Dialog geschlossen, und alle Daten »verwehen im Winde«. In diesem Kapitel wird daher aufgezeigt, wie die Daten über das Ende des Dialoges hinweg gerettet werden, um auch anderen Objekten, die sie verarbeiten sollen, zur Verfügung zu stehen.

Es sind zwei Aufgaben zu lösen:

⇨ Übergabe der Initialisierungsdaten vor dem Dialogstart,

⇨ Übernahme der im Dialog überschriebenen Daten.

Das Flußdiagramm zeigt, welche Programmteile vor und hinter dem modalen Dialog einzufügen sind:

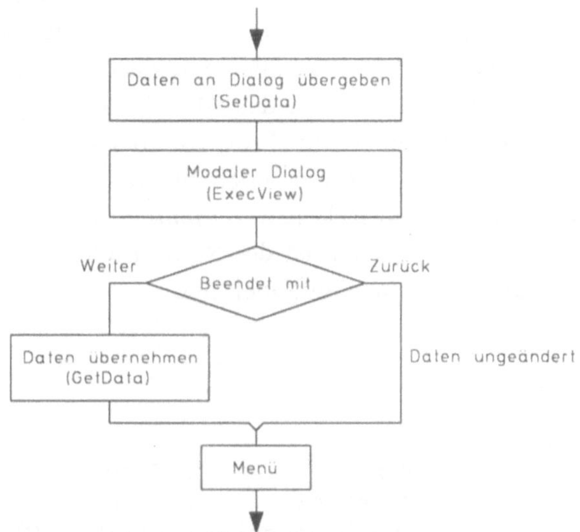

Bild 5-11: Modaler Dialog mit Datenübergabe und -übernahme

Vor Eröffnung des modalen Dialogs werden die Daten an das Dialogfenster übergeben. Wird der Dialog mit OK abgeschlossen, werden die überschriebenen (und auch die nicht überschriebenen) Daten aus dem Dialogobjekt übernommen; bei Abschluß mit *Zurück* dagegen bleiben die alten Daten erhalten.

Die Daten müssen in einem Rekord gebündelt sein. Für die Planung dieses Rekords stellt man sich zweckmäßigerweise erst einmal diejenigen Dialogelemente zusammen, welche Daten enthalten, und zwar genau in der Reihenfolge, in der sie mittels *Insert* in das Dialogfenster eingefügt wurden. Bei Eingabezeilen notiert man sich dazu noch die Stringlänge (Parameter *MaxLen* im Konstruktor *Init*). Für unser Beispielprogramm *Prg5-12.pas*:

➪ WahlBox

➪ MarkBox

➪ Eingabe   10 Zeichen (= Konstante *MaxBreite*) .

Der Rekord erhält nun genau so viele Felder wie es datenführende Dialogelemente gibt. Jedes Feld muß genau dem Datentyp des zugehörigen Dialogfeldes entsprechen. Bei Auswahlfeldern ist das der Typ Word, bei Mehrfach-Auswahlfeldern der Typ LongInt, bei Eingabezeilen der Typ String mit der im Parameter *MaxLen* des Konstruktors *Init* festgelegten Länge.

Nun muß man sich Gedanken darüber machen, in welchem Objekt des Programms man den Rekord definiert. Das hängt davon ab, wo die Daten überall benötigt werden. Kann man die Daten bereits im Anschluß an den Dialog komplett verarbeiten, könnte der Rekord ein Feld des Dialog-Objektes sein. Das andere Extrem wäre, daß die Daten an allen Stellen des Programms benötigt werden; dann sollte der Rekord ein Feld des *TApplication*-Objektes werden, dessen Instanz das ganze Programm ist. Im Programmbeispiel gehen wir von der Annahme aus, daß die Daten in später noch hinzuzufügenden Objekten benötigt werden, und legen daher den Rekord in *TMeinPrg* an, was zum Programmbeispiel *Prg5-13.pas* führt. Zunächst ist der Rekord als Typ zu deklarieren und in *TMeinPrg* mit einem Feldnamen aufzunehmen:

```
PROGRAM Prg5_13;
...
TYPE
  DialogRecord = RECORD
                   Typ             : Word;
                   Zubehoer        : Word;
                   Inzahlungnahme: STRING[10];
                 END;

  TMeinPrg = OBJECT(TApplication)
    DialogData : DialogRecord;
    CONSTRUCTOR Init;
    ...
  END;
  ...
```

DialogData muß nun mit den Initialisierungswerten belegt werden. Das geschieht am besten im Konstruktor *TMeinPrg.Init*, der zu diesem Zweck überschrieben wird:

```
  ...
  CONSTRUCTOR TMeinPrg.Init;
  BEGIN
    TApplication.Init;
    WITH DialogData DO
    BEGIN
      Typ             :=             1;
      Zubehoer        :=             6;
      Inzahlungnahme := '      0.00';
    END;
  END;
  ...
```

Für den Datenaustausch mit dem modalen Dialog stehen die beiden Prozeduren

```
PROCEDURE TGroup.SetData(VAR Rec); VIRTUAL (Daten an den Dia-
log bzw. das Dialogelement übergeben),
```

```
PROCEDURE TGroup.GetData(VAR Rec); VIRTUAL
(Daten vom Dialog bzw. vom Dialogelement übernehmen)
```

zur Verfügung. Auch jedes von *TView* abgeleitete Objekt besitzt eine gleichnamige Methode. Aufgerufen werden aber die beiden Methoden desjenigen Gruppenobjektes, welches die Dialogelemente aufgenommen hat, hier also die von *TDialogfenster*. Somit sind *SetData* und *GetData* innerhalb des Blocks *WITH Dialogfenster^ DO* vor bzw. hinter *ExecView* (Bild 5-11) einzufügen:

```
...
PROCEDURE TMeinPrg.MakeDialog;
  ...
  WITH Dialogfenster^ DO
  BEGIN
    ...
    SetData(DialogData);
    Cmd := Desktop^.ExecView(Dialogfenster);
    IF Cmd <> cmCancel THEN GetData(DialogData);
  END {WITH Dialogfenster^};
  Dispose(Dialogfenster, Done);
END;
...
```

Innerhalb von *TGroup.GetData* und *TGroup.SetData* werden nacheinander die gleichnamigen Methoden der Dialogelemente aufgerufen. Jedes Dialogelement besitzt (von *TView* ererbt) ein Feld *DataSize*, das die Größe des zu übergebenden Datenwortes (oder -strings) enthält, so daß jedes Element genau seine Daten entnehmen kann und einen Zeiger auf das Rekordfeld für das nächste Element weitersetzt.

Mit *SetData* und *GetData* werden alle Daten des Dialogs »en bloc« übergeben oder übernommen; einzelne Dialogelemente können nicht bedient werden. Hier gilt »alles oder nichts«. Es sei ferner noch einmal daran erinnert, daß der Rekord in Bezug auf die Zahl der Komponenten, der Reihenfolge und des Typs (einschließlich Stringlänge) genau mit den zu bedienenden Dialogfeldern übereinstimmen muß. Fehler führen ohne Warnung des Compilers zum Programmabsturz!

Mit der auf S. 56 eingeführten Funktion *ExecuteDialog* steht ein Hilfsmittel zu einem schnelleren Datenaustausch mit dem Dialogfenster bereit.

ExecuteDialog enthält als Parameter einen Zeiger auf den zu übergebenden Datenrekord. Es übergibt ohne weiteres Zutun über *SetData* die Startdaten für den Dialog. Wenn der Nutzer den Dialog nicht abbricht, schließt *ExecuteDialog* ihn mit der Übernahme der eingegebenen Daten in den Rekord (*GetData*).

Unser Programmbeispiel *Prg5-13.pas* vereinfacht sich nunmehr ganz erheblich, indem *SetData*, *GetData*, die *IF*-Abfrage und *Dispose* wegfallen:

```
...
PROCEDURE TMeinPrg.MakeDialog;
  ...
  WITH Dialogfenster^ DO
  BEGIN
    ...
    Application^.ExecuteDialog(Dialogfenster, @DialogData);
  END {WITH Dialogfenster^};
END;
...
```

Um den Lesern, die nur die ältere Version 6.0 besitzen, die Mühe zu ersparen, alle Programmbeispiele von *ExecuteDialog* auf *ExecView* umzuschreiben, wird in den Beispielprogrammen fortan weiterhin mit *ExecView* gearbeitet.

5.8 Standard-Dialoge

5.8.1 Übersicht über die Unit *MsgBox*

In der Unit *MsgBox* hält das Turbo-Vision-Programmpaket einige vorgefertigte einfache Dialoge bereit, und zwar verschiedene Meldungsfenster und ein Fenster mit einer Eingabezeile.

Die Meldungsfenster der Unit verwenden die globale Prozedur *FormatStr*, die im nächsten Abschnitt behandelt wird.

Eines der Meldungsfenster, nämlich das Fehler-Fenster, hatten wir schon in unsere Beispielprogramme eingebaut; nun folgt in diesem Kapitel eine komplette Übersicht über alle verfügbaren Fenster. Die Unit *MsgBox* umfaßt 3 Fenstervarianten:

MessageBox: Das Fenster hat eine feste Größe (Breite = 40; Höhe = 9) und wird im Gruppenobjekt zentriert ausgegeben. Es enthält einen String, der seinerseits variable Textteile aufnehmen kann. Der Text wird zeilenweise umbrochen.

MessageBoxRect: wie oben, aber die Größe des Fensters ist vorzugeben.

InputBox: Das Fenster ermöglicht die Eingabe eines Strings und hat eine feste Größe (Breite = 60; Höhe = 8); als Parameter sind vorgebbar: Fensterüberschrift, Beschriftungstext und Länge der Eingabezeile.

5.8.2 FormatStr

Die Prozedur *FormatStr* ist in der Unit *Drivers* enthalten. Sie ist unabhängig von Objekten und global verfügbar. Zweck der Prozedur ist es, Variable in einen Text einzubauen, deren tatsächlicher Inhalt sich erst zur Laufzeit des Programms ergibt. Erlaubte Variablentypen neben Strings sind Einzelzeichen, ganze Zahlen und Hexadezimalzahlen. Reelle Zahlen müssen in einen String umgewandelt werden. Die formalen Parameter der Prozedur ersieht man aus

```
PROCEDURE FormatStr(VAR Result: STRING; Msg: STRING; VAR Params).
```

Msg ist der zu formatierende String, der nach der Formatierung als String *Result* entnommen werden kann. Dazu werden in den Text *Msg* Platzhalter eingefügt, die gleichzeitig Formatierungsanweisungen darstellen. *Params* legt die Variablen fest, deren Werte zur Laufzeit die Platzhalter des Strings ersetzen.Die Formatierungsanweisungen beginnen mit % und haben die Form

$$\%[-][nnn]X \quad (\; [] = \text{optional} \;).$$

Zeichen	Bedeutung
-	Parameter linksbündig einfügen
nnn	Parameter wird in einem Feld der Breite nnn (0...255) ausgegeben; bei Weglassung und bei n = 0 paßt sich die Breite dem Parameter an

Für X ist eines der folgenden Zeichen einzusetzen:

Zeichen	Bedeutung
s	Parameter ist ein Zeiger auf einen String
d	Parameter ist ein *LongInt*-Wert, der als Zahl ausgegeben wird
c	Parameter ist ein *LongInt*-Wert, dessen niederwertiges Byte als *Char* ausgegeben wird
x	Parameter ist ein *LongInt*-Wert, der als Hexadezimalwert ausgegeben wird.

Ein Beispiel macht die Anwendung der Formatierungsanweisungen verständlich:

Nehmen wir an, in dem Text »Test eines Strings ... und einer Zahl ...« sollen an den Auslassungsstellen das Wort »Text« und die Zahl »1992« eingefügt werden. Dann wäre der formale Parameter *Msg* so zu formulieren:

```
Test eines Strings %s und einer Zahl %d .
```

Als Grundprinzip für den Typ des formalen Parameters *Params* gilt, daß er 32 Bit oder Vielfache davon enthalten muß. Die Zahl der 32-Bit-Pakete muß genau der Anzahl der in *Msg* eingebauten Formatierungsanweisungen entsprechen.

Jede der Formatierungstypen s, d, c, x wird an Beispielen erläutert, die in *Prg5-14.pas* zusammengefaßt sind.

Zweckmäßigerweise unterscheidet man 3 Fälle: Der Text *Msg* enthält

(a) keinen Platzhalter

(b) nur einen Platzhalter

(c) mehrere Platzhalter.

Params sieht für jeden Fall anders aus:

(a) *Msg* enthält keinen Platzhalter:

Für *Params* ist irgendeine Variable beliebigen Typs einzusetzen, denn der formale Parameter darf nicht leer bleiben und auch nicht mit NIL besetzt werden. Beispiel:

```
...
USES ..., Drivers;

VAR
  S    : STRING;
  leer : Pointer;

BEGIN
  FormatStr(S, 'Dies ist ein Test-String ohne Platzhalter',
            leer);
  ...                                                        .
```

(b) *Msg* enthält nur einen Platzhalter:

Das geforderte 32-Bit-Paket entsteht, wenn ein Pointer oder ein Zeiger, die ja eine 32-Bit Adresse enthalten, oder eine Variable vom LongInt-Typ, die 4 Bytes repräsentiert, übergeben wird.

Ein String kann in *Msg* auf zwei Weisen eingefügt werden: Über einen *Pointer* oder über einen Zeiger vom Typ *PString* (in der Unit *Objects* definiert):

```
...
USES ..., Drivers, Objects;

VAR
   ..., S1   : STRING;
   ..., Ptr  : Pointer;
   SPtr      : PString;
   ...
BEGIN
   S1 := 'STRING';                        {Pointer auf STRING}
   Ptr := @S1;
   FormatStr(S, 'Pointer auf einen %s', Ptr);
   ...


   SPtr:= NewStr('STRING');               {Zeiger auf STRING}
   FormatStr(S, 'Zeiger auf einen %s', SPtr);
   DisposeStr(SPtr);
   ...
```

In den folgenden Beispielen ist *Params* vom Typ LongInt und repräsentiert nacheinander eine ganze Zahl, ein Zeichen und eine Hexadezimalzahl:

```
...
VAR
   Zahl, CharParam, HexParam : LongInt;
   ...
BEGIN
   Zahl := 388;                              {LongInt-Zahl}
   FormatStr(S, 'Einfügen einer Zahl: %d', Zahl);

   CharParam := LongInt(#234);               {LongInt-Zeichen}
   FormatStr(S, 'Einfügen eines Zeichens: %c', CharParam);

   HexParam := 4323;                     {LongInt-Hexadezimalzahl}
   FormatStr(S, 'Die Zahl 4323 als Hex-Zahl: %x', HexParam);
   ...
```

(c) *Msg* enthält mehrere Platzhalter:

Um in *Params* mehrere Variable in Paketen von je 32 Bit zu übergeben, sind
2 Möglichkeiten vorgesehen: Die Variablen werden zu einem Rekord oder zu
einem Array zusammengefaßt. Beim Array sind die Komponenten Zeiger
oder LongInt-Variable. Zu jeder Variante sei ein Beispiel gegeben.

⇨ Rekord mit Komponenten vom Typ Pointer oder LongInt:

```
...
TYPE
  Rec = RECORD
          TxtPtr : Pointer;
          Zahl   : LongInt;
        END;

VAR
  ARec : Rec;
  ...
BEGIN
  S1 := 'Text';                                  {Params als Rekord}
  ARec.TxtPtr := @S1;
  ARec.Zahl   := 1992;
  FormatStr(S, 'Mehrere Platzhalter:  STRING "%s" und Zahl
          %d', ARec);
...
```

⇨ ARRAY[0..n] von Zeigern oder ARRAY[0..n] von LongInt-Typen:

Wir wollen uns hier mit einem Beispiel zu einem Array mit LongInt-Kom-
ponenten begnügen, wobei durch Type-Casting auch Strings eingebunden
werden können. Die Arrays müssen mit dem Index 0 beginnen:

```
...
VAR
  ArrayParam : ARRAY[0..1] OF LongInt;
  ...
BEGIN
  S1 := 'Text';                                  {Params als Rekord}
  Ptr := @S1;
  ArrayParam[0] := LongInt(Ptr);
  ArrayParam[1] := 1992;
  FormatStr(S, 'Mehrere Platzhalter:  STRING "%s" und Zahl
          %d', ArrayParam);
...
```

5.8.3 Meldungsfenster

Die beiden Fenster

```
FUNCTION MessageBox(Msg: STRING; VAR Parm; AOptions:
Word): Word

FUNCTION MessageBoxRect(VAR R: TRect; Msg: STRING;
VAR Parm; AOptions: Word): Word
```

sind identisch bis auf die Möglichkeit, bei *MessageBoxRect* die Abmessungen frei zu wählen. Für alle Fenster, also auch für das im nächsten Abschnitt zu besprechende Eingabefenster, gilt, daß der Funktionswert nach dem Schließen des Fensters den Wert der Befehlskonstante des betätigten Schalters enthält.

Msg ist der im Fenster auszugebende Text, der ungeändert an die Prozedur *FormatStr* weitergereicht wird, so daß alles auf S. 101 ff. über das Format von *Msg* Gesagte auch hier gilt. *Msg* enthält Platzhalter für Variable, deren aktuelle Werte erst zur Laufzeit eingesetzt werden. Die Platzhalter dienen gleichzeitig als Formatierungsanweisungen. Der auszugebende String wird mittels*TStaticText* in das Fenster eingefügt, so daß die auf S. 95 erklärten Formatierungsbefehle #3 (= zentrieren) und #13 (= Zeilenumbruch) verwendet werden können.

Auch der formale Parameter *Parm* wird der bereits besprochenen Prozedur *FormatStr* übergeben, er ist aber nicht identisch mit deren Parameter*Params*, sondern ist als Pointer auf die für *Params* zulässigen Variablentypen definiert. Wenn »Params« also eine für *FormatStr* gültige Variable ist, dann muß in *MessageBox* für *Parm* »@Params« eingesetzt werden. Weiter unten wird ein Beispiel dazu gegeben.

Mit dem Parameter *AOptions* wird festgelegt, welcher der 4 möglichen Fenstertitel und welcher der 4 Schalter in das Fenster eingefügt werden. Jedem der 4 höherwertigen Bits von *AOptions* ist eine Schalterart zugeordnet, jedem der 4 niederwertigen ein Titel. Durch OR-Verknüpfung oder Addition von vordefinierten Konstanten können beliebige Kombinationen festgelegt werden:

Konstante	Wert	Art	Beschriftung
mfWarning	$0000	Titel	Warning
mfError	$0001	Titel	Error
mfInformation	$0002	Titel	Information
mfConfirmation	$0003	Titel	Confirm

Konstante	Wert	Art	Beschriftung
mfYesButton	$0100	Schalter	Yes
mfNoButton	$0200	Schalter	No
mfOKButton	$0400	Schalter	OK
mfCancelButton	$0800	Schalter	Cancel
mfYesNoCancel	$0B00	Schalter	Yes+No+Cancel
mfOKCancel	$0C00	Schalter	OK+Cancel

Zur Anwendung der Meldungsfenster werden im Beispielprogramm *Prg5-15.pas* zahlreiche Beispiele gegeben. Die Beispiele orientieren sich an den für*Format-Str* in *Prg5-14.pas* durchgespielten Varianten. Hier seien nur zwei typische Fälle herausgegriffen:

1. Der auszugebende Text enthalte keine Variablen. Dann wird für*Params* einfach NIL eingesetzt, also z.B.

```
MessageBox('Dies ist ein Test-String ohne Platzhalter', NIL)
```

2. Der auszugebende Text enthalte einen variablen String und eine LongInt-Zahl. Dann gibt das nachstehende Unterprogramm ein Meldungsfenster mit diesem Text und den aktuellen Einfügungen »Text« und »1992« aus:

```
...
PROCEDURE TMeinPrg.Box5;
TYPE
  Rec = RECORD
          TxtPtr : Pointer;
          Zahl   : LongInt;
        END;
VAR
  ARec    : Rec;
  AString : STRING;
BEGIN
  AString := '"Text"';
  ARec.TxtPtr := @AString;
  ARec.Zahl   := 1992;
  MessageBox('Test eines Strings %s und einer Zahl %d als
             Parameter', @ARec, mfInformation OR mfOKButton);
END;
...
```

5.8.4 Eingabefenster

Die in der Unit *MsgBox* enthaltene

```
FUNCTION InputBox(Title: STRING; ALabel: STRING; VAR
S: STRING; Limit: Byte): Word
```

erzeugt ein Fenster mit einer Eingabezeile, in die ein String eingegeben werden kann. Als Parameter sind vorgebbar: Fensterüberschrift (*Title*), Beschriftungstext für die Eingabezeile (*ALabel*), Länge der Eingabezeile (*Limit*). Mit dem Inhalt von *S* wird die Eingabezeile vorbelegt. Nach Beendigung des Dialogs enthält *S* den eingegeben String. Bestandteil des Fensters sind die zwei Schalter*OK* und *Cancel*, wobei nach *Cancel* die Daten nicht von *S* übernommen werden.

Die Eingabezeile paßt sich der Länge des Beschriftungstextes an, denn die Breite des Dialogfensters liegt ja fest. Die verfügbare Länge der Eingabezeile ist 51 minus Länge der Beschriftung.

Der Parameter *Limit* ist mindestens auf die Länge des Initialisierungsstrings zu setzen, sonst erscheint unerwünschter »Müll« in der Eingabezeile. Sind Stringlänge oder *Limit* größer als 26 Zeichen, wird durch Pfeilmarken rechts und links angezeigt, daß nur ein Teil des Textes sichtbar ist und dieser horizontal gerollt werden kann. Zum Schluß aus dem Beispielprogramm*Prg5-15.pas* ein typisches Eingabefenster aus Bild 5-12:

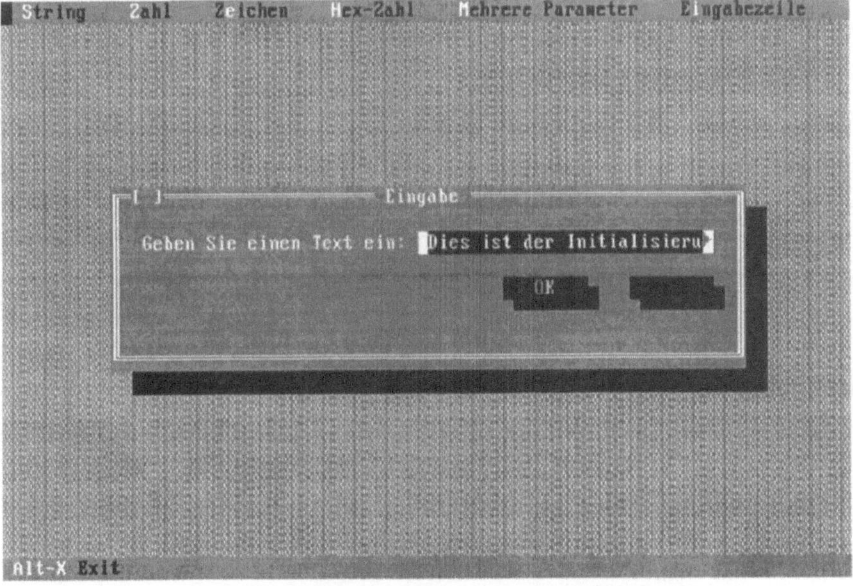

Bild 5-12: Eingabefenster aus der Unit MsgBox

Und hier ein Meldungsfenster, welches den eben eingegebenen Text anzeigt
(Bild 5 - 13):

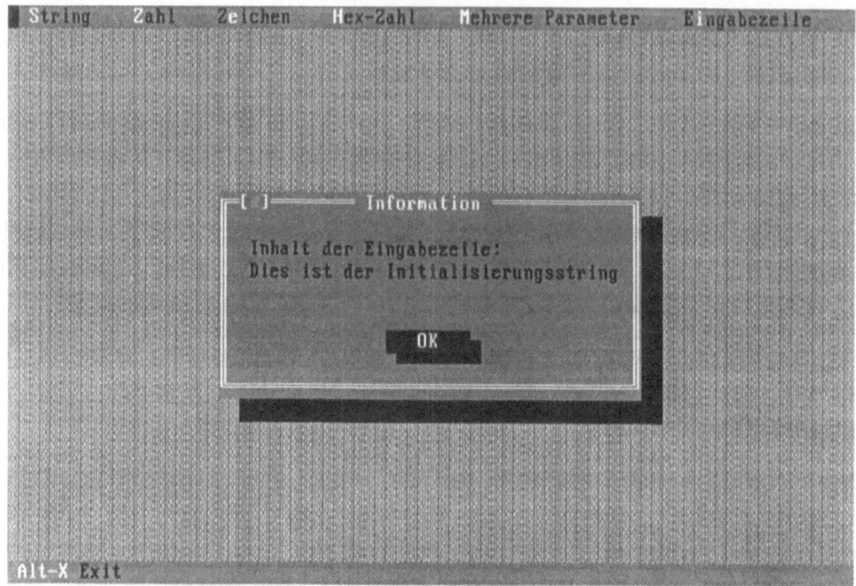

Bild 5-13: Meldungsfenster aus der Unit MsgBox

5.8.5 Verzeichnisse- und Dateien suchen, Textdateien editieren

In der Unit *StdDlg* sind nützliche Objekte enthalten, die es dem Programmierer
ermöglichen, in eigene Programme die von der Integrierten Entwicklungsumgebung bekannten Fenster zum Wechseln des Verzeichnisses und zum Aufruf eines
Dateinamens einzubauen. Schon der Umfang von 24 Seiten des ausgedruckten
Listings von *StdDlg* läßt ahnen, welche Programmierarbeit uns hier abgenommen
wurde.

TChDirDialog
Dieses Objekt erlaubt dem Nutzer, mittels eines Dialogfensters auf komfortable
Weise das aktuelle Verzeichnis zu wechseln. An einem Beispielprogramm sei
die Einbindung des Objektes *TChDirDialog* erläutert. Man beachte, daß außer
StdDlg auch *Dos* als Unit eingebunden werden muß. Das Programm heißt*Prg5-
16.pas* und wird anschließend noch etwas ausgebaut, es benutzt Objekte der
Version 7.0:

```
PROGRAM Prg5_16;

USES App, Objects, Menus, Drivers, Views, StdDlg, Editor,
     Memory, Dos;
...
```

Die Methode *SelectPath* öffnet das bekannte Turbo-Vision-Fenster zum Wechsel
in ein anderes Verzeichnis, dazu genügt ein kurzer Programmcode, der das Fenster vom Typ *PChDirDialog* initialisiert und auch gleich ausführt:

```
...
PROCEDURE TMeinPrg.SelectPath;
BEGIN
  ExecuteDialog(New(PChDirDialog, Init(cdNormal, 11)), NIL);
END;
...
```

Als Parameter werden zwei Variable übergeben: Der zweite Parameter ist eine
beliebige Identifikationsnummer für das Eingabe-Wiederholungsfenster. Der
erste Parameter legt fest, welche Schalter der Dialog enthält. Gewählt werden
kann aus folgenden Konstanten *cd..* (ChangeDir Dialog):

Konstante	Wert	Bedeutung
cdNormal	$0000	Dialog wird mit dem aktuellen Verzeichnis initiiert
cdNoLoadDir	$0001	Dialog wird ohne Verzeichnisse initiiert
cdHelpButton	$0002	Dialog erhält einen 'Hilfe'-Schalter

Die Konstanten *cdNormal* und *cdNoLoadDir* sind alternativ zu verwenden. Ein
Hilfe-Schalter kann durch Verknüpfung mit *cdHelpButton* hinzugefügt werden
(z.B.: *cdNormal+cdHelpButton*). In jedem Falle ist der Dialog mit den Schaltern
»OK«, »Chdir« (dt.: »Verzeichnis wechseln«) und »Revert« (dt.: »Wie vorher«)
ausgestattet.

Nach Betätigen des Schalters »OK« schließt sich das Fenster und das gewählte
Verzeichnis wird das aktuelle.

TFileDialog
Dieses Objekt, bekannt aus der Integrierten Entwicklungsumgebung, erlaubt die
Auswahl eines Dateinamens, wobei in einem Rollfenster die Datei- und Unter-
verzeichnisnamen des aktuellen Verzeichnisses aufgelistet werden. Der fokussierte Dateiname wird in der Eingabezeile wiederholt und kann dort gegebenenfalls überschrieben werden. Die Einbindung in das eigene Programm ist denkbar

einfach wie die Fortsetzung des Beispielprogramms *Prg5-16.pas* zeigt. Die
Prozedur *SelectFile* instantiiert ein *FileDialog*-Fenster und führt es aus. Wurde
ein gültiger Dateiname gewählt, wird die Prozedur *EditFile* aufgerufen:

```
. . .
PROCEDURE TMeinPrg.SelectFile;
VAR
  D         : PFileDialog;
  FileName : FNameStr;
BEGIN
  D := New(PFileDialog, Init('*.pas', 'Datei öffnen',
          '~N~ame', fdOpenButton, 10));
  IF ExecuteDialog(D, @FileName) <> cmCancel
     THEN EditFile(FileName);
END;
. . .
```

Der Konstruktor *TFileDialog.Init* ist folgendermaßen deklariert:

```
CONSTRUCTOR    TFileDialog.Init(WildCard:    TWildStr;
ATitle: STRING; InputName: STRING; AOptions: Word;
HistoryId: Byte).
```

Beim Aufruf des Konstruktors wird als erster Parameter ein Verzeichnis-
und/oder Dateiname vom globalen Typ *TWildStr = PathStr*, also ein String mit
den erlaubten DOS-Namens- und Pfadzeichen, übergeben, der die Auswahl der
zu listenden Dateien bestimmt. Üblicherweise wird das eine Kombination des
Jokerzeichens »*« mit einer Dateinamensergänzung sein, also z.B. *'*.pas'*. Der
zweite Parameter *ATitle* ist eine Fensterüberschrift und der dritte die *TLabel*-Be-
zeichnung der Eingabezeile für den Dateinamen. *AOptions* legt fest, welche
Schalter der Dialog erhält, wobei Kombinationen folgender Konstanten *fd...*(File
Dialog) möglich sind:

Konstante	Wert	Bedeutung
fdOkButton	$0001	Schalter 'Ok' (dt.: 'Weiter')
fdOpenButton	$0002	Schalter 'Open' (dt.: 'Öffnen')
fdReplaceButton	$0004	Schalter 'Replace' (dt.: 'Ersetzen')
fdClearButton	$0008	Schalter 'Clear'
fdHelpButton	$0010	Schalter 'Help' (dt.: 'Hilfe')
fdNoLoadDir	$0100	Das Rollfenster wird nicht mit den Dateien des aktuellen Verzeichnisses geladen

Der Dialog kann maximal 4 Schalter aufnehmen. Die Schalter »OK« und »Open« sind bis auf ihre Bezeichnung identisch, denn sie erzeugen beide denselben Befehl. Die von den Schaltern ausgelösten und mit

```
Cmd := DeskTop^.ExecView(D) bzw.
Cmd := ExecuteDialog(D, @FileName)
```

an die Außenwelt übergebenen Befehlskonstanten sind:

Schalter	deutsche Bez.	Befehlskonstante
Ok	Weiter	cmFileOpen
Open	Öffnen	cmFileOpen
Replace	Ersetzen	cmFileReplace
Clear	----	cmFileClear
Cancel	Zurück	cmCancel
Help	Hilfe	cmHelp

Die Umsetzung der Befehle in eine mit der Schalterbezeichnung konforme Aktion ist Sache des Programmierers.

Der letzte Parameter identifiziert wieder das Eingabe-Wiederholungsfenster und sollte einfach so übernommen werden.

Das Ergebnis nach Beendigung des Dialogs ist der gewählte oder bestätigte Dateiname aus der Eingabezeile. Er wird im Parameter *FileName* der Methode *GetFileName* zur weiteren Verwendung an das Programm übergeben. Was danach mit ihm geschieht, liegt in der Verantwortung des Programmierers. In unserem Beispiel ziehen wir das Objekt *TEditWindow* aus der Unit *Editors* heran, die den Inhalt einer Textdatei in einem Fenster zum Editieren ausgibt. Dazu dient die Prozedur *EditFile* unseres Programms:

```
PROCEDURE TMeinPrg.EditFile(FileName: FNameStr);
VAR
  R: TRect;
BEGIN
  DeskTop^.GetExtent(R);
  InsertWindow(New(PEditWindow, Init(R, FileName,
          wnNoNumber)));
END;
  ...
```

Um den Editor zu benutzen, bedarf es allerdings noch einiger Präliminarien:

1. Damit die bekannten Befehle zum Ausschneiden und Kopieren von markierten Textblöcken benutzt werden können, muß ein Zwischenspeicher, hier mit *Zwischenablage* bezeichnet, eingeführt werden. Er wird als Feld von *TMeinPrg* deklariert und im Konstruktor *TMeinPrg.Init* instantiiert.

2. Die Zwischenablage benötigt einen geschützten Speicherbereich. Den erhält man durch Begrenzung des Heaps, so daß der Speicher oberhalb dafür genutzt werden kann.

3. Die Variable *EditorDialog* ist für die Funktionalität des Editorfensters zuständig. Um sie mit Leben zu erfüllen, wird ihr die vordefinierte Funktion *StdEditorDialog* zugewiesen.

Im Beispielprogramm führt das zu folgenden Ergänzungen:

```
. . .
TYPE
  TMeinPrg = OBJECT(TApplication)
    Zwischenablage : PEditWindow;
    CONSTRUCTOR Init;
    PROCEDURE InitMenuBar; VIRTUAL;
    PROCEDURE InitStatusLine; VIRTUAL;
    PROCEDURE SelectPath;
    PROCEDURE SelectFile;
    PROCEDURE EditFile(FileName: FNameStr);
    PROCEDURE HandleEvent(VAR E: TEvent); VIRTUAL;
  END;
. . .
CONSTRUCTOR TMeinPrg.Init;
VAR R : TRect;
BEGIN
  MaxHeapSize := 800;
  EditorDialog :=  StdEditorDialog;
  Inherited Init;
  New(Zwischenablage, Init(R, '', wnNoNumber));
  IF ValidView(Zwischenablage) <> NIL
            THEN ClipBoard := Zwischenablage^.Editor;
  DisableCommands([cmSave]);
END;
. . .
```

6 Fenster

Die Dialogfenster als eine spezielle Art von Fenstern wurden bereits behandelt. Hier noch einmal die Abstammungshierarchie:

```
TObject - TView - TGroup - TWindow - TDialog.
```

Wir wollen uns jetzt *TWindow*, dem Vorfahr der Dialogfenster zuwenden. In einigen Punkten hat *TWindow* mehr zu bieten als *TDialog*: Es kann nicht nur über den Bildschirm bewegt, sondern auch »gezoomt« werden, ist also in seiner Größe veränderbar. Fenster können numeriert und über *Alt+Nummer* aufgerufen werden. In einem wesentlichen Punkt stellt andererseits *TDialog* mehr dar als *TWindow*: Dialogfenster treten mit dem Nutzer in einen modalen Dialog, d.h. sie legen das Umfeld still und reagieren nur auf die von ihnen selbst verwalteten Eingaben. Äußerlich stellen sich *TWindow*-Fenster in anderen Farbkombinationen dar als Dialogfenster. Der Hauptanwendungszweck der *TWindow*-Objekte ist die Darstellung und Bearbeitung von Texten und Listen.

6.1 Öffnen, Bewegen und Schließen eines Fensters

Ein Fenster wird über seinen Konstruktor *Init* erzeugt:

```
CONSTRUCTOR   TWindow.Init   (VAR   R:   TRect;   Titel:
TTitleStr; Nummer: Integer).
```

Das Fenster wird im Rechteckbereich *R* ausgegeben, wobei der Schatten nicht eingerechnet ist. Umgeben ist das Fenster von einem Rahmen (Objekt *TFrame*), in den oben die Überschrift *Titel* mittig eingefügt ist.

Außerdem werden noch folgende Elemente im Rahmen untergebracht:

⇨ Rechts oben eine *Nummer* zwischen 1 und 9, die es ermöglicht, aus einer Anzahl überlagerter Fenster ein bestimmtes über die Tastenkombination *Alt+Nummer* zu selektieren und als vorderstes darzustellen. Wird die vordefinierte Konstante *wnNoNumber* (= 0) eingesetzt, erscheint keine Fensternummer.

⇨ Links oben das vom Dialogfenster bereits bekannte Schließfeld.

⇨ Die rechte untere Ecke des Fensters kann mit der Maus gepackt und das Fenster kontinuierlich »gezoomt« werden. Auch über die Tastatur ist das Zoomen zugänglich.

⇨ Mit einem Mausklick auf das Pfeilsymbol in der rechten oberen Ecke kann das Fenster auf die volle Bildschirmgröße gebracht werden; ein Doppelpfeil rechts oben - mit der Maus angeklickt - läßt das Fenster auf eine vorher bereits benutzte Größe schrumpfen.

Das sind natürlich alles Egenschaften, die Sie als Turbo-Pascal-Nutzer bereits von den Editierfenstern der Integrieren Entwicklungsumgebung kennen.

Wir beginnen ein neues Beispielprogramm *Prg6-1.pas*, in dem ein Fenster aufgebaut und später mit weiteren Objekten gefüllt wird. Natürlich muß das Programm eine Menüleiste erhalten, damit die Befehle zum Öffnen, Schließen und Manipulieren des Fensters erzeugt werden können. Wir testen mit diesem Beispielprogramm die vordefinierten Befehle

cmNext:	Vom selektierten Fenster ausgehend wird das nächste Fenster der erzeugten Reihenfolge in den Vordergrund geholt und selektiert.
cmPrev:	Wie *cmNext*, jedoch das vorhergehende Fenster selektierend.
cmZoom:	Entspricht den Pfeilsymbolen der rechten oberen Ecke (siehe oben).
cmResize:	Verschieben des Fensters mit den Pfeiltasten. Zoomen des Fensters mittels der Kombination *Shift+ Pfeiltasten. Enter* oder *Esc* beendet diesen Modus.
cmCascade:	Die Prozedur *TDesktop.**Cascade**(VAR R: TRect)* legt die Fenster innerhalb des Rechtecks *R* so übereinander, daß oberer und linker Rahmenteil jedes Fensters sichtbar bleiben.
cmTile:	Die Prozedur *TDesktop.**Tile**(VAR R: TRect)* ordnet die Fenster innerhalb des Rechtecks *R* schachbrettartig neben- und untereinander an.
	Für beide Befehle muß bei den Fenstern die Option *ofTileable* gesetzt sein.
cmClose:	Schließt das Fenster einschließlich eventuell eingefügter Objekte.

```pascal
PROGRAM Prg6_1;
USES App, Objects, Menus, Drivers, Views;

CONST
  cmOpen = 100;

TYPE
  TMeinPrg = OBJECT(TApplication)
    i : Integer;
    PROCEDURE InitMenuBar; VIRTUAL;
    PROCEDURE HandleEvent(VAR E: TEvent); VIRTUAL;
    PROCEDURE MakeWindow;
  END;
PROCEDURE TMeinPrg.InitMenuBar;
VAR
  R : TRect;
BEGIN
  GetExtent(R);
  R.B.Y := R.A.Y + 1;
  MenuBar := New(PMenuBar, Init(R, NewMenu(
              NewItem('~O~effnen  ', '', kbNoKey, cmOpen ,
                  hcNoContext,
              NewItem('~N~ächstes  ', '', kbNoKey, cmNext,
                  hcNoContext,
              NewItem('~V~origes  ', '', kbNoKey, cmPrev ,
                  hcNoContext,
              NewSubMenu('~G~röße ändern ', hcNoContext,
                     NewMenu(
                NewItem('~Z~oom ', '', kbNoKey, cmZoom ,
                    hcNoContext,
                NewItem('~G~rößer/Kleiner ', '', kbNoKey,
                    cmResize , hcNoContext,
                  NIL))),
              NewSubMenu('~A~nordnung ändern ', hcNoContext,
                     NewMenu(
                NewItem('~F~ächern', '', kbNoKey, cmCascade
                    , hcNoContext,
                NewItem('~N~ebeneinander', '', kbNoKey,
                    cmTile , hcNoContext,
                  NIL))),
              NewItem('~S~chließen', '', kbNoKey, cmClose,
                  hcNoContext,
                NIL)
              ))))))
                )));
  END;
```

```
  ...
  PROCEDURE TMeinPrg.HandleEvent(VAR E: TEvent);
  VAR
    R : TRect;
  BEGIN
    IF E.Command = cmOpen  THEN Inc(i);
    IF E.Command = cmClose THEN Dec(i);
    TApplication.HandleEvent(E);
    IF E.What = evCommand THEN
    BEGIN
      R.Assign(1,1,70,22);
      CASE E.Command OF
        cmOpen     : MakeWindow;
        cmCascade  : DeskTop^.Cascade(R);
        cmTile     : DeskTop^.Tile(R);
      END;
    END;
    ClearEvent(E);
  END;
  ...
```

MeinPrg.HandleEvent setzt den Befehl *cmOpen* in einen Aufruf der Prozedur *MakeWindow* um, die ein Fenster erzeugt. Alle anderen Befehlskonstanten lösen in Turbo-Vision vordefinierte Aktionen aus. *MakeWindow* erzeugt ein kleines Fenster mit einer fortlaufenden Numerierung. Mit der Methode

```
  FUNCTION TProgram.InsertWindow(P: PWindow): PWindow
```

wird das Fenster in das *DeskTop* eingefügt. Vorher prüft *InsertWindow* noch, ob ein gültiges Fensterobjekt vorliegt und die Übernahme des Fokus ohne Komplikationen möglich ist. Stößt das auf Schwierigkeiten, wird *Dispose* für das Fensterobjekt aufgerufen und NIL als Funktionswert zurückgegeben. Über Vererbung ist *InsertWindow* eine Methode von *TApplication*, also der Instanz *Mein-Prg^* oder allgemein *Application^*:

```
  ...
  PROCEDURE TMeinPrg.MakeWindow;
  VAR
    R      : TRect;
    Fenster: PWindow;
  BEGIN
    R.Assign(10+i,i,i+40,i+10);
    Fenster := New(PWindow, Init(R, 'Testfenster', i));
    Fenster^.Options := Fenster^.Options OR ofTileable;
    InsertWindow(Fenster);
  END;
  ...
```

Wer noch die ältere Version 6.0 besitzt, muß sich anstelle von *Application^.InsertWindow* mit *DeskTop^.Insert(Window)* behelfen. Um diesen Lesern das Umschreiben aller folgenden Beispielprogramme zu ersparen, wird im weiteren Verlauf nur mit *Insert(Fenster)* gearbeitet.

Das Feld *i* wurde eingeführt, um die Fenster fortlaufend zu numerieren: Bei jedem Aufruf von *cmOpen* wird *i* inkrementiert, bei *cmClose* dekrementiert. (Das Verfahren ist nicht ganz »astrein«, da es beim Schließen eines mit*Alt+Nummer* aufgerufenen Fensters etwas durcheinander gerät; das Beispiel sollte aber wie immer mit einem Minimum an Programmzeilen implementiert werden). Die Prozedur *MakeWindow* instantiiert *Fenster* als *TWindow*-Objekt; bei jedem Aufruf wird das neue Fenster mittels *i* gegen die vorhergehenden versetzt.

Experimentieren Sie mit diesem Programm, um die möglichen Manipulationen von Fenstern kennenzulernen.

6.2 Die Eigenschaften eines Fensters ändern

Die Eigenschaften und das Verhalten eines Fensters werden von den Feldern *Flags*, *Options*, *State*, *GrowMode* und *DragMode* bestimmt. Für Dialogfenster relevante Konstanten dieser Felder wurden bereits ab S. 65 besprochen. Hier werden nun zusammenhängend die für Fenster wichtigen Konstanten dieser Felder aufgeführt.

Flags:

Konstante	Wert	Bedeutung
wfMove	$01	Fenster kann bewegt werden
wfGrow	$02	Größe des Fensters kann »gezoomt« werden
wfClose	$04	Fenster besitzt Schließfeld
wfZoom	$08	Vergrößerung/Verkleinerung möglich

Options:

Konstante	Wert	Bedeutung
ofSelectable	$0001	Fenster kann nicht mit der Maus selektiert werden (z.B. für Meldungsfenster)
ofTopSelect	$0002	Selektierte Fenster werden in den Vordergrund gerückt
ofBuffered	$0040	Beschleunigt Bildschirmausgabe durch einen Bildschirmpuffer für Subviews
ofCenterX	$0100	Zentrierung in X-Richtung
ofCenterY	$0020	Zentrierung in Y-Richtung
ofCentered	$0300	Zentrierung in X- und Y-Richtung
ofTileable	$0080	*DeskTop* kann dieses Fenster mit anderen fächerförmig oder nebeneinander anordnen
ofValidate	$0400	View-Objekt ruft Valid auf, bevor es den Fokus verliert

Die nachfolgenden *State*-Konstanten sind weniger zur Beeinflussung der Fenstereigenschaften als vielmehr zur Abfrage des Fensterzustandes gedacht. Gesetzt wird das Feld *State* am besten mit der Prozedur *TView.SetState* und abgefragt mit der Funktion *TView.GetState* (auf S. 66 erläutert).

State:

Konstante	Wert	Bedeutung
sfVisible	$0001	Objekt auf dem Bildschirm dargestellt
sfCursorVis	$0002	Cursor sichtbar
sfCursorIns	$0004	Blockcursor (voreingestellt: Strichcursor)
sfShadow	$0008	Fenster hat Schatten
sfActive	$0010	Fenster gerade aktiv
sfSelected	$0020	Fenster ist eine selektierte Subview
sfFocused	$0040	Fenster ist fokussiert (= letzte selektierte Subview
sfDragging	$0080	Fenster wird gerade bewegt
sfDisabled	$0100	Fenster nimmt keine Ereignisse entgegen

Das Feld *DragMode* legt die Bewegungsmöglichkeiten eines View-Objektes fest; insbesondere, ob das Objekt aus dem Gruppenobjekt herausgeschoben werden kann. Um festzulegen, ob das Fenster bewegt oder gezoomt werden kann, bedient man sich besser des oben beschriebenen Feldes *Flags*.

DragMode:

Konstante	Wert	Bedeutung
dmDragMove	$01	Fenster kann bewegt werden
dmDragGrow	$02	Fenster kann Größe ändern
dmLimitLoX	$10	Linker Rand bleibt innerhalb
dmLimitLoY	$20	Oberer Rand bleibt innerhalb
dmLimitHiX	$40	Rechter Rand bleibt innerhalb
dmLimitHiY	$80	Unterer Rand bleibt innerhalb
dmLimitAll	$F0	Fenster bleibt gänzlich innerhalb

Das Feld *GrowMode* legt fest, wie sich ein Fenster als Subview eines Gruppenobjektes bei Größenänderungen dieses Objekts verhält.

GrowMode:

Konstante	Wert	Bedeutung
gfGrowLoX	$01	Abstand des linkem Fensterrandes vom rechten Rand des Gruppenobjektes bleibt konstant
gfGrowLoY	$02	Abstand des oberen Fensterrandes vom unterem Rand des Gruppenobjektes bleibt konstant
gfGrowHiX	$04	Abstand des rechten Fensterrandes vom rechtem Rand des Gruppenobjektes bleibt konstant
gfGrowHiY	$08	Abstand des unteren Fensterrandes vom unteren Rand des Gruppenobjektes bleibt konstant
gfGrowAll	$0F	Abstand zur unteren rechten Ecke bleibt konstant. Keine Größenänderung
gfGrowRel	$10	Sollte nur zum Einfügen eines Fensters in das *DeskTop* verwendet werden, um unabhängig vom 25- oder 43/50-Zeilen-Modus zu sein

Zum Durchspielen dieser Möglichkeiten dient das Beispielprogramm *Prg6-2*.pas. Hinweis: Beim Ausprobieren der Fenster mit verschiedenen *Drag*-Konstanten bezieht sich die Bewegung jeweils auf das *DeskTop*.

```
PROGRAM Prg6_2;

USES App, Objects, Menus, Drivers, Views;

CONST
  cmMove      = 100;
  cmGrow      = 110;
  cmFlagClose = 120;
  cmFlagZoom  = 130;
  cmDragMove  = 140;
  cmDragGrow  = 150;
  cmLimitLoX  = 160;
  cmLimitLoY  = 170;
  cmLimitHiX  = 180;
  cmLimitHiY  = 190;
  cmLimitAll  = 200;
  cmGrowLoX   = 210;
  cmGrowLoY   = 220;
  cmGrowHiX   = 230;
  cmGrowHiY   = 240;
  cmGrowAll   = 250;
  cmGrowRel   = 260;

TYPE
  TMeinPrg = OBJECT(TApplication)
    PROCEDURE InitMenuBar; VIRTUAL;
    PROCEDURE HandleEvent(VAR E: TEvent); VIRTUAL;
    PROCEDURE MakeFlagWindow(Cmd: Word; Titel: STRING);
    PROCEDURE MakeDragWindow(Cmd: Word; Titel: STRING);
    PROCEDURE MakeGrowWindow(Cmd: Word; Titel: STRING);
  END;
  . . .
```

Für die einzufügenden Fenster muß aus später noch zu besprechenden Gründen die Farbpalette neu festgelegt werden. Deshalb wird ein eigenes Objekt *TInnen-Fenster* definiert und die Methode *TWindow.GetPalette* überschrieben:

```
  . . .
  PInnenFenster = ^TInnenfenster;
  TInnenFenster = OBJECT(TWindow)
    FUNCTION GetPalette: PPalette; VIRTUAL;
  END;
  . . .
```

Die Menüleiste soll die 4 Untermenüs *Flag-Varianten, Drag-Varianten, Grow-Varianten* und *Schließen* bekommen, wobei unter dem jeweiligen Untermenü die zugehörigen *wf-, dm-* und *gf*-Konstanten durchgespielt werden können:

```
...
PROCEDURE TMeinPrg.InitMenuBar;
VAR
  R : TRect;
BEGIN
  GetExtent(R);
  R.B.Y := R.A.Y + 1;
  MenuBar := New(PMenuBar, Init(R, NewMenu(
            NewSubMenu('~F~lag-Varianten    ',
                       hcNoContext, NewMenu(
          NewItem('NOT Move ','',kbNoKey, cmMove,
                  hcNoContext,
          NewItem('NOT Grow ','',kbNoKey, cmGrow,
                  hcNoContext,
          NewItem('NOT Close','',kbNoKey,
                  cmFlagClose, hcNoContext,
          NewItem('NOT Zoom ','',kbNoKey, cmFlagZoom,
                  hcNoContext,
            NIL))))),
            NewSubMenu('~D~rag-Varianten    ',
                       hcNoContext, NewMenu(
          NewItem('DragMove','',kbNoKey, cmDragMove,
                  hcNoContext,
          NewItem('DragGrow','',kbNoKey, cmDragGrow,
                  hcNoContext,
          NewItem('LimitLoX','',kbNoKey, cmLimitLoX,
                  hcNoContext,
          NewItem('LimitLoY','',kbNoKey, cmLimitLoY,
                  hcNoContext,
          NewItem('LimitHiX','',kbNoKey, cmLimitHiX,
                  hcNoContext,
          NewItem('LimitHiY','',kbNoKey, cmLimitHiY,
                  hcNoContext,
          NewItem('LimitAll','',kbNoKey, cmLimitAll,
                  hcNoContext,
            NIL))))))))),
            NewSubMenu('~G~row-Varianten    ',
                       hcNoContext, NewMenu(
          NewItem('GrowLoX','',kbNoKey, cmGrowLoX,
                  hcNoContext,
          NewItem('GrowLoY','',kbNoKey, cmGrowLoY,
                  hcNoContext,
```

```
                      NewItem('GrowHiX','',kbNoKey, cmGrowHiX,
                            hcNoContext,
                      NewItem('GrowHiY','',kbNoKey, cmGrowHiY,
                            hcNoContext,
                      NewItem('GrowAll','',kbNoKey, cmGrowAll,
                            hcNoContext,
                      NewItem('GrowRel','',kbNoKey, cmGrowRel,
                            hcNoContext,
                   NIL))))))),
               NewItem    ('~S~chließen', '', kbNoKey,
                        cmClose, hcNoContext,
                   NIL)))))
                )));
    END;


    PROCEDURE TMeinPrg.HandleEvent(VAR E: TEvent);
    VAR
      R : TRect;
    BEGIN
      TApplication.HandleEvent(E);
      IF E.What = evCommand THEN
      BEGIN
        CASE E.Command OF
          cmMove          : MakeFlagWindow(wfMove, 'NOT wfMove');
          cmGrow          : MakeFlagWindow(wfGrow, 'NOT wfGrow');
          cmFlagClose     : MakeFlagWindow(wfClose,'NOT wfClose');
          cmFlagZoom      : MakeFlagWindow(wfZoom, 'NOT wfZoom');

          cmDragMove      : MakeDragWindow(dmDragMove,
                                          'dmDragMove');
          cmDragGrow      : MakeDragWindow(dmDragGrow,
                                          'dmDragGrow');
          cmLimitLoX      : MakeDragWindow(dmLimitLoX,
                                          'dmLimitLoX');
          cmLimitLoY      : MakeDragWindow(dmLimitLoY,
                                          'dmLimitLoY');
          cmLimitHiX      : MakeDragWindow(dmLimitHiX,
                                          'dmLimitHiX');
          cmLimitHiY      : MakeDragWindow(dmLimitHiY,
                                          'dmLimitHiY');
          cmLimitAll      : MakeDragWindow(dmLimitAll,
                                          'dmLimitAll');
          cmGrowLoX       : MakeGrowWindow(gfGrowLoX, 'gfGrowLoX');
          cmGrowLoY       : MakeGrowWindow(gfGrowLoY, 'gfGrowLoY');
          cmGrowHiX       : MakeGrowWindow(gfGrowHiX, 'gfGrowHiX');
          cmGrowHiY       : MakeGrowWindow(gfGrowHiY, 'gfGrowHiY');
```

```
      cmGrowAll     : MakeGrowWindow(gfGrowAll, 'gfGrowAll');
      cmGrowRel     : MakeGrowWindow(gfGrowRel, 'gfGrowRel');
    END;
  END;
  ClearEvent(E);
END;
...
```

Die Felder *Flags*, *DragMode* und *GrowMode* werden in *Make...Window* auf den
mit *Cmd* übergebenen Wert gesetzt, daneben wird zur Orientierung ein Fenstertitel übergeben. Die einzelnen Flags-Optionen werden negiert, also mit *Flags AND
NOT wf...* eingefügt:

```
...
PROCEDURE TMeinPrg.MakeFlagWindow(Cmd: Word; Titel: STRING);
VAR
  R        : TRect;
  Fenster  : PWindow;
BEGIN
  R.Assign(10,2,70,20);
  Fenster := New(PWindow, Init(R, 'Test '+Titel,
                 wnNoNumber));
  Fenster^.Flags := Fenster^.Flags AND NOT Cmd;
  DeskTop^.Insert(Fenster);
END;

PROCEDURE TMeinPrg.MakeDragWindow(Cmd: Word; Titel: STRING);
VAR
  R        : TRect;
  Fenster  : PWindow;
BEGIN
  R.Assign(10,2,70,20);

  Fenster := New(PWindow, Init(R, 'Test '+Titel,
                 wnNoNumber));
  Fenster^.DragMode := Cmd;
  DeskTop^.Insert(Fenster);
END;

PROCEDURE TMeinPrg.MakeGrowWindow(Cmd: Word; Titel: STRING);
VAR
  R            : TRect;
  Fenster      : PWindow;
  InnenFenster : PInnenFenster;
BEGIN
  R.Assign(10,2,70,20);
```

```
Fenster := New(PWindow, Init(R, 'Test '+Titel, 1));
Desktop^.Insert(Fenster);
R.Assign(10,5,45,13);
InnenFenster := New(PInnenFenster, Init(R, 'Inneres
                    Fenster', 2));
WITH InnenFenster^ DO
BEGIN
  Options  := Options AND NOT ofSelectable;
  GrowMode := Cmd;
END;
Fenster^.Insert(InnenFenster);
END;
...
```

Und hier die Methode zur Änderung der Farbpalette, die Sie bitte zunächst einfach so hinnehmen:

```
...
FUNCTION TInnenFenster.GetPalette;
CONST
  Pal : STRING[8] = #1#2#3#4#5#6#7#8;
BEGIN
  GetPalette := @Pal;
END;
...
```

Vorgabewerte:

Als Voreinstellung hat ein von *TWindow* abgeleitetes Fenster seine Felder mit
folgenden Werten belegt:

Flags:	wfMove,
	wfGrow,
	wfClose,
	wfZoom.
Options:	ofSelectable,
	ofTopSelect.
GrowMode:	gfGrowAll,
	gfGrowRel.
DragMode:	dmLimitLoY.

Zum Schluß noch eine Methode der Fenster, die beim Verschieben, Vergrößern
und Verkleinern gute Dienste leisten kann:

```
PROCEDURE TWindow.SizeLimits(VAR Min, Max: TPoint);
VIRTUAL.
```

Durch das Setzen eines Minimalwertes verhindern Sie, daß ein Text beim Verkleinern des Fensters bis zur Unlesbarkeit gestaucht wird. Eine Begrenzung der Maximalgröße wird vielleicht dann vonnöten sein, wenn die Gefahr besteht, daß ein Fenster andere Bildschirmelemente verdecken könnte.

6.3 Farben

Im Normalfall wird man wohl mit den Farben der Turbo-Vision-Objekte so zufrieden sein, wie sie von Haus aus vorliegen, denn schließlich wurde mit großer Sorgfalt darauf geachtet, daß sich beim Ineinanderfügen von Dialogelementen und Fenstern die Farben gut voneinander abheben, andererseits aber nicht »beißen«. Doch gelegentlich mag der Wunsch aufkommen, selbst in das Erscheinungsbild einzugreifen und Farben nach eigenem Geschmack festzulegen. Wir sind im letzten Beispielprogramm sogar dem Fall begegnet, daß ohne eigene Farbfestlegung Unsinn herausgekommen wäre. Denn machen Sie doch einmal das Experiment, in *Prg6-2.pas* die Methode *TInnenfenster.GetPalette* zu löschen (die Zeile in der Typendeklaration und die Prozedur): Das innere Fenster der »Grow«-Varianten wird rot blinkend dargestellt!

6.3.1 Farbwerte

Die Farben sind 4-Bit-Konstanten, also Werte von \$0 bis \$F, wobei statt des Zahlenwertes auch die englischen Farbbezeichnungen (Konstanten) verwendet werden können:

Farbe	Konstante	Wert (hex)
Schwarz	Black	0
Blau	Blue	1
Grün	Green	2
Türkis	Cyan	3
Rot	Red	4
Fuchsinrot	Magenta	5
Braun	Brown	6

Farbe	Konstante	Wert (hex)
Hellgrau	LightGray	7
Dunkelgrau	DarkGray	8
Hellblau	LightBlue	9
Hellgrün	LightGreen	A
Helltürkis	LightCyan	B
Hellrot	LightRed	C
Hellfuchsinrot	LightMagenta	D
Gelb	Yellow	E
Weiß	White	F

Einem Zeichen wird für die Bildschirmausgabe ein Attribut von 8 Bit zugeordnet, das die Farbe von Vordergrund und Hintergrund sowie das Blinken des Zeichens festlegt. Die 4 niederwertigen Bits bestimmen gemäß obiger Tabelle die Farbe des Zeichens (Vordergrund), somit gibt es 16 Zeichenfarben. Die nächsten 3 höherwertigen Bits bestimmen die Hintergrundfarbe, was bedeutet, daß es nur 8 Hintergrundfarben - und zwar die ersten 8 der obigen Tabelle - gibt. Das höchstwertige Bit des Attributs steuert die Eigenschaft »blinken«.

6.3.2 Grundpalette

Grundlage der Farbgebung in Turbo-Vision sind Paletten. Das sind Auflistungen, die den Komponenten eines View-Objekts Farben zuordnen. Mit »Komponenten« sind dabei funktionale Gruppen von Zeichen des IBM-Zeichensatzes gemeint, wie z.B. die Textgrafikzeichen, mit denen der Rahmen eines Fensters dargestellt wird.

Das Objekt *TProgram*, von dem *TApplication* und somit jedes eigene Programm abstammt, enthält die Farb-Grundpalette in Form einer globalen Konstanten, in der 63 View-Elementen Farben zugeordnet werden. Wie oben erläutert, besteht jeder Farbeintrag mit Vorder- und Hintergrund aus 2 Hexadezimalzahlen zu je 4 Bit, also einem Byte. Alle Farbwerte sind zu einem einzigen String - eben der Grundpalette - aneinandergereiht. Genau genommen hat *TApplication* sogar drei Grundpaletten: Neben der farbigen Palette *CColor* noch eine auf 4 Grauabstufungen (schwarz, dunkelgrau, hellgrau, weiß) beruhende Palette*CBlackWhite* für Schwarz-Weiß-Bildschirme und *CMonochrom* mit 3 Grauabstufungen (schwarz, hellgrau, weiß).

Die Elemente der Grundpalette sind in Anhang C aufgelistet. Alle Farb-Bytes aneinandergereiht kann man als String auffassen und einer Konstanten zuweisen. So sind in der Unit *App* die 3 Grund-Farbpaletten als globale Konstanten *CColor*, *CBlackWhite* und *CMonochrome* festgelegt:

```
CColor =
    #$71#$70#$78#$74#$20#$28#$24#$17#$1F#$1A#$31#$31#$1E#$71#$00 +
#$37#$3F#$3A#$13#$13#$3E#$21#$00#$70#$7F#$7A#$13#$13#$70#$7F#$00 +
#$70#$7F#$7A#$13#$13#$70#$70#$7F#$7E#$20#$2B#$2F#$78#$2E#$70#$30 +
#$3F#$3E#$1F#$2F#$1A#$20#$72#$31#$31#$30#$2F#$3E#$31#$13#$00#$00;


CBlackWhite =
    #$70#$70#$78#$7F#$07#$07#$0F#$07#$0F#$07#$70#$70#$07#$70#$00 +
#$07#$0F#$07#$70#$70#$07#$70#$00#$70#$7F#$7F#$70#$07#$70#$07#$00 +
#$70#$7F#$7F#$70#$07#$70#$70#$7F#$7F#$07#$0F#$0F#$78#$0F#$78#$07 +
#$0F#$0F#$0F#$70#$0F#$07#$70#$70#$70#$07#$70#$0F#$07#$07#$00#$00;


CMonochrome =
    #$70#$07#$07#$0F#$70#$70#$70#$07#$0F#$07#$70#$70#$07#$70#$00 +
#$07#$0F#$07#$70#$70#$07#$70#$00#$70#$70#$70#$07#$07#$70#$07#$00 +
#$70#$70#$70#$07#$07#$70#$70#$70#$0F#$07#$07#$0F#$70#$0F#$70#$07 +
#$0F#$0F#$07#$70#$07#$07#$70#$07#$07#$07#$70#$0F#$07#$07#$00#$00.
```

6.3.3 Zeigerpaletten

Jetzt wird es etwas komplizierter! Die View-Objekte greifen nämlich nicht direkt auf die Grundpalette zu, vielmehr besteht ihre eigene Palette aus einer Reihe von Zeigern, und erst diese weisen auf Farb-Bytes der Grundpalette. Und nun noch verwickelter: Wenn ein View-Objekt in ein anderes View-Objekt eingefügt wird, zeigt die Palette des eingefügten Objekts zunächst auf die Zeigerpalette des Gruppenobjektes, und erst dieses auf die Grundpalette.

Warum so umständlich? Diese Vorgehensweise stellt sicher, daß sich bei einer eventuellen Änderung der Palette eines Gruppenobjektes die Änderungen in der gleichen Weise auf alle eingefügten Objekte auswirken. Wenn wir z.B. erreichen möchten, daß mittels *TStaticText* in ein Fenster eingefügte Texte weiß - statt wie voreingestellt - gelb erscheinen, brauchen wir nicht die Paletten aller *TStaticText*-Objekte zu ändern, sondern nur die Palette des aufnehmenden Fensters.

Wie immer, läßt sich der Sachverhalt an einem Beispiel am besten erläutern. Ein *TWindow*-Fenster sei in das *DeskTop* eingefügt, in das Fenster wiederum ein *TStaticText*-Objekt. Dann zeigt die Palette *TStaticText*, die hier nur ein Byte enthält, auf die Palette des Gruppenobjektes *TWindow*, und dessen Palette wie-

derum auf die des *DeskTops*. Da *DeskTop* aber keine eigene Palette besitzt, zeigen in das *DeskTop* eingefügte View-Objekte immer auf die Grundpalette von
TApplication. Grafisch läßt sich das so darstellen:

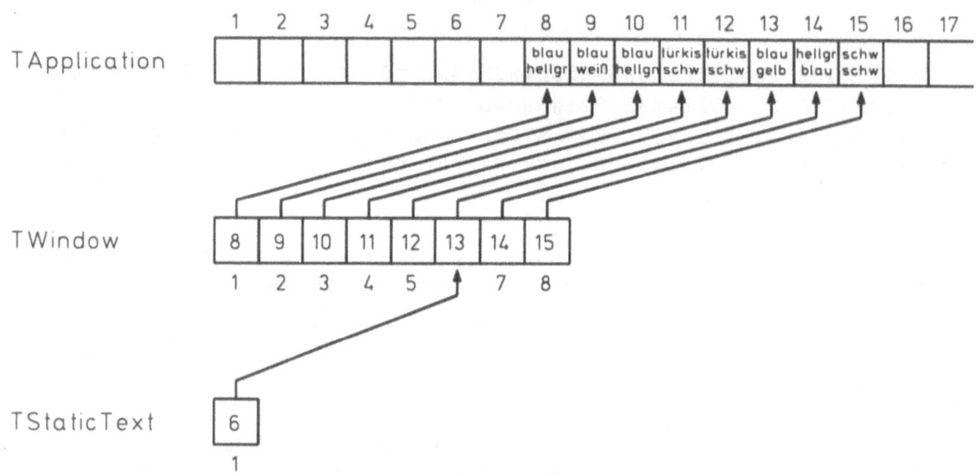

Bild 6-1:   *Farbgebung über Zeiger- und Grundpalette (ein Zeichen von TStaticText*
              wird gelb auf blau ausgegeben)

Bei der Ausgabe eines Zeichens spielt sich im einzelnen folgendes ab: In der
Draw-Methode des betreffenden View-Objekts wird mittels der Methode

```
FUNCTION TView.GetPalette: PPalette; VIRTUAL
```
die Palette (genauer: ein Zeiger auf die Palette) bereitgestellt.

Danach holt die Methode

```
FUNCTION TView.GetColor(Position: Word): Word
```
die für das gerade auszugebende Zeichen maßgebliche Farbe aus der Palette,
wobei *Position* die Position des Zeichens in der Palette des Objekts angibt. In
unserem Beispiel hat *TStaticText* an der ersten (und hier einzigen) Position der
Palette eine 6 stehen, d.h. der Paletteneintrag zeigt auf das 6. Element der Palette
des *Owners* (S. 59), hier des Fensters. Dort wiederum ist eine 13 eingetragen,
also ein Zeiger auf das 13. Feld der Palette des Objekts, in welches das Fenster
eingefügt ist. Da dies das *DeskTop* ist, endet der Verweis auf dem 13. Farbeintrag der Grundpalette, nämlich Vordergrund = gelb und Hintergrund = blau.

6.3.4 Paletten überschreiben

Aus dem beschriebenen Mechanismus der Farbgebung von Objekten ersieht man, daß es drei Möglichkeiten gibt, die Farben von Objekten zu ändern:

⇨ »Verbiegen« von Zeigerpaletten,

⇨ Erweiterung von Zeigerpaletten,

⇨ Änderung von Farbwerten in der Grundpalette.

Zur Erläuterung konstruieren wir ein Programmbeispiel *Prg6-3.pas*, in dem ein Fenster, genannt *Innenfenster*, in ein anderes eingefügt wird. Ohne Neudefinition der Paletten würde man ein unbrauchbares blinkendes rotes Innenfenster erhalten. Warum das so ist, zeigt Bild 6-2.

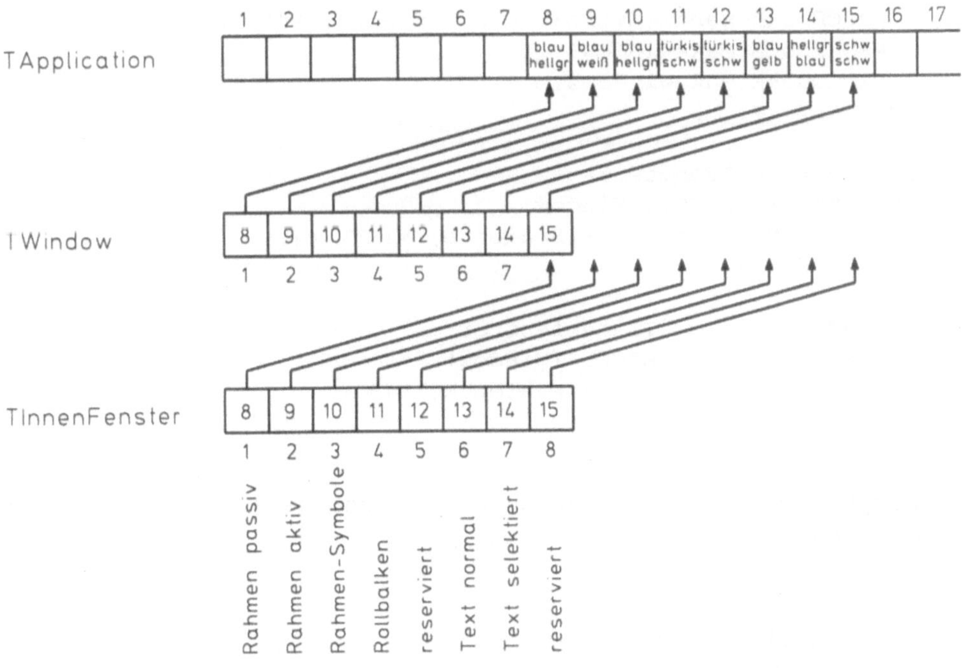

Bild 6-2:   *Die Zeigerpalette des eingefügten TInnenfenster zeigt auf einen undefinierte Palettenteil des Owners*

Abhilfe kann sowohl das Überschreiben der Palette des aufnehmenden Fensters
als auch das Überschreiben der Palette des Innenfensters schaffen. Beide Möglichkeiten sollen demonstriert werden. Dazu sind zunächst die Nachkommens-
typen *TFenster* und *TInnenFenster* von *TWindow* zu definieren:

```
PROGRAM Prg6_3;

USES App, Objects, Menus, Drivers, Views;

CONST
  cmFenster1     = 100;
  cmFenster2     = 110;

TYPE
  TMeinPrg = OBJECT(TApplication)
    PROCEDURE InitMenuBar; VIRTUAL;
    PROCEDURE HandleEvent(VAR E: TEvent); VIRTUAL;
    PROCEDURE MakeWindow1;
    PROCEDURE MakeWindow2;
  END;

  PFenster = ^TFenster;
  TFenster = OBJECT(TWindow)
    FUNCTION GetPalette: PPalette; VIRTUAL;
  END;

  PInnenFenster = ^TInnenfenster;
  TInnenFenster = OBJECT(TWindow)
    FUNCTION GetPalette: PPalette; VIRTUAL;
  END;
  ...
```

Das Hauptprogramm *TMeinPrg* definiert auf die übliche Weise ein Menü, über
das die Optionen

➪ Fenster 1 (Palette verbiegen)

➪ Fenster 2 (Palette erweitern)

➪ Schließen

aufgerufen werden können. *Die HandleEvent*-Methode managt den Aufruf der
beiden Doppelfenster-Prozeduren *MakeWindow1* und *MakeWindow2*. Auf die
Wiedergabe des Programmcodes sei hier verzichtet.

Als erste Variante wird die Funktion *GetPalette* des Innenfensters so überschrieben, daß ihre Werte auf die an gleicher Position stehenden Werte der Palette des aufnehmenden Fensters zeigen:

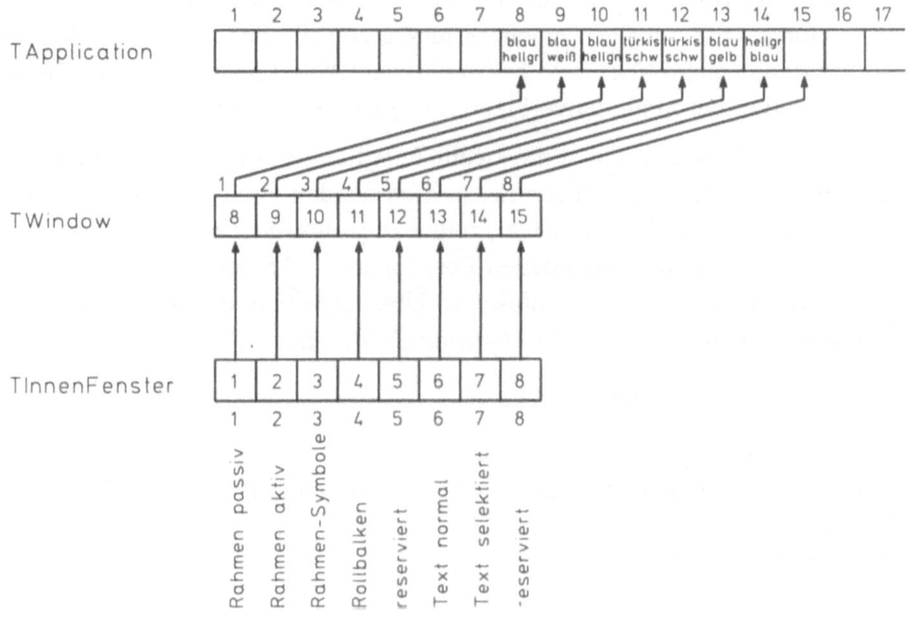

Bild 6-3: »Verbiegen« der Innenfenster-Palette

Lesebeispiel: Die 1. Position einer Fenster-Palette bestimmt die Farbe des (passiven) Rahmens. In der überschriebenen Innenfenster-Palette steht jetzt #1 statt vorher #8, d.h. es wird auf die 1. Position der Palette des aufnehmenden Fensters verwiesen. Dort steht #8, also ein Verweis auf die Grundpaletten-Farbwerte hellgrau auf blau, was der üblichen Darstellung des Fensterrahmens entspricht.

Und hier der Programmcode für die zugehörige Methode:

```
...
FUNCTION TInnenFenster.GetPalette;
CONST
   Pal : STRING[8] = #1#2#3#4#5#6#7#8;

BEGIN
   GetPalette := @Pal;
END;
...
```

Es sei daran erinnert, daß der Operator @ nur auf Variable oder typisierte Konstanten - wie hier *Pal* - angewandt werden kann, aber nicht auf gewöhnliche Konstanten. Übrigens gibt es bei diesem speziellen Beispiel noch eine ganz andere Lösung des Problems: Man definiert gar keine Palette und setzt*GetPalette := NIL*, dadurch wird statt der Innenfenster-Palette die des aufnehmenden Fensters aufgerufen, was im Endeffekt bezweckt war. Aber hier sollte ja ein Beispiel zur Demonstration der »Palettenverbiegung« gegeben werden.

Wir bauen in das Programm jetzt die zweite Möglichkeit für Farbänderungen ein, nämlich die Erweiterung der Palette des aufnehmenden Fensters. Solange *Innenfenster* eine Instanz von *TWindow* war, zeigte *Innenfenster.Palette* auf die falsche Position 8 bzw. die nicht vorhandenen Positionen 9 - 15 der Palette des aufnehmenden Fensters. Der Ausweg diesmal: Überschreiben der Position 8 bzw. Ergänzung der Positionen 9 - 15 in *TFenster.GetPalette*:

```
...
FUNCTION TFenster.GetPalette;
CONST
  Pal : STRING[16] =
#8#9#10#11#12#13#14#24#25#26#27#28#29#30#31#32;
BEGIN
  GetPalette := @P;
END;
...
```

Ab der Position 8 sind hier als Beispiel die Farbwerte eines »grauen« Fensters, wie sie für Dialogfenster benutzt werden, angefügt. Die Position 8 durften wir ändern ohne die normale Darstellung des Fensters zu gefährden, da dies in der *TWindow*-Palette eine unbenutzte Reserveposition ist. Sonst hätte man zusätzlich die Zeiger der Innenfenster-Palette alle um eine Position nach rechts »verbiegen« müssen. Grafisch wieder dargestellt in Bild 6-4.

Die dritte Möglichkeit für Farbänderungen ist ein direkter Eingriff in die Grundpalette. Zu überschreiben wäre *TMeinPrg.GetPalette*:

```
PMeinPrg = ^TMeinPrg;
TMeinPrg = OBJECT(TApplication)
  FUNCTION GetPalette: PPalette; VIRTUAL;
END;
```

Die bekannten Prozeduren und Funktionen zur Manipulation von Strings werden herangezogen, um die String-Konstanten *CColor*, *CBlackWhite* und *CMonochrome* zu überschreiben. Als Beispiel diene das Anfügen von Farbwerten für die

später noch vorzustellenden Hilfefenster. Wir gehen davon aus, daß die Unit
HelpFile eingebunden ist. Dort sind die Palettenkonstanten für Hilfefenster

```
CONST
  CHelpColor      = #$37#$3F#$3A#$13#$13#$30#$3E#$1E;
  CHelpBlackWhite = #$07#$0F#$07#$70#$70#$07#$0F#$70;
  CHelpMonochrome = #$07#$0F#$07#$70#$70#$07#$0F#$70;
```

definiert. Diese Paletten werden folgendermaßen an die Grundpaletten angefügt:

```
FUNCTION TMeinPrg.GetPalette: PPalette;
CONST
  CNewColor      = CColor       + CHelpColor;
  CNewBlackWhite = CBlackWhite + CHelpBlackWhite;
  CNewMonochrome = CMonochrome + CHelpMonochrome;
  P: ARRAY[apColor..apMonochrome] OF
          STRING[Length(CNewColor)] =
      (CNewColor, CNewBlackWhite, CMonochrome);
BEGIN
  GetPalette := @P[AppPalette];
END;
```


Bild 6-4: Ergänzung der TFenster-*Palette*

Auf ein Beispielprogramm wird an dieser Stelle verzichtet; wir kommen aber beim Besprechen des Hilfesystems von Turbo-Vision darauf zurück (S. 175). Unser Programmtext enthält die bis jetzt noch unbekannten Konstanten *ap...* und die Variable *AppPalette*. Im normalen Programmablauf wird diese Variable in der Methode *TProgram.InitScreen* entsprechend der ermittelten Grafikkarte mit einer der drei Konstanten *apColor*, *apBlackWhite*, *apMonochrome* belegt. Entsprechend wird als Palette *CColor*, *CBlackWhite* oder *CMonochrome* aufgerufen. Will man selbst festlegen, welche Palette verwendet werden soll, beispielsweise um auf einem Farbmonitor eine Schwarz-Weiß-Darstellung zu erhalten, muß man die Methode *TApplication.InitScreen* überschreiben:

```
   . . .
PMeinPrg = ^TMeinPrg
TMeinPrg = OBJECT(TApplication)
   PROCEDURE InitScreen; VIRTUAL;
END;
   . . .


PROCEDURE TMeinPrg.InitScreen;
BEGIN
   TApplication.INITIIEREN;
   AppPalette := apBlackWhite; { oder = apMonochrome }
END;
   . . .
```

Als Beispiel wurde *Prg6-3.pas* um obigen Text ergänzt und steht unter *Prg6-4.pas* als Anschauungs- und Übungsmaterial bereit.

Und zum Schluß noch eine Variante, mit der man die Farbgebung insbesondere von Fenstern ändern kann. *TWindow* hat nämlich außer der vorgegebenen Palette noch zwei weitere in der Hinterhand. Ein *TWindow*-Objekt besitzt das Feld *Palette*, dem die folgenden Werte zugewiesen werden können:

Konstante	Wert	Bedeutung
wpBlueWindow	0	Text in gelb vor blauem Hintergrund
wpCyanWindow	1	Text in blau vor Türkis-Hintergrund
wpGrayWindow	2	Text in schwarz vor grauem Hintergrund

Das *BlueWindow* ist Ihnen als Texteditorfenster aus der Turbo-Pascal-Entwicklungsumgebung bekannt, das *CyanWindow* als Hilfefenster und das *GrayWindow* als Dialogfenster. Die Zuweisung eines Wertes an *Palette* erfolgt nach der Instantiierung des Fensters und vor dem Einfügen in die Gruppe, also etwa mit folgendem Programmtext:

```
...
Fenster := New(PWindow, Init(R, 'Farbentest', wnNoNumber));
Fenster^.Palette := wpCyanWindow;
Desktop^.Insert(Fenster);
...
```

Das funktioniert natürlich nur, wenn das Fenster in das *DeskTop*, und nicht in andere View-Objekte eingefügt wird, da die so festgelegte Fenster-Palette direkt auf die Grundpalette zugreifen muß.

6.3.5 Palette über Menü ändern

Es liegt schon an der Grenze zur Spielerei: Sie können in Ihre Programme auch einen Menüpunkt »Farbpalette« einbauen, mit dem der Nutzer die Farben der Elemente von Turbo-Vision-Objekten individuell wählen kann. Dazu gibt es die Unit *ColorSel*, die in das Programm einzubinden ist. *ColorSel* ist eine relativ komplexe Unit, es wird daher nicht näher auf ihre Funktionen eingegangen, sondern sie wird einfach kochrezeptartig verwendet. Wie *ColorSel* in einem Programm eingesetzt wird, kann man aus dem Turbo-Vision-Beispielprogramm *TVDemo.pas* im Verzeichnis TVDEMO lernen, aus dem hier Teile für ein eigenes Beispielprogramm übernommen werden.

Konstruieren wir dieses Beispielprogramm als *Prg6-5.pas*. Es enthält zwei Menüoptionen mit Untermenüs. In der ersten Menüoption »Palette« kann die hier zu demonstrierende Funktion »Palette ändern« aufgerufen werden. Der zweite Untermenüpunkt »Originalpalette« macht die Änderungen rückgängig und stellt die originale Turbo-Vision-Palette wieder her, falls der Nutzer meint, daß er schließlich alle Farben nur »verschlimmbessert« hat. Damit man auch irgend etwas in den neuen Farben bewundern kann, gibt es die Menüoption »Fenster«, die in 3 Untermenüpunkten »blaue«, »türkisfarbene« und »graue« Fenster als Anschauungsobjekte erzeugt.

In die USES-Liste sind die Units *ColorSel* und *Memory* einzufügen. Die Konstantenliste definiert 5 Befehlskonstanten. Das Objekt *TMeinPrg* erhält außer den üblichen *InitMenuBar* und *HandleEvent* einen eigenen Konstruktor und vor allem die Prozeduren *Colors* (Palettendialog), *RestorePal* (Turbo-Vision-Palette wiederherstellen) und *MakeWindow* (Fenster als Anschauungsobjekte):

```
PROGRAM Prg6_5;

USES App, Objects, Menus, Drivers, Views, ColorSel, Memory;

CONST
  cmPalMenu     = 100;
  cmOrigPal     = 105;
  cmFenster1    = 110;
  cmFenster2    = 120;
  cmFenster3    = 130;

TYPE
  TMeinPrg = OBJECT(TApplication)
    OrigPal : TPalette;
    CONSTRUCTOR Init;
    PROCEDURE InitMenuBar; VIRTUAL;
    PROCEDURE HandleEvent(VAR E: TEvent); VIRTUAL;
    PROCEDURE Colors;
    PROCEDURE RestorePal;
    PROCEDURE MakeWindow(i: Integer);
  END;
  ...
```

Der Konstruktor rettet die Originalpalette in das Feld *OrigPal*:

```
CONSTRUCTOR TMeinPrg.Init;
BEGIN
  TApplication.Init;
  OrigPal := Application^.GetPalette^;
END;
  ...
```

Der Farbwahldialog faßt die View-Objekte zu Gruppen zusammen, die wiederum
aus einzelnen Elementen bestehen; beide zusammen bilden eine verkettete Liste.
Den Aufbau der Liste haben wir dem Aufbau der Farbpalettenliste von Turbo-
Vision angeglichen:

```
  ...
PROCEDURE TMeinPrg.Colors;
VAR
  D : PColorDialog;
BEGIN
  D := New(PColorDialog, Init('',
        ColorGroup('DeskTop',
          ColorItem('Farbe',                    1, NIL),
        ColorGroup('Menü, Statusz.',
          ColorItem('Normal',                   2,
```

```
            ColorItem('Passiv',                     3,
            ...
            ColorItem('Listenf., gewählt',    59,
            ColorItem('Listenf., Trenner',    60,
            ColorItem('Infofeld',             61,
              NIL )))))))))))))))))))))))))))))))))),
            NIL )))))))));
  IF ValidView(D) <> NIL THEN
  BEGIN
    D^.SetData(Application^.GetPalette^);
    IF Desktop^.ExecView(D) <> cmCancel THEN
    BEGIN
      Application^.GetPalette^ := D^.Pal;
      DoneMemory;
      Redraw;
    END;
    Dispose(D, Done);
  END;
END;
...
```

Die verwendete Variable *Application* vom Typ *PApplication* ist global in Turbo-Vision definiert und zunächst auf NIL gesetzt. Nach der Instantiierung von *TMeinPrg* zeigt sie auf dieses Objekt; damit verfügt man über einen Zeiger auf das Programm, der von der individuellen Namenswahl unabhängig ist. Nach der Palettenänderung sorgt *Redraw* für eine Darstellung der Bildschirmobjekte in den neuen Farben; allerdings muß zuvor mit *DoneMemory* der belegte Speicher aufgeräumt werden. Das letztere gilt auch für *RestorePal*, mit dem die Originalpalette wiederhergestellt wird:

```
...
PROCEDURE TMeinPrg.RestorePal;
BEGIN
  Application^.GetPalette^ := OrigPal;
  DoneMemory;
  Redraw;
END;
...
```

Ohne Besonderheiten folgt schließlich die Erzeugung von Fenstern:

```
...
PROCEDURE TMeinPrg.MakeWindow(i: Integer);
VAR
  R      : TRect;
  Fenster: PWindow;
```

```
BEGIN
  R.Assign(10,5,60,20);
  Fenster := New(PWindow, Init(R, 'Testfenster',
               wnNoNumber));
  WITH Fenster^ DO
  BEGIN
    Options := Options OR ofCentered;
    CASE i OF
      1: Palette := wpBlueWindow;
      2: Palette := wpCyanWindow;
      3: Palette := wpGrayWindow;
    END;
  END;
  Desktop^.Insert(Fenster);
END;
...
```

Das zugehörige Dialogfenster zur Farbwahl zeigt Bild 6-3.

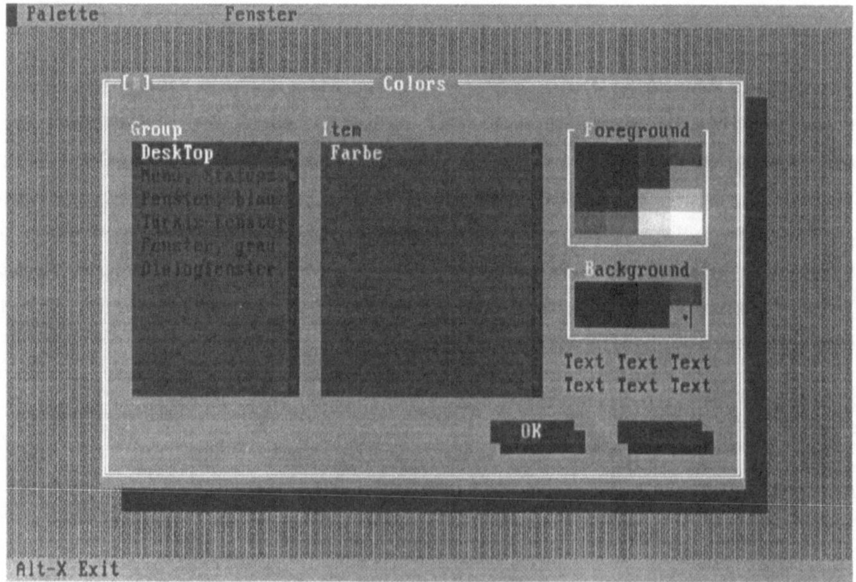

Bild 6-5: Dialogbox zur Farbwahl

Testen Sie verschiedene Farbvarianten. Wahrscheinlich kommen Sie auch zu der
Überzeugung, daß die Originalpalette von Turbo-Vision eigentlich schon perfekt
ist.

6.4 Text im Fenster

6.4.1 TStaticText

Der Hauptzweck eines Fensters ist es natürlich, Texte darzustellen. Turbo-Vision bietet dafür eine Reihe komfortabler Hilfen, die in den folgenden Kapiteln vorgestellt werden.

Der einfachste Weg, Text in ein Fenster einzufügen, führt über *TStaticText*, das schon bei den Dialogfenstern (S. 95) besprochen wurde. Hier zur Erinnerung eine kurze Wiederholung und weitere Eigenschaften von *TStaticText*.

Es sei *Fenster* eine Instanz eines *TWindow*-Objektes, dann sieht das Einfügen von Textzeilen etwa so aus:

```
  . . .
  WITH Fenster^ DO
  BEGIN
    Options := Options OR ofCentered;
    GetExtent(R);
    R.Grow(-1,-1);
    R.B.Y := R.A.Y + 2;
    Insert(New(PStaticText, Init(R, #3'Diese Zeile wird durch
                                      #3 zentriert')));
    R.Move(0,2);
    Insert(New(PStaticText, Init(R, 'Dieser Text ist so lang,
                                    daß er automatisch in zwei '+
                                    'Zeilen umbrochen wird.')));
    R.Move(0,3);
    Insert(New(PStaticText, Init(R, 'Dieser Text wird hier
                                    mittels #13'#13'zwangsweise
                                    umbrochen.')));
  END;
  Desktop^.Insert(Fenster);
  END;
  . . .
```

TStaticText stellt einen String dar, also eine Kette von maximal 256 Zeichen. Zwei Arten von Steuerzeichen können in den String eingefügt werden:

#3 am Beginn des Strings:	Zentrierung des Strings,
#13 im String:	Erzwungener Zeilenumbruch.

Der Text wird entsprechend der Breite des Fensters in Zeilen umbrochen (2. Text in obigem Beispiel).

Dieses Beispiel ist Teil des Programms *Prg6-6.pas*, in dem verschiedene Möglichkeiten der Textausgabe demonstriert werden.

6.4.2 Text in der Draw-Methode

Für längere Texte ist *TStaticText* wegen der Begrenzung auf 256 Zeichen etwas umständlich zu handhaben. Doch es gibt eine Reihe von Prozeduren, die quasi an die Stelle von *Write* und *WriteLn* treten:

⇨ **WriteChar** und **WriteStr** schreiben Text unmittelbar in ein Fenster.

⇨ **MoveChar**, **MoveStr** und **MoveCStr** schreiben Text in einen Puffer.

⇨ **WriteLine** und **WriteBuf** bringen Text vom Puffer auf den Bildschirm.

⇨ **MoveBuf** schließlich kopiert Text von einem Puffer in einen anderen.

Die mit *Write...* beginnenden Prozeduren sind Methoden des Objekttyps *TView*, die anderen sind globale Prozeduren in der Unit *Objects*. Alle *Write*-Methoden müssen in die *Draw*-Methode des Fensters eingebettet werden.

```
PROCEDURE  TView.WriteChar  (X,Y:  Integer;  C:  Char;
PalColor:  Byte;  n:  Integer)
```

schreibt *n-mal* ab Bildschirmposition *X, Y* das Zeichen *C* in der Farbe des Paletteneintrags Nr. *PalColor*.

```
PROCEDURE  TView.WriteStr  (X,Y:  Integer;  Str:  STRING;
PalColor:  Byte)
```

schreibt ab *X, Y* den String *Str* in der Farbe des Paletteneintrags Nr. *PalColor*.

Es folgt nun ein Beispiel für die Implementierung dieser beiden Methoden. Dieses und die weiteren Beispiele sind in *Prg6-6.pas* zu einem kompletten Programm zusammengefaßt, in dem über die Menüzeile die verschiedenen Beispielfenster aufgerufen werden können.

Wir müssen zunächst ein Fensterobjekt von *TWindow* ableiten, um seine Methode *Draw* überschreiben zu können:

```
PROGRAM Prg6_6;
...
PWriteFenster = ^TWriteFenster;
TWriteFenster = OBJECT(TWindow)
   PROCEDURE Draw; VIRTUAL;
```

```
END;
...
PROCEDURE TWriteFenster.Draw;
BEGIN
  TWindow.Draw;
  WriteStr(2,2, 'Dies ist mittels "WriteStr" geschrieben',
6);
  WriteChar(2,3, '=', 6, 39);
END;
...
```

Nach dem Aufruf der *TWindow.Draw*-Methode wird der Text mittels *WriteStr* eingefügt. Danach wird *WriteChar* benutzt um das Zeichen »=« als Unterstreichungssymbol 39 mal auszugeben. Die Farbe wurde auf den 6. Paletteneintrag gesetzt, was bei *TWindow*-Objekten einem gelben Text auf blauem Hintergrund entspricht. Soll der Text andersfarbig erscheinen, muß auch die Methode *GetPalette* wie auf S. 131 gezeigt überschrieben werden.

Die folgenden Prozeduren benutzen einen Puffer, der als Instanz des in der Unit *Views* definierten Objekts *TDrawBuffer* eingerichtet wird und als

```
TDrawBuffer = ARRAY[0..MaxViewWidth-1] OF Word
```

deklariert ist. Dabei ist *MaxViewWidth* mit 132 vorbelegt. Damit nimmt der Puffer im allgemeinen 1 Zeile auf. Wird ein längerer Puffer benötigt, ist er analog zu obiger Deklaration als ARRAY OF Word mit der gewünschten ARRAY-Länge einzurichten.

```
PROCEDURE MoveChar (VAR Puffer; C: Char; Attr: Byte;
n: Word)
```

schreibt *n-mal* das Zeichen *C* in der mit *Attr* festgelegten Farbe in *Puffer*, wobei *Attr* nach den auf S. 126 angegebenen Regeln die Vorder- und Hintergrundfarbe definiert.

```
PROCEDURE MoveStr (VAR Puffer; Str: STRING; Attr:
Byte)
```

schreibt den String *Str* mit der in *Attr* festgelegten Farbe in *Puffer*, wobei *Attr* nach den auf S. 126 angegebenen Regeln die Vorder- und Hintergrundfarbe definiert.

```
PROCEDURE MoveCStr (VAR Puffer; Str: STRING;
DoppelAttr: Word)
```

schreibt den String *Str* in *Puffer*. Der Text erhält als Farbattribut das niederwertige Byte von *DoppelAttr*, in »~« gesetzte Textteile erhalten das höherwertige Byte von *DoppelAttr*.

Auch hier ein Beispiel für die Implementierung dieser Prozeduren:

Von *TWindow* wird ein geeignetes Fensterobjekt abgeleitet, in dem *Puffer1* bis *Puffer3* und *LangPuffer* als Felder deklariert werden und dessen *Draw*-Methode überschrieben wird:

```
...
PPufferFenster = ^TPufferFenster;
TPufferFenster = OBJECT(TWindow)
  Puffer1, Puffer2, Puffer3: TDrawBuffer;
  LangPuffer: ARRAY[0..186] OF Word;
  PROCEDURE Draw; VIRTUAL;
END;
...
```

Die in den Puffer schreibenden Anweisungen müssen nicht unbedingt in der *Draw*-Methode stehen. In unserem Beispiel setzen wir sie in eine Methode *TMeinPrg.MakePufferTextWindow* ein, deren Aufruf ein Textfenster erzeugt:

```
...
PROCEDURE TMeinPrg.MakePufferTextWindow;
VAR
  R      : TRect;
  Fenster: PPufferFenster;
BEGIN
  GetExtent(R);
  R.Grow(-6,-7);
  Fenster := New(PPufferFenster, Init(R, 'Text über Puffer
                               einbringen', wnNoNumber));
  WITH Fenster^ DO
  BEGIN
    Options := Options OR ofCentered;
    MoveStr(Puffer1, 'Dies ist mittels "MoveStr" und
            "WriteLine" geschrieben', $1E);
    MoveChar(LangPuffer, #176, $31, 186);
    MoveStr(Puffer2, 'Diese Fläche wurde mittels "MoveChar"
            und "WriteBuf" gefüllt', $31);
    MoveCStr(Puffer3, 'Worte können mittels der Prozedur
            ~MoveCStr~ hervorgehoben werden',$F41E);
  END;
  Desktop^.Insert(Fenster);
END;
...
```

Die Farben werden bei den *Move*-Prozeduren nicht durch Paletteneinträge, sondern direkt als Attribut angegeben! So bedeutet das Attribut *$1E* in der Zeile *MoveStr...* z.B. gelbe Schrift auf blauem Hintergrund. Wenn die Unit *Graph* eingebunden wird, stehen auch die Farbbezeichnungen auf S.125 als Konstanten zur Verfügung. Statt *$1E* kann dann auch *blue**16+*yellow* geschrieben werden. In der Zeile *MoveCStr...* wird der Text gemäß dem niederwertigen Byte von *$F41E* in Gelb (E) auf Blau (1) ausgegeben, während »MoveCStr« in Rot (4) auf grauem Hintergrund blinkend erscheint (Binär: 0111 (7=grau) + 1000 (blinkend) = 1111 (F)).

Nun ist der Text zwar im Puffer, aber noch nicht auf dem Bildschirm, was erst die beiden folgenden Prozeduren bewirken:

```
PROCEDURE WriteLine (X, Y, W, n: Integer; VAR
Puffer)
```

gibt die in *Puffer* gespeicherte Textzeile ab der Stelle *X, Y* in der Breite *W* *n*-mal untereinander aus. Ist *W* kleiner als der Pufferinhalt, wird der Rest abgeschnitten; ist *W* größer, sollte der Pufferrest mit Leerzeichen aufgefüllt werden, da sonst undefinierte Zeichen erscheinen.

```
PROCEDURE WriteBuf (X, Y, W, H: Integer; VAR Puffer)
```

gibt die in *Puffer* gespeicherten Zeichen ab der Stelle *X, Y* in einem Bereich der Breite *W* und der Höhe *H* aus. Ist *W* * *H* kleiner als der Pufferinhalt, wird der Rest abgeschnitten; ist *W* * *H* größer, sollte der Pufferrest mit Leerzeichen aufgefüllt werden, da sonst undefinierte Zeichen erscheinen.

Wir setzen nun unser Beispiel mit der Ausgabe der im Puffer gespeicherten Zeichen fort, was durch Überschreiben der *Draw*-Methode bewirkt wird:

```
  . . .
PROCEDURE TPufferFenster.Draw;
BEGIN
  TWindow.Draw;
  WriteLine(7,2,54,1, Puffer1);
  WriteBuf(3,4,62,3, LangPuffer);
  WriteBuf(4,5,60,1, Puffer2);
  WriteBuf(2,8,63,1, Puffer3);
END;
  . . .
```

Die Zeile *WriteLine...* bringt die in *Puffer1* gespeicherte Textzeile auf den Bildschirm. In Langpuffer befinden sich 186 rechteckige Füllzeichen (#176), die jetzt mit *WriteBuf(...,62, 3...)* auf 62 Spalten mal 3 Zeilen verteilt werden. Die nächste Anweisung *WriteBuf(..., Puffer2)* überschreibt die mittlere Zeile des gefüllten

Bereichs. Die letzte Anweisung gibt die in *Puffer3* gespeicherte Textzeile mit der blinkenden Hervorhebung aus.

Zum Schluß noch die Definition der Kopierprozedur *MoveBuf*:

```
PROCEDURE MoveBuf (VAR Ziel; VAR Quelle; Attr: Byte;
n: Word)
```

kopiert n Zeichen aus dem Puffer *Quelle*, der vom Typ ARRAY OF Byte sein muß, in den Puffer *Ziel*, der vom Typ *TDrawBuffer* oder ARRAY OF Word ist. Die kopierten Zeichen werden mit dem Attribut *Attr* versehen, sofern *Attr* > 0 ist.

Auf ein Beispiel kann wegen der Einfachheit der Prozedur verzichtet werden.

Wann wendet man die direkt schreibenden Prozeduren *WriteChar* und *WriteStr* an und wann die über einen Puffer schreibenden Prozeduren? Da gibt es keine feste Abgrenzung. In Fällen, in denen der auszugebende Text relativ langsam erzeugt wird, z.B. wenn er von einer Diskette gelesen wird oder als Ergebnis eines Rechenverfahrens entsteht, wird man ihn wohl erst in einen Puffer schreiben und dann erst an einem Stück auf den Bildschirm bringen. Auch wenn man mit nicht in den Paletten vorhandenen Farben arbeitet, geht es wahrscheinlich schneller, die Attribute der Puffer-Prozeduren zu setzen als neue Paletten zu definieren.

6.5 Text-Rollfenster

Größere Textmengen sind in einem Fenster nur dann unterzubringen, wenn mit Hilfe von Rollbalken der Text vertikal und horizontal durch das Fenster gerollt werden kann. In Turbo-Vision gibt es 3 Objekte, *TScroller*, *TTextDevice*, *TTerminal*, die dafür geeignet sind. Es sind View-Objekte, die in dieser Reihenfolge voneinander abstammen:

```
TObject - TView - TScroller - TTextDevice - TTerminal.
```

Praktisch benutzt werden hauptsächlich *TScroller* und *TTerminal* . *TTextDevice* ist nur eine Zwischenstufe für *TTerminal*. In diesem Kapitel gehen wir näher auf *TTerminal* ein, das gemäß seiner Abstammung die meisten Felder und Methoden bietet.

Ein *TTerminal*-Objekt ist eine Rechteckfläche, die rechts und unten je einen Rollbalken enthält. Das Objekt kann einen Text aufnehmen, der sich mittels Tasten oder Maus durch das Fenster rollen läßt.

Der Konstruktor des Objekts ist definiert als

```
CONSTRUCTOR TTerminal.Init (VAR R: TRect; AHScroll-
Bar, AVScrollBar: PScrollBar; BufferSize: Word).
```

Die Rollbalken zählen beim Rechteckbereich *R* nicht mit. *AHScrollBar* und *AVScrollBar* sind Zeiger auf das Objekt *TScrollBar*, das folgende Abstammung hat:

```
TObject - TView - TScrollBar.
```

BufferSize gibt die Größe des Ringpuffers an, in dem der Text gespeichert wird; da vom Typ Word, ist *BufferSize* auf 65 535 begrenzt, was immerhin mehr als 10 DIN-A4-Seiten entspricht.

Obwohl ein *TTerminal*-Objekt als View-Objekt imstande ist, sich auf dem Bildschirm darzustellen, wird es doch gewöhnlich in ein Fenster eingefügt, um an dessen Eigenschaften - Rahmen, Titel, Schließ- und Zoomfeld - teilzuhaben. Eine besonders nützliche Methode von *TWindow* ist in diesem Zusammenhang die Funktion

```
FUNCTION  TWindow.StandardScrollBar (Options: Word):
PScrollBar,
```

die für die Platzhalter *AHScrollBar* und *AVScrollBar* eingesetzt wird und einen Rollbalken initialisiert, der in das Fenster eingefügt wird. Somit entfällt eine gesonderte Instantiierung eines *TScrollBar*-Objekts, allerdings ist damit auch die Möglichkeit genommen, Eigenschaften der Rollbalken durch Überschreiben zu ändern. Soll ein Rollbalken als eigene Instanz angelegt werden, muß man folgende Konstruktion anwenden:

```
VAR
  Rollbalken : PScrollBar
...
Rollbalken := StandardScrollBar(sbVertical...);
...
```

Mit dem Parameter *Options* wird festgelegt, ob ein vertikaler oder horizontaler Rollbalken generiert wird und ob der Text nicht nur mittels Maus, sondern auch mittels Tastatur bewegt werden kann. Dafür kann man die in der Unit *Views* vorbelegten *sb*-Konstanten (ScrollBar) verwenden:

Konstante	Wert	Bedeutung
sbHorizontal	$0000	horizontaler Rollbalken
sbVertical	$0001	vertikaler Rollbalken
sbHandleKeyboard	$0002	Rollbalken reagiert auf Tastatur

Eine der ersten beiden Konstanten wird gegebenenfalls mit der dritten durch OR oder Addition verknüpft.

Um den Text zu bewegen, wird mit der Maus einer der Rollbalken angeklickt oder eine entsprechende Taste betätigt. Es gelten folgende Voreinstellungen:

Maus	Aktion
Pfeilmarken am Rollbalkenende	1 Zeile bzw. 1 Spalte weiter
Positionsmarke	Text rollt zur neuen Position
Bereich zwischen den Marken des vertikalen Rollbalkens horizontalen Rollbalkens	 Text rollt um 1 Seite Zum Zeilenanfang/-ende

Taste	Aktion
↓ , ↑	1 Zeile weiter
Bild↓ , Bild↑	1 Seite weiter
← , →	1 Zeichen weiter
Strg + ← , Strg + →	Zum linken/rechten Rand
Strg + Bild↓	Zum Textende
Strg + Bild↑	Zum Textanfang

Beim Einfügen in das aufnehmende Fenster ist das *TTerminal*-Objekt an allen 4 Seiten um je 1 Koordinateneinheit zu verkleinern, da es sonst den Fensterrahmen verdecken würde; die Rollbalken liegen dabei auf dem Rahmen selbst.

Beispiel:
Das Beispielprogramm *Prg6-6.pas* wird jetzt um ein Rolltext-Fenster erweitert. Dazu wird in *TMeinPrg* zunächst die USES-Liste um die Unit *TextView* erweitert und ein weiteres über das Menü aufrufbares Fenster eingefügt:

```
...
USES App, Objects, Menus, Drivers, Views, Dialogs, TextView;
...
TYPE
  TMeinPrg = OBJECT(TApplication)
    ...
    PROCEDURE MakeTerminalWindow (FileName: STRING);
  END;
...
```

Die zugehörigen Änderungen in der Menüzeile und in *HandleEvent* sind unkompliziert und können im Programmtext nachgelesen werden. Nun wird die Prozedur *MakeTerminalWindow* konstruiert:

```
...
PROCEDURE TMeinPrg.MakeTerminalWindow (FileName: STRING);
CONST
  BufferSize : Word = 65535;
VAR
  R                    : TRect;
  Fenster              : PWindow;
  Inneres              : PTerminal;
  Datei, FensterText   : Text;
  Zeile                : STRING;
BEGIN
  R.Assign(0,0,76,20);
  Fenster := New(PWindow, Init(R, 'Terminal-Fenster',
                  wnNoNumber));
  WITH Fenster^ DO
  BEGIN
    Options := Options OR ofCentered;
      ...
```

Bis hierher wurde ein gewöhnliches, relativ großes, zentriertes Fenster instantiiert. Als nächstes wird *Inneres* als Instanz eines *TTerminal*-Objektes erzeugt und in das Fenster eingefügt. Dies alles spielt sich noch in der Schleife *WITH Fenster^ DO* ab, da *StandardScollBar* eine Funktion von *TWindow* ist:

```
    ...
    GetExtent(R);
    R.Grow(-1,-1);
    Inneres := New(PTerminal, Init(R,
        StandardScrollBar(sbHorizontal + sbHandleKeyBoard),
        StandardScrollBar(sbVertical  + sbHandleKeyBoard),
                                BufferSize));
    Insert(Inneres);
  END;
  Desktop^.Insert(Fenster);
    ...
```

In das bis jetzt noch leere Fenster wollen wir den Inhalt einer Textdatei einfügen. Besonders geeignet ist dafür die in der Unit *TextView* definierte Methode

```
PROCEDURE AssignDevice(VAR T: Text; Screen:
PTextDevice),
```

die eine Zuordnung zwischen einer ASCII-Datei *T* und einem von *TTextDevice* oder seinem Nachkommen *TTerminal* abgeleiteten Rollbalkenfenster herstellt. Nach Aufruf der Prozedur kann in das Rollbalkenfenster mit *WriteLn* wie in eine Textdatei geschrieben werden. Als Datei nehmen wir der Einfachheit halber das Programm *Prg6-6.pas* selbst:

```
PROCEDURE TMeinPrg.MakeTerminalWindow (FileName: STRING);
  ...
  Assign(Datei, FileName);
  Reset(Datei);
  AssignDevice(FensterText, Inneres);
  Rewrite(FensterText);
  REPEAT
    ReadLn(Datei, Zeile);
    WriteLn(FensterText, Zeile);
  UNTIL EoF(Datei);
  Inneres^.ScrollTo(0,0);
  Close(Datei);
  Close(FensterText);
END;
  ...
```

Die von *TScroller* ererbte Methode

```
PROCEDURE TScroller.ScrollTo(X, Y: Integer)
```

setzt die Spalte X und die Zeile Y auf den Fensteranfang.

Eine Vorstellung von dem so erzeugten Rollfenster erhält man aus Bild 6-4.

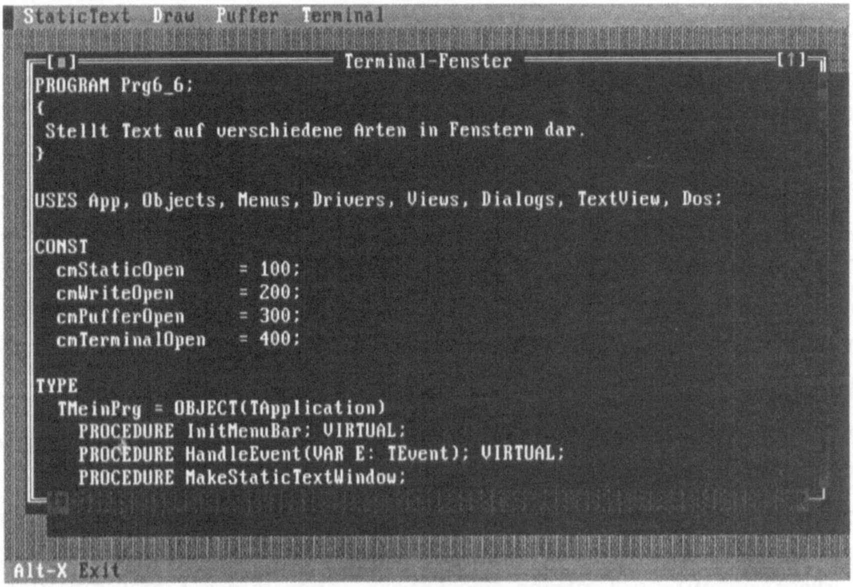

Bild 6-6: Ein Text-Rollfenster

6.6 Kollektion: Eine »Verpackung« für Listen

6.6.1 TStringCollection

Mit der jetzt zu besprechenden Art von Rollfenstern werden keine zusammen-
hängenden Texte, sondern bevorzugt Listen ausgegeben. Dazu benötigt man
zuerst eine »Verpackung« oder einen »Sammelbehälter« für die Listenelemente,
wofür das Objekt *TStringCollection* geeignet ist. Es gibt noch weitere
Objekttypen dieser Art, die unter dem Sammelbegriff »Kollektion« zusammengefaßt werden.

Eine Kollektion kann mit einem Array oder einer verketteten Liste verglichen
werden, stellt aber eine Reihe von Feldern und Methoden bereit, welche die
Anwendung viel komfortabler machen. Die Einträge in Kollektionen sind weder
- wie bei Arrays - auf eine feste Maximalzahl von Elementen beschränkt, noch ist
das Einfügen, Sortieren und Herausnehmen so mühsam wie bei verketteten Listen.

Aus der Abstammung

```
TObject - TCollection - TSortedCollection -
TStringCollection
```

sieht man, daß *TStringCollection* ein Spezialfall von *TCollection* und *TSorted-Collection* ist. Die beiden letzteren speichern ganz allgemein Objekte, wobei *TSortedCollection* die Objekte nach vorgebbaren Kriterien sortiert. Beide werden ab S. 203 besprochen. *TStringCollection* ist auf Strings spezialisiert und sortiert die Einträge alphabetisch. Die Einträge in Kollektionen sind intern von Null an durchnumeriert, so daß über diesen Index auf einzelne Einträge zugegriffen werden kann.

Der Gebrauch von *TStringCollection* sei gleich an einem Beispiel exerziert, das sich im Programm *Prg6-7.pas* findet.

Wir knüpfen an ein früheres Beispiel (*Prg5-4.pas*, vgl. Kap. 5.4) an, in dem es um einen Autokauf ging. Da dort die Zubehörliste als Auswahlbox erzeugt wurde, wäre sie auf 16 Einträge beschränkt. Aber leider bietet die deutsche Autoindustrie das meiste Zubehör nicht serienmäßig, sondern als ellenlange Sonderausstattungsliste an, für die dann 16 Einträge nicht ausreichen. Wir lösen das über eine String-Liste, die in einem Rollfenster dargestellt werden soll.

Zweckmäßig wird von *TStringCollection* ein eigenes Objekt abgeleitet:

```
PROGRAM Prg6_7;

USES App, Objects, Menus, Drivers, Views, Dialogs, TextView;

CONST
  cmStringListOpen = 100;

TYPE
  PListe = ^TListe;
  TListe = OBJECT(TStringCollection)
    CONSTRUCTOR Init;
  END;
  ...
```

Der Konstruktor *TStringCollection.Init* wird in der Weise überschrieben, daß er die Liste mit Einträgen füllt:

```
  ...
CONSTRUCTOR TListe.Init;
BEGIN
  TStringCollection.Init(10,5);
  Insert(NewStr('Make-Up-Spiegel, beleuchtet'));
```

```
    Insert(NewStr('Metallic-Lackierung'));
    Insert(NewStr('Mittelarmlehnen'));
    Insert(NewStr('Modellschriftzug entfällt'));
    ...
  END;
  ...
```

Auch bei nicht alphabetischer Insert-Reihenfolge werden die Einträge innerhalb der Liste nach dem Alphabet geordnet.

Der erste Parameter *ALimit* des Konstruktors

```
CONSTRUCTOR TCollection.Init(ALimit, ADelta: Integer)
```

des Vorfahren legt die zunächst gültige maximale Anzahl von Einträgen fest. Stellt sich während der Laufzeit heraus, daß *ALimit* nicht ausreicht, vergrößert sich der Speicherplatz von selbst um weitere *ADelta* Einträge und so fort.

Die wichtigste vererbte Methode ist

```
PROCEDURE TSortedCollection.Insert(Item: Pointer);
VIRTUAL
```

mit der Einträge in die Liste eingefügt werden. *Item* ist ein Zeiger, der in unserem Beispiel auf Strings zeigt und mittels

```
FUNCTION NewStr(S: STRING): PString,
```

enthalten in der Unit *Objects*, erzeugt werden kann (S. 17). Der von *NewStr* belegte Speicher sollte eigentlich nach Gebrauch durch *DisposeStr(P: PString)* wieder freigegeben werden. Glücklicherweise sind wir bei einer Kollektion dieser Mühe enthoben, denn über *Dispose* der Kollektion wird nicht nur der Speicher für die Kollektion, sondern auch gleich der für ihren Inhalt reservierte Speicher freigegeben.

Wird versucht, einen Eintrag zur Liste hinzuzufügen, obwohl der gleiche Eintrag bereits vorhanden ist, entscheidet das geerbte Feld

```
TSortedCollection.Duplicates: Boolean,
```

was geschieht. Der Vorgabewert ist False, wobei Doppeleinträge verhindert werden; bei True sind Doppeleinträge zugelassen.

Die Kollektion wird im nächsten Schritt einem Objekt *TListBox* zugewiesen. Kollektionen können aber auch für sich allein nützliche Dienste leisten, wie wir ab S. 203 an Hand der Vorfahrobjekte *TCollection* und *TSortedCollection* noch zeigen werden.

6.6.2 TListBox

TListBox ist auf Grund seiner Abstammung

```
Object - TView - TListViewer - TListBox
```

ein Spezialfall von *TListViewer*. Der Zweck beider Objekte ist die Ausgabe von Kollektionen, also Datenlisten. Dabei kann die Liste ein- oder mehrspaltig dargestellt werden, und man kann mittels vertikalem und horizontalem Rollbalken darin blättern. *TListBox* besitzt im Unterschied zu *TListViewer* nur einen vertikalen Rollbalken und ist von vornherein auf die Darstellung von Strings spezialisiert.

Für sich allein ist eine Instanz von *TListBox* noch kein autarkes Rollfenster, sondern es muß in ein Dialogfenster - im Beispielprogramm als *TDialogfenster* deklariert - eingefügt und von diesem verwaltet werden. Wir fahren mit *Prg6-7.pas* fort:

```
  ...
  TYPE
    ...
    PDialogFenster = ^TDialogFenster;
    TDialogFenster = OBJECT(TDialog)
      CONSTRUCTOR Init;
    END;
  ...
  CONSTRUCTOR TDialogFenster.Init;
  VAR
    R : TRect;
  BEGIN
    R.Assign(4,4,37,18);
    TDialog.Init(R, ' Wählen Sie:');
    R.Assign(11,11,21,13);
    Insert(New(PButton, Init(R, 'Weiter', cmOK, bfDefault)));
    R.Assign(2,2,31,10);
    Insert(New(PListbox, Init(R, 1,StandardScrollbar(sbVertical
                              + sbHandleKeyboard))));
  END;
  ...                                                        .
```

Die Parameter in

```
  CONSTRUCTOR TListBox.Init (VAR R: TRect; ANumCols:
  Word; AScrollBar: PScrollBar)
```

bedeuten:

R	:	belegter Rechteckbereich
ANumCols	:	Anzahl der Spalten
AScrollBar	:	Zeiger auf einen Rollbalken, der am einfachsten mit der Funktion *StandardScrollBar* des Gruppenobjektes erzeugt wird.

Der vom Nutzer aus dem Fenster gewählte Eintrag soll im allgemeinen für irgend etwas verwendet werden. In unserem Beispiel wollen wir den Eintrag in ein daneben gesetztes Fenster vom schon besprochenen Typ *TTerminal* schreiben. Somit wird noch das Objekt

```
...
PFenster = ^TFenster;
TFenster = OBJECT(TWindow)
  CONSTRUCTOR Init(VAR Fenstertxt: Text);
END;
...
```

deklariert und initialisiert. Text kann in das Fenster wie in eine Datei namens *Fenstertext* geschrieben werden. Weil das schon ausführlich auf S. 144 besprochen wurde, geben wir hier ohne weitere Erläuterungen nur den Programmtext an:

```
...
CONSTRUCTOR TFenster.Init(VAR Fenstertxt: Text);
CONST
  BufferSize : Word = 5120;
VAR
  R                : TRect;
  Inneres          : PTerminal;
BEGIN
  R.Assign(41,4,74,18);
  TWindow.Init(R, ' Gewählt: ', wnNoNumber);
  Flags := 0;
  GetExtent(R);
  R.Grow(-1,-1);
  Inneres := New(PTerminal, Init(
                      R, NIL,
                      StandardScrollBar(sbVertical +
                            sbHandleKeyBoard),
                      BufferSize));
  Inneres^.HideCursor;
  Insert(Inneres);
  AssignDevice(Fenstertxt, Inneres);
END;
...
```

Mit Flags := 0 wird verhindert, daß der Nutzer das Fenster schließt und nachfolgende Schreiboperationen ins Leere gehen. *TView.HideCursor* unterdrückt den hier nicht erforderlichen Cursor.

Um die Daten aus dem Rollfenster zu extrahieren, definieren wir den global verfügbaren Rekord *Daten*. Auch eine Instanz unserer Liste und den Fenstertext für das Terminal-Objekt machen wir global verfügbar:

```
   . . .
   TMeinPrg = OBJECT(TApplication)
     Fenstertext : Text;
     Daten : RECORD
        Liste : PListe;
        LfdNr : Integer;
     END;
     CONSTRUCTOR Init;
     PROCEDURE InitMenuBar; VIRTUAL;
     PROCEDURE HandleEvent(VAR E: TEvent); VIRTUAL;
     PROCEDURE MakeStringListDialog;
   END;
   . . .
```

In den Konstruktor packen wir die Instantiierung des Terminal-Fensters und der Zubehörliste, weisen dem Rekord *Daten* diese Liste zu und setzen sein Feld *LfdNr* auf den Eintrag 0, also den ersten Eintrag:

```
  . . .
  CONSTRUCTOR TMeinPrg.Init;
  BEGIN
    TApplication.Init;
    Desktop^.Insert(New(PFenster, Init(Fenstertext)));
    Daten.Liste := New(PListe, Init);
    Daten.LfdNr := 0;
  END;
  . . .
```

Über das Menü und *HandleEvent*, die keine Besonderheiten aufweisen, wird schließlich die Dialogbox aufgerufen:

```
  . . .
  PROCEDURE TMeinPrg.MakeStringListDialog;
  VAR
    DialogFenster  : PDialogFenster;
    Eintrag        : PString;
  BEGIN
    DialogFenster  := New(PDialogFenster, Init);
    DialogFenster^.SetData(Daten);
    IF Desktop^.ExecView(DialogFenster) <> cmCancel THEN
      BEGIN
```

```
        DialogFenster^.GetData(Daten);
        Eintrag := Daten.Liste^.At(Daten.LfdNr);
        Rewrite(Fenstertext);
        WriteLn(Fenstertext, Eintrag^);
        Close(Fenstertext);
      END;
    Dispose(DialogFenster, Done);
  END;
  ...
```

SetData setzt die Anfangswerte der Dialogbox, hier also den Inhalt des Rollfensters. *GetData* holt den im Rollfenster gewählten Eintrag. (Vgl. S. 56 für die alternative Methode *ExecuteDialog*). Und mit der geerbten Funktion

```
FUNCTION TCollection.At(Index: Integer): Pointer
```

teilt man *Eintrag* ein Zeiger auf den zugehörigen String zu. *WriteLn* schreibt schließlich diesen Text in das Terminal-Fenster, das wie eine Text-Datei geöffnet und geschlossen wird. Es sei noch angemerkt, daß die Positionsmarke im Rollbalken des Terminal-Fensters erst erscheint, wenn der Text in der freien Fensterfläche keinen Platz mehr findet.

Bild 6-7 gibt einen Eindruck von den beiden geöffneten Fenstern.

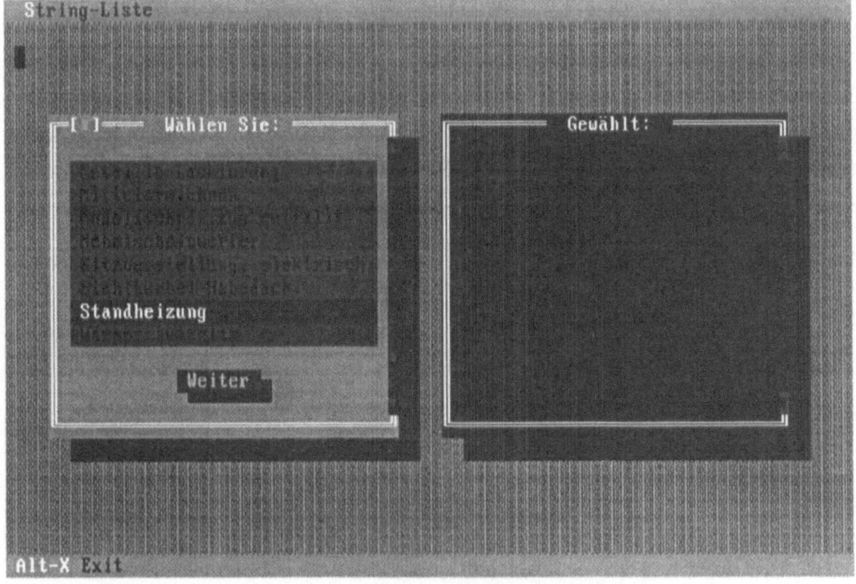

Bild 6-7: Anwendung von Rollfenstern

6.7 Kleine Hilfsmittel

Unter die Rubrik »Fenster« fallen auch einige kleine Hilfsmittel, die im Turbo-Pascal-Programmpaket mitgeliefert werden und in Nutzer-Programme eingebaut werden können:

⇨   Tabelle des IBM-Zeichensatzes (ASCII-Tabelle),

⇨   Kalender,

⇨   Taschenrechner.

Diese »Schmankerl« sind in den Units *ASCIITab*, *Calendar* und *Calc* des Verzeichnisses TVDEMO gespeichert. Für deutsche Programme sollten die Units eingedeutscht werden, wofür in Anhang A die notwendigen Änderungen aufgeführt sind. Zusätzlich werden dort die Initialisierungsroutinen für den Kalender und den Taschenrechner so geändert, daß die Objekte an beliebigen Stellen des *DeskTop* ausgegeben werden können. Bei der ASCII-Tabelle wurde davon abgesehen, weil dafür größere Umprogrammierungen erforderlich wären.

Zur Demonstration dieser drei Hilfsmittel dient das Beispielprogramm *Prg6-8.pas*.

Die Prozedur *MakeASCIITab* erzeugt die Tabelle des IBM-Zeichensatzes. Sie wird zwar als »ASCII«-Tabelle bezeichnet, aber sie enthält darüberhinaus alle im IBM-Zeichensatz verfügbaren Sonderzeichen. Der Cursor wird mit der Maus oder mit den Cursortasten auf das gewünschte Zeichen bewegt. Dezimaler und hexadezimaler Code des Zeichens werden am Fuß der Tabelle angezeigt. Die Tabelle ist als Objekt *TASCIIChart* in der Unit *ASCIITab* enthalten:

```
PROGRAM Prg6_8;

USES ..., ASCIITab, ...
...


PROCEDURE TMeinPrg.MakeASCIITab;
VAR
  P : PASCIIChart;
BEGIN
  P := New(PASCIIChart, Init);
  DeskTop^.Insert(P);
END;
...
```

Die Prozedur *MakeCalendar* bringt einen kleinen Kalender auf den Bildschirm. Er zeigt jeweils einen Monat an und erlaubt, den Wochentag eines Datums abzulesen. Mit den Tasten [↓], [↑] sowie [+] und [-] des numerischen Tastenblocks wird jeweils ein Monat vor- oder zurückgeblättert. Beim Blättern mit Hilfe der Maus ist jeweils eine von zwei Pfeilmarken am oberen Fensterrand anzuklicken. Als Voreinstellung erscheint der laufende Monat, dessen aktuelles Datum hervorgehoben ist. Der Kalender ist als Objekt *TCalendarWindow* in der Unit *Calendar* enthalten:

```
...
USES ..., Calendar, ...
...

PROCEDURE TMeinPrg.MakeCalendar;
VAR
  P : PCalendarWindow;
BEGIN
  P := New(PCalendarWindow, Init(31,12));
  DeskTop^.Insert(P);
END;
...
```

Schließlich gibt es noch einen einfachen Taschenrechner mit den 4 Grundrechenarten und Prozentrechnung. Er ist als Objekt *TCalculator* in der Unit *Calc* enthalten. Er kann mit der Maus oder mit der Tastatur bedient werden:

```
...
USES ..., Calc, ...
...

PROCEDURE TMeinPrg.MakeCalculator;
VAR
  P : PCalculator;
BEGIN
  P := New(PCalculator, Init(53,2));
  DeskTop^.Insert(P);
END;
...
```

Damit Sie sich eine Vorstellung von den Hilfsmitteln machen können, sind in Bild 6-6 alle drei in das *DeskTop* eingefügt dargestellt.

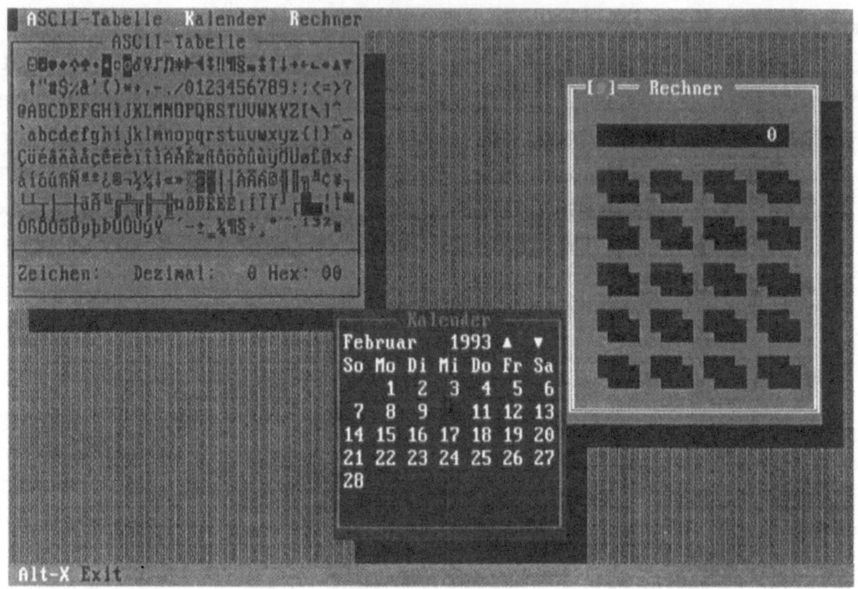

Bild 6-8: ASCII-Tabelle, Kalender und Taschenrechner

Wer statt des obigen kleinen Rechners aus der Turbo-Vision-Bibliothek einen komplexen wissenschaftlichen Rechner in sein Programm einbauen will, der findet in der Zeitschrift mc[*] den - allerdings umfangreichen - Quellcode dazu.

---

[*] C. Skopinski: Visionäre Mathematik. Teil 1: mc 10/1992, S. 78 - 85. Teil 2: mc 11/1992, S. 80 - 85

7 Vom Programmablauf gesteuerte Nutzerhilfen

Turbo-Vision stellt dem Programmierer in den Units *App*, *Menus* und *Drivers* die Grundelemente für programmgesteuerte Nutzerhilfen bereit. Der Nutzer des Programms erhält unterstützende Informationen, die sich genau auf das aktuelle Menü oder den gerade selektierten Menüpunkt beziehen.

Es stehen drei solcher ablaufabhängigen informierenden Objekte zur Verfügung:

⇨ Statuszeile,

⇨ Hinweiszeile,

⇨ Hilfefenster.

Die beiden ersteren sind weitgehend »vorgefertigt«. Dagegen erfordert das Erstellen eines Hilfesystems etwas eigenen Programmieraufwand.

7.1 Detaillierungsgrad

Bei der Zuordnung dieser Nutzerhilfen zum Programmablauf haben Sie die Freiheit, eine grobe oder eine sehr detaillierte Aufgliederung zu wählen. Im einfachsten Falle gibt es z.B. für das ganze Programm nur eine einzige Statuszeile mit wenigen für alle Menüs gültigen Tasteneinträgen. In der nächsten Stufe der Verfeinerung könnte man zumindest die zwei Menüarten »Auswahlmenü« und »Eingabemenü« unterscheiden und ihnen je eine Statuszeile zuordnen. Für die Auswahlmenüs könnte die Statuszeile so aussehen:

↓↑ = wählen	↵ = fertig	**Esc**=zurück

und für Eingabemenüs so:

TAB = Feld	↓↑ = wählen	**Leertaste**=markieren	↵ = fertig	**Esc**=zurück

Beim höchsten Grad der Detaillierung gäbe es eine eigene Statuszeile nicht nur für jedes Menü, sondern für jedes einzelne Dialog-Element der Menüs, ja sogar für jeden Eintrag einer Auswahlbox. Turbo-Vision stellt das Werkzeug dafür zur

Verfügung; nutzen Sie es! Sie selbst genießen ja diesen Komfort, wenn Sie mit der Integrierten Entwicklungsumgebung arbeiten. Achten Sie doch einmal bewußt auf die Informationen in der untersten Bildschirmzeile und im Hilfesystem, und entnehmen Sie daraus Anregungen.

7.2 Das Feld *HelpCtx*

7.2.1 Vererbt von *TView*

Ein Objekt vom Typ *TView* enthält das Feld *HelpCtx* (context = Zusammenhang). Naturgemäß erbt jedes von *TView* abstammende Objekt - und das sind alle Elemente eines Dialogs - ebenfalls dieses Feld. Im Programm kann nach Erzeugung eines Dialogobjekts dessen *HelpCtx*-Feld ein Wert zugewiesen werden, z.B.

```
  . . .
  Dialogfenster1 := New(PDialog, Init(R, 'Menü 1'));
  WITH Dialogfenster1^ DO
  BEGIN
    HelpCtx := hcMenu1;
    . . .
```

wobei hier dem Dialog als ganzem ein Wert zugewiesen wurde. Dieser Wert bleibt für alle Dialogbestandteile bis zur nächsten Zuweisung gültig.

Als Verfeinerung wird im nächsten Beispiel dem Nutzer außerdem für eine einzelne Eingabezeile des Dialogs eine eigene Statuszeile angeboten:

```
  . . .
  Eingabe := New(PInputLine, Init(R, 10));
  Eingabe^.HelpCtx := hcEingabe;
  Insert(Eingabe);
  . . .
```

7.2.2 Der Wertebereich von *HelpCtx*

Das Feld *HelpCtx* ist vom Typ Word. Die Wertebereiche 0...999 und \$FF01 (=65280) ... \$FFFF (=65535) sind für interne Zwecke reserviert; über den Bereich 1000...65279 kann der Programmierer selbst verfügen. Es ist sinnvoll, *HelpCtx* nicht direkt Zahlenwerte zuzuweisen, sondern diese Zahlenwerte im Programmkopf vorher als Konstanten zu deklarieren. ich halte es für eine gute Idee - wie in Turbo-Vision praktiziert -, jede dieser Konstanten mit *hc..* beginnen zu lassen und so als *HelpCtx*-Wert zu kennzeichnen. Der nachfolgende Namensteil sollte auf den zugehörigen Programmteil hinweisen. Für das zweite Programmbeispiel des vorigen Kapitels stünde im Deklarationsteil etwa

```
CONST
   ...
   hcMenu        = 1000;
   hcMenu1Input1 = 1010;
   hcEingabe     = 1020;
   hcMarkBox     = 1030;
   ...
```

Zwischen den Konstanten sollte man jeweils einen hinreichenden Wertebereich frei lassen, um später bei Bedarf weitere Konstanten einschieben zu können.

7.2.3 Die Konstante *hcNoContext*

Eine besondere Rolle nimmt die in Turbo-Vision vordefinierte Konstante *hcNoContext* ein, die den Wert 0 hat. Das Feld *TView.HelpCtx* - und damit auch *HelpCtx* aller Nachkommen - ist mit *hcNoContext* vorbelegt, solange *HelpCtx* nicht durch Zuweisung anderer Werte überschrieben wird.

Beim ersten Beispiel hatten wir angenommen, daß einem ganzen Dialogfenster eine Statuszeile zugeordnet wurde, die dann auch für jedes Element des Dialoges gelten soll. Dazu wiesen wir *Menu1.HelpCtx* einen Wert zu und beließen die *HelpCtx*-Felder der Dialogelemente auf dem voreingestellten Wert *hcNoContext*. Wird nun vom Nutzer ein Dialogelement fokussiert und vom Programm der aktuelle *HelpCtx*-Wert abgefragt, so geht das Programm soweit in der Reihe der Gruppenobjekte zurück, bis eine von *hcNoContext* verschiedene Wertzuweisung angetroffen wird, in unserem Beispiel der Wert *hcMenu1*.

7.2.4 *HelpCtx* bei *TLabel*

Sie erinnern sich: Das Objekt *TLabel* gibt einen Text aus, der zur Bezeichnung einer Eingabezeile, eines Auswahlfeldes oder eines Schalters dient. *TLabel* ist mit diesem Dialogelement verbunden und ist ein selektierbares Objekt. Ergänzen wir unser obiges Beispiel also mit einer *TLabel*-Instanz.

```
   ...
   Eingabe := New(PInputLine, Init(R, 10));
   Insert(Eingabe);
   ...
   Beschr := New(PLabel, Init(R, 'Anrechnung
               ~G~ebrauchtwagen', Eingabe));
```

```
Insert(Beschr);
...
```

Wessen *HelpCtx*-Feld ist nun zu verwenden: *Eingabe^.HlpCtx* oder *Beschr^.HelpCtx*? Da bei Abfrage des aktuellen *HelpCtx*-Wertes nur der Wert eines **fokussierten** Dialogelementes zurückgegeben wird, *TLabel*-Objekte aber nur **selektierbar** sind, muß *HelpCtx* des zugeordneten Dialogelements, also *Eingabe^.HelpCtx*, mit einem Wert belegt werden:

```
...
Eingabe^.HelpCtx := hcEingabe;
...
```

7.2.5 *HelpCtx* bei *TCheckBoxes* und *TRadioButtons*

Wird den Instanzen von *TCheckBoxes* und *TRadioButtons* ein *HelpCtx*-Wert zugeordnet, so gilt dieser zunächst nur für den ersten Eintrag der Box. Beim Anklicken weiterer Einträge erhöht sich *HelpCtx* um jeweils 1. Intern besorgt dies das Feld *TCluster.Sel*, das für den ersten Eintrag den Wert 0 hat und sich beim Fokussieren der weiteren Einträge jeweils um 1 erhöht. *Sel* wird intern zu *HelpCtx* addiert. Somit umfaßt *HelpCtx* bei Auswahlfeldern einen Bereich, beginnend mit dem zugewiesenen Wert beim 1. Eintrag und *HelpCtx*+n-1 beim n-ten Eintrag. Dies ermöglicht, die Hilfeinformationen auf die Ebene einzelner Einträge von Auswahlfeldern zu beziehen.

7.3 Die Statuszeile

Wir wenden uns nun den drei vom Programmablauf gesteuerten Nutzer-Informationsobjekten zu. Als erstes wird *TStatusLine* besprochen, das die Statuszeile am unteren Bildschirmrand erzeugt. Genau genommen wird dort nicht über einen Status informiert, sondern es werden Informationen darüber ausgegeben, was bestimmte Tasten bewirken oder welche Aktionen vom Nutzer gerade erwartet werden. Von einer bloßen Informationszeile unterscheidet sich die Statuszeile dadurch, daß die einzelnen Einträge mit der Maus angeklickt oder mit *Alt+Buchstabe* ausgeführt werden können.

Die Instanz eines *TStatusLine*-Objektes ist eine verkettete Liste von Zeigern. Jedes dieser Listenelemente enthält seinerseits wieder eine verketteten Liste von Zeigern auf Statuszeilen-Einträge (*Items*). Das klingt kompliziert, wird aber gleich deutlicher werden.

Als Hilfsmittel zur Erzeugung einer Liste von Statuszeilen dient die Funktion

```
FUNCTION NewStatusDef(Min, Max: Word; Items:
PStatusItems; Next: PStatusDef): PStatusDef.
```

Sie enthält die Variablen *Min* und *Max*, die ein Intervall von *HelpCtx*-Werten festlegen, bei welchen die Statuszeile ausgegeben wird. *Items* ist die Liste der Statuszeilen-Einträge und *Next* ein Zeiger auf das nächste Listenelement. *Next* ist aber wiederum eine Funktion *NewStatusDef*. Diese Verkettung wird bis zur letzten Statuszeile fortgesetzt, die schließlich auf NIL zeigt. Das könnte man so darstellen:

```
NewStatusDef(Min, Max, Items, Next)
                       ⇩
          NewStatusDef(Min, Max, Items, Next)
                                           ⇩
                                          NIL
```

Damit ist jedem *HelpCtx*-Wert eine Statuszeile zugeordnet, die auf dem Bildschirm erscheint, sobald der Nutzer das betreffende View-Objekt fokussiert.

Als nächstes ist die Liste der Einträge innerhalb einer Statuszeile zu erstellen. Für jeden Eintrag gibt es eine Funktion

```
FUNCTION NewStatusKey(AText: STRING; KeyCode: Word;
Command: Word; Next: PStatusItem): PStatusItem,
```

deren Parameter den Eintrag definieren. Der erste Parameter *AText* ist ein String mit der Tastenbezeichnung. Danach folgt *KeyCode*, eine auf die Tastatur bezogene Konstante, die den auszuführenden Befehl *Command* auslöst. Der letzte Parameter *Next* kettet diesen Eintrag an den nächsten Eintrag, so daß in bekannter Weise die Einträge einer Statuszeile eine verkettete Liste bilden:

```
NewStatusKey(AText, KeyCode, Command, Next)
                    │
                    ▼
       NewStatusKey(AText, KeyCode, Command, Next)
                           │
                           ▼
                          NIL
```

Schließlich erhält man durch Einsetzen von *NewStatusKey*-Listen anstelle von *Items* in die Liste *NewStatusDef* die gesamte Statuszeile (genauer: einen Zeiger auf die Instanz *StatusLine*).

Nachdem so die Erzeugung der Statuszeilen veranschaulicht wurde, sollte nach-
stehendes Beispiel ohne weitere Erläuterungen verständlich sein. Es ist Teil des
Beispielprogramms *Prg7-1.pas*.

Das Beispiel wurde so zusammengestellt, daß in diesem Listing möglichst viele
Varianten untergebracht sind, die nun näher erläutert werden sollen. Leider ist
das Programm nur im Zusammenhang zu verstehen, so daß der Abdruck des
vollen Listings unvermeidlich ist.

```
PROGRAM Prg7_1;

USES  App, Objects, Menus, Drivers, Views, Dialogs;

CONST
  cmMenu1   =  100;
  hcMenu    = 1000;
  hcMenu1   = 1010;
  hcEingabe = 1020;
  hcMarkBox = 1030;

TYPE
  TMeinPrg = OBJECT(TApplication)
    PROCEDURE InitMenuBar; VIRTUAL;
    PROCEDURE InitStatusLine; VIRTUAL;
    PROCEDURE MakeDialog1;
    PROCEDURE HandleEvent (VAR Event: TEvent); VIRTUAL;
  END;
...

PROCEDURE TMeinPrg.InitStatusLine;
VAR
  R : TRect;
BEGIN
  GetExtent(R);
  R.A.Y := R.B.Y - 1;
  StatusLine := New(PStatusZeile, Init(R,
    NewStatusDef(hcNoContext, hcNoContext,
      NewStatusKey('~Alt+X~=Ende  ', kbAltX, cmQuit,
      NewStatusKey('~F10~=Menü    ', kbF10 , cmMenu,
      NIL)),
    NewStatusDef(hcMenu, hcMenu,
      NewStatusKey('~A~bbrechen    ', kbAltA, cmCancel,
      NewStatusKey('~'#27#32#26'~=Wählen ', kbNoKey , 0,
      NewStatusKey('~'#17#196#217'~=Bestätigen', kbNoKey, 0,
      NIL))),
    NewStatusDef(hcMenu1, hcMarkBox+3,
```

```pascal
            NewStatusKey('~Tab~=Feld ', kbNoKey, 0,
            NewStatusKey('~'#17#196#217'~=Weiter ', kbEnter, cmOK,
            NewStatusKey('~Esc~=Abbrechen', kbEsc, cmCancel,
            NIL))),
        NIL)))
     ));
  END;


PROCEDURE TMeinPrg.MakeDialog1;
VAR
  R                 : TRect;
  Dialogfenster1 : PDialog;
  MarkBox           : PCheckBoxes;
  Eingabe           : PInputLine;
  Beschr            : PLabel;
  Schalter          : PButton;
BEGIN
  GetExtent(R);
  R.Assign(0,0,50,14);
  Dialogfenster1 := New(PDialog, Init(R, 'Menü 1'));
  WITH Dialogfenster1^ DO
  BEGIN
    HelpCtx := hcMenu1;
    Options := Options OR ofCentered;
    R.Assign(0,4,12,5);
    Eingabe := New(PInputLine, Init(R, 10));
    Eingabe^.Options := Eingabe^.Options OR ofCenterX;
    Eingabe^.HelpCtx := hcEingabe;
    Eingabe^.Data^ := '123 456,78';
    Insert(Eingabe);
    R.Assign(0,2,28,3);
    Beschr := New(PLabel, Init(R, 'Anrechnung
                  ~G~ebrauchtwagen:', Eingabe));
    Beschr^.Options := Beschr^.Options OR ofCenterX;
    Insert(Beschr);
    R.Assign(0,6,24,10);
    MarkBox := New(PCheckBoxes,Init(R,NewSItem('Schiebedach',
                  NewSItem('Automatik-Getriebe',
                  NewSItem('Metallic-Lack',
                  NewSItem('Leichtmetallfelgen', NIL))))));
    MarkBox^.Options := MarkBox^.Options OR ofCenterX;
    MarkBox^.HelpCtx := hcMarkBox;
    Insert(MarkBox);
    R.Assign(0,11,12,13);
    Schalter := New(PButton, Init(R, '~W~eiter', cmOK,
```

```
                        bfDefault));
      Schalter^.Options := Schalter^.Options OR ofCenterX;
      Insert(Schalter);
      SelectNext(False);
    END;
    Desktop^.ExecView(Dialogfenster1);
    Dispose(Dialogfenster1, Done);
  END;
  ...
```

Die Methode *InitStatusLine* gelangt über die Vererbungskette

```
  TProgram - TApplication - TMeinPrg
```

in unser Nutzerprogramm *TMeinPrg*, wo sie durch Überschreiben auf die jeweilige Anwendung zugeschnitten wird.

Die Variable *StatusLine* ist bereits global in *TProgram* deklariert und braucht daher hier nicht mehr unter VAR gelistet zu werden.

Im Anweisungsteil der Prozedur wird zunächst festgelegt, wo die Statuszeile am Bildschirm ausgegeben werden soll. Die hier verwendete Festlegung von *R* erscheint auf den ersten Blick umständlich, aber sie hat den Vorteil, daß auch bei Bildschirmen mit mehr als 25 Zeilen die Statuszeile als unterste ausgegeben wird, während eine einfache *R.Assign*-Anweisung auf eine feste Zeilenzahl beschränkt wäre.

Es folgt die Initialisierung von 3 Statuszeilen mittels *NewStatusDef* und deren Einträge mittels *NewStatusKey*. Die erste Statuszeile »F10 = Menü ...« wird ausgegeben, wann immer *HelpCtx* nicht überschrieben wurde, also z.B. gleich nach dem Programmstart, wenn das leere *DeskTop* sichtbar ist und *HelpCtx* gleich *hcNoContext* ist.

Der erste Eintrag wird der Taste *F10* durch die Konstante *kbF10* zugeordnet. In Turbo-Vision ist eine lange Liste von Tastenkonstanten *kb*... (K̲ey B̲oard) vordefiniert, die teils schon in Kapitel 3.1 besprochen wurden und in Anhang B im einzelnen aufgelistet sind.

Das letzte Feld von *NewStatusDef* enthält eine Konstante *cm*... (C̲omm̲and), die den auszuführenden Befehl festlegt.

Die zweite *NewStatusDef*-Funktion wird aufgerufen, wenn *HelpCtx* den Wert *hcMenu* annimmt; diese Konstante ist in der Prozedur *InitMenuBar* des Beispielprogramms *Prg7-1.pas* untergebracht:

```
  . . .
  PROCEDURE TMeinPrg.InitMenuBar;
  . . .
    MenuBar := New(PMenuBar, Init(R, NewMenu(
            NewItem('Menü ~1~  ', '', kbNoKey, cmMenu1, hcMenu,
            NewItem('Menü ~2~  ', '', kbNoKey, cmMenu1, hcMenu,
                    NIL))
                )));
  . . .                                              .
```

Das ist der Fall, wenn der Nutzer mit *F10* oder einem Mausklick die Menüzeile aktiviert. Beim Anklicken eines Eintrages mit der Maus ist diese Statuszeile nur für einen kurzen Moment während des Niederhaltens der Taste sichtbar.

Im ersten Eintrag dieser Statuszeile wird gezeigt, wie ein hervorgehobener Buchstabe als Auslöser eines Befehls festgelegt wird. Das zwischen Tilden gesetzte *A* in »Abbrechen« wird in der Statuszeile rot hervorgehoben dargestellt. Es soll dem Nutzer anzeigen, daß mit der Tastenkombination *Alt+A* (Konstante *kbAltA* im nächsten Feld) der zugehörige Befehl (hier:*cmCancel*) ausgelöst wird. Man beachte jedoch: Das Hervorheben eines Buchstabens oder Textteils allein bewirkt zunächst nichts weiter als die Darstellung in rot, erst die*kb*-Konstante ordnet dem hervorgehobenen Text eine Taste (oder Tastenkombination) zu. Sie könnten es sich daher zur Regel machen, - wie in der ersten Statuszeile - Tastenbezeichnungen in der Statuszeile grundsätzlich in Rot auszugeben.

Der zweite Eintrag der zweiten Statuszeile (*#17#196#217'=weiter'*) ist ein Beispiel dafür, wie nichtdruckbare Zeichen in den Textstring eingebunden werden können, hier z.B. der Haken der *Enter*-Taste.

Der dritte Eintrag steht als Beispiel dafür, daß ein Statuszeilen-Eintrag häufig nur den Nutzer informieren soll, ohne selbst ausführbar zu sein; hier wird nur darauf hingewiesen, daß man sich mittels der Cursortasten über die Menüzeileneinträge bewegen kann. Dazu wird dann das Tastenzuordnungsfeld mit der Konstanten *kbNoKey* (= 0) und das Befehlskonstantenfeld mit 0 belegt.

Die dritte Statuszeile wird aufgerufen, wenn *HelpCtx* zwischen *hcMenu1* und *hcMarkBox+3* liegt; das ist der Fall, wenn der Nutzer irgendein Element des Dialoges fokussiert hat, also solange der Dialog geöffnet ist.

7.4 Die Hinweiszeile

Man könnte die Hinweiszeile auch Nachrichten-, Meldungs- oder Informations-
zeile nennen, da sie einfach nur eine beliebige vom Programmkontext abhängige
Information an den Nutzer ausgibt, ohne daß - wie bei der Statuszeile -
Mausaktionen oder Tastenanschläge damit verbunden werden können. Wir
belassen es aber bei »Hinweiszeile«, um daran zu erinnern, daß sie auf der
Funktion *Hint* (engl.: Hinweis) beruht.

Die Hinweiszeile teilt sich mit der Statuszeile die unterste Bildschirmzeile, wobei
die Hinweise rechts von den Einträgen der Statuszeile, durch einen Strich getrennt, erscheinen. Je nach Länge des Statuszeilentextes ist der für die Hinweise
verfügbare Raum mehr oder weniger eingeengt. Natürlich können Hinweise auch
alleine ohne Statuszeileninformation stehen.

Erzeugt wird die Hinweiszeile mittels der Methode

```
FUNCTION TStatusLine.Hint(Kontext: Word): STRING;
VIRTUAL.
```

Sie ist von Haus aus leer und muß durch Überschreiben mit Leben erfüllt werden. Wir leiten daher als erstes von *TStatusLine* ein neues Objekt ab, *TStatus-
Zeile* genannt, dessen vererbte Methode *Hint* dann überschrieben wird. Im Deklarationsteil des Programms *Prg7-1.pas* ist

```
...
PStatusZeile = ^TStatusZeile;
TStatusZeile = OBJECT(TStatusLine)
   FUNCTION Hint(Kontext: Word): STRING; VIRTUAL;
END;
...
```

einzufügen.

Nun wird die Funktion *Hint* neu definiert. Gesteuert vom aktuellen Wert der Variablen *Kontext*, die beim Aufruf gleich *HelpCtx* gesetzt wird, erhält *Hint* den
anzuzeigenden Text zugewiesen:

```
...
FUNCTION TStatusZeile.Hint(Kontext: Word): STRING;
BEGIN
   CASE Kontext OF
      hcNoContext  : Hint := 'Aktivieren Sie das Hauptmenü';
      hcMenu       : Hint := 'Wählen Sie eine Menüoption';
      hcEingabe    : Hint := 'Geben Sie einen Betrag ein';
      hcMarkBox+0  : Hint := 'elektrisch betätigt';
      hcMarkBox+1  : Hint := '4-Gang';
```

```
      hcMarkBox+2  : Hint := 'siehe Farbkarte';
      hcMarkBox+3  : Hint := 'versch. Ausführungen lieferbar';
   ELSE              Hint := '';
   END;
 END;
 ...
```

Die Werte für *HelpCtx* findet man im Listing der Prozedur *MakeDialog1* jeweils nach der Erzeugung eines Dialogelementes. Beim Fokussieren des betreffenden Elementes erhält der Nutzer einen der obigen Hinweistexte. Das geht bei der Markierungsbox so weit, daß ein eigener Text für jeden einzelnen Eintrag zur Verfügung steht.

Dem Programmierer bleibt es, wie gesagt, leider oft nicht erspart, die knappe Länge der untersten Bildschirmzeile von 80 Zeichen geschickt auf Statuszeile und Hinweiszeile aufzuteilen. Ist der Hinweistext zu lang, wird der Rest am rechten Rand abgeschnitten. Die Hinweiszeile wird auf dem Bildschirm regelmäßig in den Pausen, die beim Warten auf Nutzereingaben entstehen, aufgefrischt.

7.5 Ein Hilfesystem

Absichtlich heißt es in der Kapitelüberschrift **ein** Hilfesystem, und nicht **das** Hilfesystem, denn auch hier gilt: »Viele Wege führen nach Rom«. In diesem Kapitel bauen wir ein vom Programmkontext gesteuertes Hilfesystem auf, das dem Nutzer auf Tastendruck - üblich ist *F1* - ein Fenster mit erläuterndem Text zu dem gerade fokussierten Menü oder Menüpunkt darstellt. Es lehnt sich eng an das im Verzeichnis TVDEMO enthaltene Beispielprogramm *TVDemo.pas* an und benutzt die Unit *HelpFile* und den Hilfetext-Compiler *TVHC.pas*.

Die Hilfetexte werden außerhalb des Nutzerprogramms erstellt und mit einem speziellen Compiler in eine Stream-Datei umgewandelt. Die Arbeitsvorgänge beschreiben wir im folgenden Schritt für Schritt.

7.5.1 Das Erstellen der Hilfetexte

Mit einem beliebigen Texteditor, beispielsweise dem Turbo-Pascal-Editor, wird eine Textdatei erstellt, die alle benötigten Hilfetexte enthält; wir wollen sie *Manuskr.txt* nennen.

Jedem Text eines Hilfefensters wird eine Befehlszeile mit einem Steuercode vorangestellt. Die Syntax dieser Zeile ist

```
.topic Stichwort[=Zahl], [Bezeichner[=Zahl] [...]]
```

wobei die Einträge folgende Bedeutung haben:

.topic:

Schlüsselwort (mit vorangestelltem Punkt!), das den Text als Hilfetext kennzeichnet.

Stichwort:

Wird vom Hilfetext-Compiler mit dem Vorsatz *hc* versehen und bildet dann die *HelpCtx*-Konstante, die den betreffenden Text aufruft. Beispiel: *Menu1* wird zu *hcMenu1*.

= Zahl:

Wahlweise kann ein Zahlenwert für die *hc*-Konstante vorgegeben werden, der mit einem Gleichheitszeichen anzufügen ist. Wird keine Zahl angegeben, beginnt die Numerierung mit 1. Üblicherweise wird man die Zahl des ersten Topics auf 1000 setzen, da der Zahlenbereich 0...999 für interne Zwecke reserviert ist (vgl. S. 160).

[= Zahl]:

Durch Kommas getrennt, dürfen der Befehlszeile weitere Stichworte - falls gewünscht mit Zahlenwertangabe - angefügt werden. Damit werden weitere *hc*-Konstanten gebildet, so daß der betreffende Hilfetext aus verschiedenen Programmsituationen heraus abrufbar ist. Ohne Vorgabe eines Zahlenwertes ordnet der Hilfetext-Compiler automatisch fortlaufende Werte zu.

So ergibt z.B. die Befehlszeile

```
.topic Menu1=3, Menu2, Menu3
```

die Konstantenliste

```
hcMenu1 = 3;
hcMenu2 = 4;
hcMenu3 = 5.
```

Nach der Befehlszeile wird der laufende Text eingegeben. Dabei gilt es, zwei Besonderheiten zu beachten.

Das spätere Hilfefenster ist mit einer Breite von 46 Zeichen kleiner als die *DeskTop*-Fläche. Der Nutzer kann es jedoch verschieben, wenn er gleichzeitig Details des darunterliegenden Bildschirminhalts sehen möchte, und auf die volle Bildschirmbreite vergrößern. Die Zeilenlängen werden der momentanen Fensterbreite laufend angepaßt. Beim Verkleinern oder Vergrößern des Fensters finden also laufend Zeilenumbrüche statt. Soll ein Zeilenumbruch in bestimmten Fällen verhindert werden, z.B. bei Tabellen, so ist die Zeile mit einem (oder mehreren) Leerzeichen zu beginnen. Die Zeilenanzahl ist nicht auf die Fensterhöhe begrenzt, denn das Hilfefenster enthält Rollbalken in Breite und Höhe.

Das Hilfefenster bietet noch eine weitere nutzerfreundliche Annehmlichkeit. Man kann einzelne Worte hervorgehoben darstellen, die dann die Eigenschaft eines Querverweises zu einem anderen Hilfetext bekommen: Mit Mausklick oder Tabulatortaste wird dieses Stichwort fokussiert und mit Maus-Doppelklick oder *Enter*-Taste ein Hilfefenster dazu geöffnet. Die Stichworte erscheinen durch gelbe Schrift hervorgehoben, das fokussierte Stichwort erscheint auf blauem Hintergrund. Ein Textteil wird durch Einbettung in geschweifte Klammern zum Stichwort gemacht, z.B.

```
    Die unterste Zeile heißt {Statuszeile} und gibt ...          .
```

Liegt der zum Stichwort vorgesehene Querverweis-Hilfetext unter einem anderen Stichwort vor, so kann das letztere durch einen Doppelpunkt getrennt an das im Text verwendete Stichwort angefügt werden und bleibt dann selbst unsichtbar.

Beispiel:

```
    Die oberste Zeile ist das {Menü:Menu} des Programms....
```

Ist wider Erwarten unter dem Stichwort kein zugehöriger Hilfetext gespeichert, gibt der Compiler eine Warnung aus, fährt aber mit der Kompilierung fort. Auch der Nutzer erhält eine Meldung, wenn er ein nicht belegtes Stichwort aufruft.

Hier als Beispiel eine kleine Hilfetext-Datei *Manuskr.txt*, die wir im später folgenden Beispielprogramm *Prg7-2.pas* einsetzen werden:

```
.topic NoContext = 0

        A r b e i t s f l ä c h e
        =========================

Sie befinden sich in der (noch leeren) Arbeitsfläche des Programms.

Die unterste Zeile heißt {Statuszeile} und gibt Hinweise zu den von
Ihnen erwarteten Aktionen.

Die oberste Zeile ist das {Menü:Menu} des Programms, das mit F10 oder
der Maus aktiviert wird.

Sie beenden das Programm durch Anklicken des Statuszeileneintrags Alt+X
mit der Maus oder durch die Tastenkombination Alt+X.
```

```
.topic Menu = 1000

                M e n ü
                =======

Klicken Sie die gewünschte Option mit der Maus an oder wählen Sie sie
mit den Cursortasten »links« und »rechts« mit anschließender Bestätigung
durch die Enter-Taste.


.topic Statuszeile

            S t a t u s z e i l e
            =======================

Die unterste Zeile heißt Statuszeile. Sie informiert über die vom Nutzer
erwarteten Aktionen. Die eingetragenen Befehle können über die Tastatur
oder mit der Maus ausgeführt werden. Die rot hervorgehobenen Zeichen
sind die einzugebenden Tastenkombinationen.

Durch die Tastenkombination Alt+X wird das Programm beendet.
```

7.5.2 Der Hilfetext-Compiler

Der Hilfetext-Compiler liegt im Turbo-Vision-Verzeichnis TVDEMO als Datei
TVHC.pas vor. Seine Verwendung erfordert zwei Vorbereitungsschritte:

1. Da die Unit *HelpFile* in *TVHC.pas* eingebunden wird, sollte für sie schon die
    »eingedeutschte« Version *HelpFile.mod* vorliegen (s. Anhang A). Diese Da-
    tei wird in den Editor der Integrierten Entwicklungsumgebung geladen und
    mit der Menüoption

    Compiler | Ausgabeziel Festplatte

    zur Datei *HelpFile.tpu* (Turbo-Pascal) bzw. *.tpp* (Borland-Pascal) im Ver-
    zeichnis USER zu kompiliert, wenn Sie den Programminstallations-
    vorschlägen im Kapitel 1 gefolgt sind.

2. Danach ist der Hilfetext-Compiler *TVHC.pas* zur ausführbaren Datei
    TVHC.exe zu kompilieren, die ebenfalls im Verzeichnis USER erzeugt wird.

Die bis hier beschriebenen Arbeitsschritte brauchen nur einmal durchgeführt zu
werden. Von nun an steht das Compiler-Programm *TVHC.exe* zur Anwendung
auf eigene Manuskriptdateien bereit. Der Aufruf von *TVHC.exe* erfolgt aus der
DOS-Ebene gemäß der Syntax

```
TVHC Manuskr[.txt] [Hilfe[.hlp] [hcKonstanten[.pas]]] .
```

Manuskr ist der Name der Hilfetext-Datei; die Erweiterung.*txt* ist optional. Der Pfad ist hinzuzufügen, wenn sich die Datei nicht im Verzeichnis USER befindet.

Hilfe ist der Name der kompilierten Datei; die Erweiterung.*hlp* wird automatisch vergeben. Wird der Dateiname weggelassen, heißt die erzeugte Datei nach der Manuskriptdatei, hier also *Manuskr.hlp*.

In der erzeugten Datei *hcKonstanten.pas* werden die aus den Stichworten abgeleiteten *hc*-Konstanten gesammelt; die Erweiterung.*pas* wird automatisch vergeben. Wird der Dateiname weggelassen, heißt die erzeugte Datei nach der Manuskriptdatei, hier also *Manuskr.pas*.

Unser Programmbeispiel wird mit dem DOS-Aufruf

```
TVHC Manuskr
```

kompiliert und somit erhalten wir aus *Manuskr.txt* die Dateien

⇨ Manuskr.hlp

⇨ Manuskr.pas .

7.5.3 Einbinden der Hilfetextedatei

Wir haben eine Manuskriptdatei mit den Hilfetexten angelegt und kompiliert, das Ergebnis sind die zwei Dateien *Manuskr.hlp* und *Manuskr.pas*, die jetzt zusammen mit der Unit *HelpFile.tpu* (bzw. *.tpp*) in das Nutzerprogramm eingebracht werden müssen. Als Beispiel für ein Nutzerprogramm mit Hilfesystem konstruieren wir ein Minimalprogramm *Prg7-2.pas*, das aus einer Menüzeile, einer Statuszeile und dem Aufruf eines (leeren) Dialoges besteht.

Zuerst ist in die Zeile USES die Unit *HelpFile* einzufügen, die grundlegende Objekte des Hilfesystems enthält. Außerdem benötigen wir später noch die Unit *MsgBox*, in der Fenster zur Ausgabe von Fehlermeldungen enthalten sind.

In der Konstantenliste müssen die *hc*-Konstanten aufgeführt werden. Diese sind in der Datei *Manuskr.pas* enthalten, die in unserem Beispielprogramm so aussieht:

```
unit MANUSKR;

interface

const
```

```
  hcMenu                    = 1000;
  hcNoContext               = 0;
  hcStatuszeile             = 1001;

implementation

end.
```

Dafür gibt es zwei Möglichkeiten. Am einfachsten ist es, mit dem Editor die beim Kompilieren erzeugte Datei *Manuskr.pas* in den Quelltext des Hauptprogramms einzufügen (wobei einiger überflüssiger Text gelöscht werden muß). Fehlersicherer ist es, die *.pas*-Datei zu einer *.tpu*- bzw. *.tpp*-Datei zu kompilieren und den Namen in die USES-Liste des Hauptprogramms als weiteren Eintrag aufzunehmen. In unserem Beispielprogramm gehen wir diesen Weg. Kompilieren Sie also *Manuskr.pas* mit der Einstellung

```
Compiler | Ausgabeziel  Festplatte.
```

Der Programmcode sieht nun so aus:

```
PROGRAM Prg7_2;

USES  App, Objects, Menus, Dialogs, Drivers, Views, Dos,
      HelpFile, MsgBox, Manuskr;

CONST
  cmDialog =  100;
  hcDialog = 2000;

TYPE
  TMeinPrg = OBJECT(TApplication)
    PROCEDURE InitMenuBar; VIRTUAL;
    PROCEDURE InitStatusLine; VIRTUAL;
    FUNCTION GetPalette: PPalette; VIRTUAL;
    PROCEDURE GetEvent(VAR Event: TEvent); VIRTUAL
    PROCEDURE HandleEvent (VAR Event: TEvent); VIRTUAL;
    PROCEDURE MakeDialog;
  END;


PROCEDURE TMeinPrg.InitMenuBar;
VAR
  R : TRect;
BEGIN
  GetExtent(R);
  R.B.Y := R.A.Y + 1;
```

```pascal
MenuBar := New(PMenuBar, Init(R, NewMenu(
             NewItem('~D~ialogbox', '', kbNoKey, cmDialog,
                  hcNoContext,
             NIL)
             )));
END;


PROCEDURE TMeinPrg.InitStatusLine;
VAR
  R: TRect;
BEGIN
  GetExtent(R);
  R.A.Y := R.B.Y - 1;
  StatusLine := New(PStatusLine, Init(R,
    NewStatusDef(hcNoContext, $FFFF,
      NewStatusKey('~Alt+X~=Ende  ', kbAltX, cmQuit,
      NewStatusKey('~ESC~=Zurück  ', kbESC,  cmClose,
      NewStatusKey('~F10~=Menü    ', kbF10 , cmMenu,
      NewStatusKey('~F1~=Hilfe    ', kbF1,   cmHelp,
      NIL)))),
    NIL)));
END;
...
```

Die Hilfefenster sollen sicherlich in den Turbo-Vision-Farben erstrahlen: Schwarze Schrift auf türkisfarbenem Grund, gelb für hervorgehobene Schrift und blauer Hintergrund für fokussierte Einträge. Die erforderliche Erweiterung der Palette hat man für uns bereits in der Unit *HelpFile* erledigt; in unserem Nutzerprogramm muß die Palette noch aufgerufen werden. Dazu dient die kurze Methode *TMeinPrg.GetPalette*:

```pascal
...
FUNCTION TMeinPrg.GetPalette: PPalette;
CONST
  CNewColor = CColor + CHelpColor;
  CNewBlackWhite = CBlackWhite + CHelpBlackWhite;
  CNewMonochrome = CMonochrome + CHelpMonochrome;
  P: ARRAY[apColor..apMonochrome] OF
STRING[Length(CNewColor)] =
     (CNewColor, CNewBlackWhite, CNewMonochrome);
BEGIN
  GetPalette := @[AppPalette];
END;
...
```

Nun muß natürlich noch der Aufruf der Hilfefenster im Nutzerprogramm organisiert werden. Eigentlich müßte in die *HandleEvent*-Prozedur jedes Menü-Objekts ein entsprechender, durch die Taste *F1* ausgelöster Befehl aufgenommen werden. Es ist jedoch bedeutend einfacher, *F1* schon in der allen *HandleEvent*-Methoden vorgeschalteten gemeinsamen Methode *TMeinPrg.GetEvent* abzufangen. Im Turbo-Vision-Beispielprogramm *TVDemo.pas* ist uns eine ganze Menge Programmierarbeit bereits abgenommen worden. Wir verwenden die dortige Methode und passen sie unserem Programm an:

```
...
PROCEDURE TMeinPrg.GetEvent(VAR Event: TEvent);
VAR
  W                 : PHelpWindow;
  HFile             : PHelpFile;
  HelpStrm          : PDosStream;
  Aktuelle_Befehle: TCommandSet;
CONST
  HelpInUse: Boolean = False;
BEGIN
  TApplication.GetEvent(Event);
  IF (Event.Command = cmHelp) AND NOT HelpInUse THEN
  BEGIN
    HelpInUse := True;
    HelpStrm := New(PDosStream, Init('MANUSKR.HLP',
                  stOpenRead));
    HFile := New(PHelpFile, Init(HelpStrm));
    IF HelpStrm^.Status <> stOk THEN
      BEGIN
        MessageBox('Keine Hilfen vorgesehen', NIL, mfError +
                mfOkButton);
        Dispose(HFile, Done);
      END
    ELSE
      BEGIN
        W := New(PHelpWindow, Init(HFile, GetHelpCtx));
        IF ValidView(W) <> NIL THEN
        BEGIN
          GetCommands(Aktuelle_Befehle);
          DisableCommands(Aktuelle_Befehle);
          ExecView(W);
          EnableCommands(Aktuelle_Befehle);
        END;
        Dispose(W, Done);
      END {ELSE};
```

```
        ClearEvent(Event);
        HelpInUse := False;
     END;
  END;
  ...
```

wobei die Variable *HelpInUse* dafür sorgt, daß aus einem Hilfefenster heraus nicht noch ein Hilfefenster aufgerufen werden kann. Der guten Ordnung halber werden alle Befehle, die während des Hilfefensters keinen Sinn haben, deaktiviert.

Die Prozedur *HandleEvent* ist ohne Besonderheiten und hier nicht wiedergegeben. *MakeDialog* erzeugt den Dialog und setzt *HelpCtx* auf *hcDialog*. Da für *hcDialog* im Manuskriptfile keine Hilfe vorgesehen ist, erscheint beim Drücken von F1 im Dialogfenster eine entsprechende Meldung.

```
  ...
PROCEDURE TMeinPrg.MakeDialog;
VAR ...
BEGIN
  ...
  WITH Dialog^ DO
  BEGIN
    HelpCtx := hcDialog;
    ...
  END;
  ...
```

Zu beachten ist noch, daß an geeigneter Stelle mit *RegisterHelpFile* der Stream »registriert« werden muß (dazu mehr ab S. 217):

```
  ...
VAR
  MeinPrg : TMeinPrg;

BEGIN {Hauptprogramm}
  RegisterHelpFile;
  MeinPrg.Init;
  MeinPrg.Run;
  MeinPrg.Done;
END.
```

Der Nutzer unseres Programms benötigt nunmehr die zwei Dateien

⇨ *.exe*-Datei des Nutzerprogramms

⇨ *.hlp*-Datei der kompilierten Hilfetexte.

Zur Veranschaulichung eines Hilfefensters aus diesem Beispielprogramm diene
Bild 7-1.

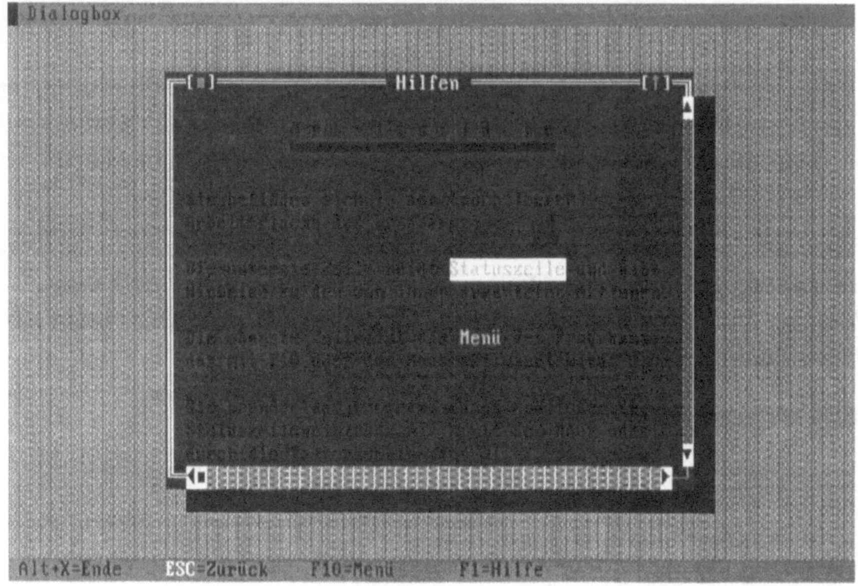

Bild 7-1: Ein Hilfefenster aus Prg7-2.pas

8 Ereignissteuerung

Ein Turbo-Vision-Programm ist, wie im Buchtitel versprochen, aus Sicht des Nutzers ein durch Menüs gesteuertes Programm. Aus der Sicht des Programmierers kann man das präziser ausdrücken - ein ereignisgesteuertes Programm. Dieses Konzept der Ereignissteuerung ist grundlegend verschieden von dem herkömmlichen Konzept einer Aneinanderreihung von Programm-Anweisungen, bei denen durch Abfragen von Bedingungen in einen anderen Teil des Programms verzweigt wird, der aber auch wieder als Sequenz von Anweisungen aufgebaut ist.

8.1 Das Programm als Dialogfolge

Beim Entwurf eines Programms empfiehlt es sich, das Programm zunächst einfach als eine Abfolge modaler Dialoge anzusehen, wobei die eigentlichen Funktionen des Programms quasi nur Randerscheinungen sind, die ohne großes Aufhebens beim Übergang von einem Dialog zum nächsten erledigt werden. Diese Aufgliederung nimmt man am übersichtlichsten grafisch vor. Bild 8-1 stellt alle häufig vorkommenden Dialogvarianten eines typischen Programms auf diese Weise dar.

Anfang und Ende eines Programms ist das Hauptmenü, das als Nachfahr von *TApplication* aus den Dialogelementen Menüzeile und Statuszeile besteht. Jeder Menü- bzw. Untermenüpunkt führt zu einem modalen Dialog, der Nutzereingaben entgegennimmt. Vom Dialog aus gibt es drei Möglichkeiten:

1. Der Dialog wird geschlossen, sei es mit *Weiter* oder *Zurück*, und das Programm kehrt zum Hauptmenü zurück (*Menü 1* in Bild 8-1).

2. Nach *Weiter* wird der Dialog nicht geschlossen, sondern es wird der nächste Dialog aufgerufen (z.B. *Menü 5*). Aus diesem heraus könnten wiederum weitere Dialoge geöffnet werden, so daß eine Kette von Dialogen entsteht. Auf dem Bildschirm sähe man die Dialogfenster übereinandergelegt.

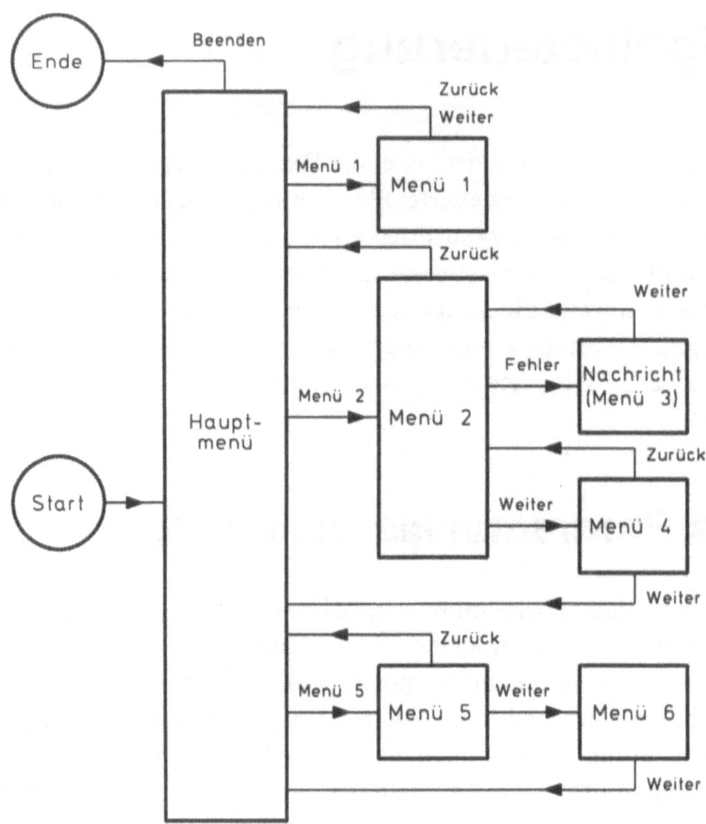

Bild 8-1: Typische Menüstruktur eines Nutzerprogramms

Nach dem letzten dieser Dialog sind folgende Varianten möglich:

a) Das Programm kehrt in den vorherigen Dialog zurück. Häufige Anwendung: Meldungsfenster (*Menü 3*).

b) Man kann mit *Zurück* abbrechen und in den vorherigen Dialog zurückkehren; im Normalfall aber gelangt man mit *Weiter* in das Hauptmenü zurück (*Menü 4*).

3. Ausgehend vom Hauptmenü wird eine Dialogfolge gestartet (*Menü 5* und *Menü 6*); aber nach Beendigung jedes Dialogs wird im Gegensatz zu*Menü 3* dieser geschlossen (*Menü 5*) und unwiderruflich der nächste (*Menü 6*) aufgerufen. Die Rückkehr zu einem der Vorgänger ist nur über das Hauptmenü möglich.

Das Programmgerüst, das zu dem in Bild 8-1 dargestellten Programm gehört, wird als Beispielprogramm *Prg8-1.pas* ausgearbeitet und kann als Ausgangspunkt für eigene Anwendungen dienen. Es wird im folgenden durchgesprochen.

In dem von *TApplication* abgeleiteten Objekt *TMeinPrg* wird für jeden Menüpunkt, der einen Dialog eröffnet, eine Methode *MakeDialogN* definiert, wobei *N* für eine Menünummer gemäß Bild 8-1 steht. Die einzelnen Dialoge sind leer bis auf die Schalter *Weiter* und *Zurück*. Wir beginnen mit dem Programmkopf

```
PROGRAM Prg8_1;
...

CONST
  cmMenu1 = 101;
  cmMenu2 = 102;
  cmMenu3 = 103;
  cmMenu4 = 104;
  cmMenu5 = 105;
  cmMenu6 = 106;
...

TYPE
  TMeinPrg = OBJECT(TApplication)
    ...
    CONSTRUCTOR Init;
    PROCEDURE InitMenuBar; VIRTUAL;
    PROCEDURE InitStatusLine; VIRTUAL;
    PROCEDURE MakeDialog1;
    PROCEDURE MakeDialog2;
    PROCEDURE MakeDialog5;
    PROCEDURE MakeDialog6;
    PROCEDURE HandleEvent (VAR Event: TEvent); VIRTUAL;
    ...
  END;
  ...

  PDialogfenster2 = ^TDialogfenster2;
  TDialogfenster2 = OBJECT(TDialog)
    PROCEDURE MakeDialog3;
    PROCEDURE MakeDialog4;
    PROCEDURE HandleEvent  (VAR Event: TEvent); VIRTUAL;
  END;
...
```

Die vom Hauptmenü aufgerufenen Dialoge 1 und 2 werden als Methoden von *TMeinPrg* deklariert; dabei wird Dialog 1 direkt als Instanz von *TDialog* aufgerufen, für Dialog 2 dagegen wird ein Nachfahr-Objekt von *TDialog* deklariert, da ihm die Methoden für die Dialoge 3 und 4 und ein eigener *HandleEvent* mitgegeben werden müssen.

Die Methode *InitMenuBar* erzeugt Aufrufmöglichkeiten für Menü 1, Menü 2 und Menü 5 aus dem Hauptmenü heraus:

```
...
PROCEDURE TMeinPrg.InitMenuBar;
  ...
  MenuBar := New(PMenueZeile, Init(R, NewMenu(
          NewItem('Menü ~1~  ', '', kbNoKey, cmMenu1,
                  hcNoContext,
          NewItem('Menü ~2~  ', '', kbNoKey, cmMenu2,
                  hcNoContext,
          NewItem('Menü ~5~  ', '', kbNoKey, cmMenu5,
                  hcNoContext,
            NIL)))
          ))) ;
...
```

InitStatusLine erzeugt eine Statuszeile mit den Optionen

```
...
NewStatusKey('~Alt+X~ Beenden   ', kbAltX, cmQuit,
NewStatusKey('~F10~ Menü  ',        kbF10 , cmMenu,
NewStatusKey('~ESC~ Zurück',       kbESC , cmCancel,
...
```

Die *HandleEvent*-Methode von *TMeinPrg* ruft die Methoden *MakeDialog1*, *MakeDialog2*, *MakeDialog5* und *MakeDialog6* auf. Der Programmtext dazu wurde in vielen früheren Beispielprogrammen benutzt und soll deshalb hier nicht noch einmal abgedruckt werden.

Die Dialoge *MakeDialog3* und *MakeDialog4* werden von *HandleEvent* des Objekts *TDialogfenster2* aufgerufen. *MakeDialog3* verwendet das auf S. 105 besprochene Meldungsfenster zur Ausgabe einer Meldung mit einem Schalter *OK*:

```
...
PROCEDURE TDialogfenster2.MakeDialog3;
  ...
  MessageBox('  Dies ist eine Fehler-Nachricht', NIL, mfError
          OR mfOKButton);
...
```

Auf die Prozedur *MakeDialog4* kommen wir später bei der Behandlung der »Ereignisse« zurück.

Starten Sie das Programm und verfolgen Sie die Pfade zwischen den Menüs, wie sie Bild 8-1 zeigt.

8.2 GetEvent mit Idle

Auf S. 51 ff. wurde die Steuerung des Programmablaufs durch Ereignisse, die von *GetEvent* entgegengenommen und von *HandleEvent* bearbeitet werden, kurz eingeführt und inzwischen in vielen Beispielen verwendet. Hier soll die Ereignissteuerung so vertieft behandelt werden, daß der Programmierer das Konzept vollständig überblickt und flexibel damit hantieren kann.

8.2.1 TView.GetEvent und TProgram.GetEvent

In Bild 8-2 sind die Methoden *GetEvent* und *HandleEvent* in ihrer inneren Struktur gezeigt. Wir wenden uns zunächst *GetEvent* zu.

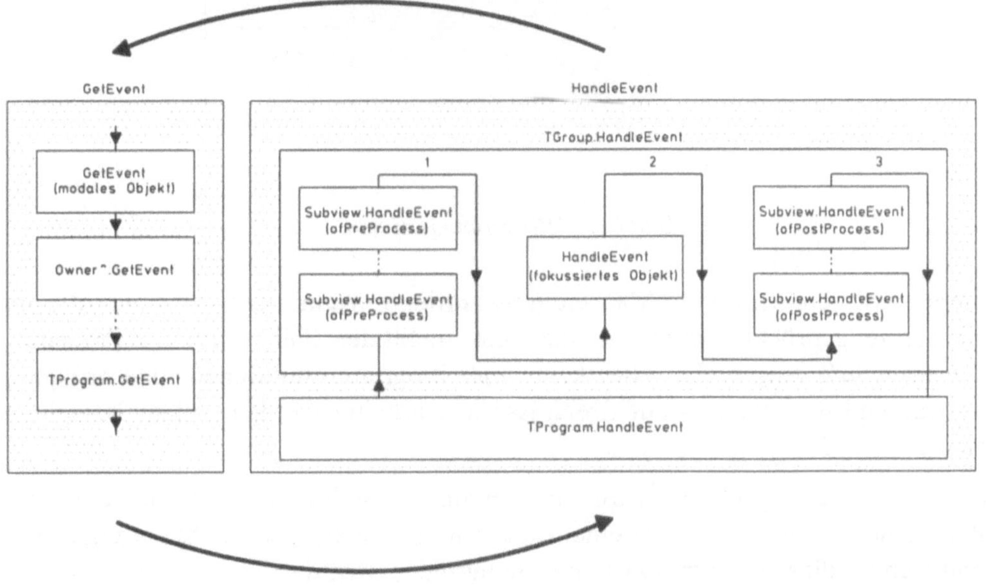

Bild 8-2: GetEvent und HandleEvent bilden eine Endlosschleife

Zuerst tritt *TView.GetEvent* des modalen Objektes an. Diese Methode macht weiter nichts, als die gleichnamige Methode des *Owner*-Objektes aufzurufen.

Diese ruft wiederum *Owner^.GetEvent* auf, und so fort, bis schließlich die Methode *TProgram.GetEvent* (oder die vom Programmierer überschriebene Version) aufgerufen wird. Jetzt versteht man auch, warum wir im Hilfesystem das Abfragen der Taste *F1* in *GetEvent* gelegt haben, denn jedes Ereignis des Programms muß früher oder später durch *GetEvent* hindurch.

TProgram.GetEvent sehen wir uns nun etwas näher an (Bild 8-3):

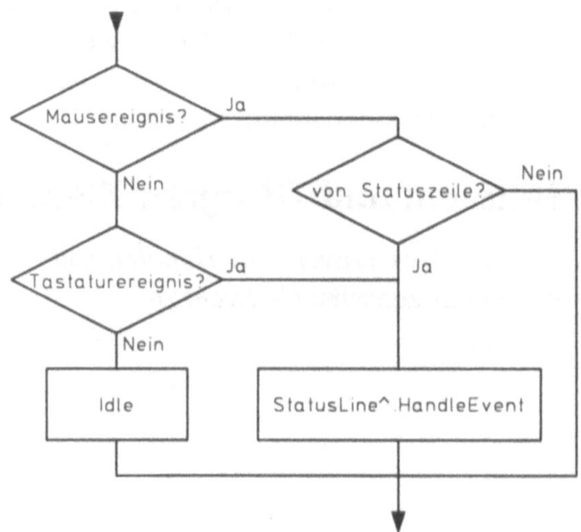

Bild 8-3: TProgram.GetEvent

Zuerst wird geprüft, ob ein Mausereignis vorliegt. Wenn nicht, wird geprüft, ob eine Taste gedrückt wurde. Ist auch das nicht der Fall, wird die Prozedur *TProgram.Idle* aufgerufen. Hier kann man Programmfunktionen unterbringen, die während des Wartens auf Ereignisse abgearbeitet werden sollen; Beispiele dazu ab S. 185.

Wurde eine Taste gedrückt, wird das Ereignis an die *HandleEvent*-Methode der Statuszeile übergeben. Wurde eine Maustaste gedrückt, und der Mauszeiger befand sich zu diesem Zeitpunkt in der Statuszeile, wird das Ereignis ebenfalls an *StatusLine^.HandleEvent* weitergereicht. Nicht von der Statuszeile abgearbeitete Ereignisse verlassen schließlich die Methode *GetEvent* und werden *TProgram.HandleEvent* übergeben. Danach hält *GetEvent* nach neuen Ereignissen Ausschau.

8.2.2 Idle

Als Anwendungen für die Methode *TProgram.Idle* werden häufig genannt: Anzeigen der aktuellen Speicherkapazität, Anzeige der Uhrzeit oder Abfrage der seriellen Schnittstelle. Wir wollen als Beispiel zuerst die Uhr herausgreifen und in der rechten Ecke der Menüzeile unseres Programms *Prg8-1.pas* ständig die Uhrzeit anzeigen lassen . Dazu benötigt man:

```
...
VAR
  h, m, s, s100, s_alt : Word;
...

PROCEDURE TMeinPrg.Idle;
VAR
  R                : TRect;
  Txt              : PStaticText;
BEGIN
  TApplication.Idle;
  GetTime(h, m, s, s100);
  IF s <> s_alt THEN MenuBar^.DrawView;
  s_alt := s;
  ...
END;
...
```

Die Variablen *h*, *m*, *s* für die aktuelle Zeit und die Hilfsvariable *s_alt* sind als globale Variable deklariert. Ist das nicht ein Verstoß wider die guten Sitten der objektorientierten Programmierung? Ja, aber ein verzeihlicher. Denn Turbo-Vision enthält selbst eine Anzahl vordefinierter globaler Variablen (als Instanzen), nämlich

⇨ Application

⇨ DeskTop

⇨ MenuBar

⇨ StatusLine.

Wir werden noch auf das Austauschen von Nachrichten zwischen Objekten zu sprechen kommen und sehen, daß für diesen Zweck globale Variable eine zweckmäßige Lösung sind.

Uhrzeitanzeige:

Die Abfrage der Rechneruhr besorgt die Standard-Prozedur *GetTime*. Die Variable *s_alt* dient dazu, erst dann die Uhrzeit neu zu schreiben, wenn sie sich tatsächlich geändert hat. Andernfalls würde die Menüzeile zig-mal in der Sekunde überschrieben, was sich als dauerndes Flimmern bemerkbar machte.

Den Uhrzeit-Text kann man nicht mit *Insert* in die Menüzeile einfügen, da *TMenuView* nicht von *TGroup* abstammt und somit keine Subviews aufnehmen kann. Wir müssen uns also von *TMenuBar* einen Nachkommen *TMenueZeile* ableiten, um uns der in die *Draw*-Methode einzufügenden Schreibprozedur *WriteStr* zu bedienen (S. 140). Die Funktion *VornullStr* dient nur »kosmetischen« Zwecken, indem sie Zeitangaben in das gewohnte Aussehen mit Vornullen umwandelt:

```
...
TYPE
  PMenueZeile = ^TMenueZeile;
  TMenueZeile = OBJECT(TMenuBar)
    PROCEDURE Draw; VIRTUAL;
  END;
...


FUNCTION VornullStr(x : Word) : STRING;
VAR
  str_x : STRING;
BEGIN
  Str(x:0, str_x);
  VornullStr := COPY('00', 1, 2-Length(str_x)) + str_x;
END;


PROCEDURE TMenueZeile.Draw;
BEGIN
  TMenuBar.Draw;
  WriteStr(72, 0, VornullStr(h)+':'+VornullStr(m)+
          ':'+VornullStr(s), 2);
END;
...
```

Man sieht, wie hier die globalen Variablen *h*, *m*, usw. als Transportmittel zwischen dem Objekt *TMeinPrg*, dem *Idle* angehört, und *TMenueZeile* dienen.

Nach jeder Sekunde wird in *Idle* die Methode *DrawView* (und damit *Draw*) der Menüzeile aufgerufen. Dieser Übergriff über die Grenzen des eigenen Objektes hinaus geht allerdings nur, weil die Instanz *MenuBar* in Turbo-Vision, wie erwähnt, global verfügbar ist.

Heap-Speicheranzeige:

Zur Anzeige des verfügbaren Heap-Speichers ist in der Turbo-Vision-Beispielsammlung im Verzeichnis TVDEMO in der Unit *Gadgets* ein Objekt *THeapView* enthalten, dessen Einbindung in ein Nutzerprogramm im Beispielprogramm *TVDemo.pas* enthalten ist und das wir als zweites Beispiel in unser Programm *Prg8-1.pas* aufnehmen wollen.

Wir kompilieren *Gadgets.pas* zu *Gadgets.tpu* (bzw. -.*tpp*) und fügen unter USES die Unit *Gadgets* ein. Wir deklarieren in *TMeinPrg* das Feld *Heap* vom Typ *PHeapView* und überschreiben *TMeinPrg.Init*, um *Heap* zu instantiieren:

```
...
USES   ..., MsgBox, Dos, Gadgets;
...


TYPE
  TMeinPrg = OBJECT(TApplication)
    Heap : PHeapView;
    CONSTRUCTOR Init;
    ...


CONSTRUCTOR TMeinPrg.Init;
VAR
  R : TRect;
BEGIN
  TApplication.Init;
  R.Assign(74, 24, 80, 25);
  Heap := New(PHeapView, Init(R));
  Insert(Heap);
END;
...
```

In *TMeinPrg.Idle* wird schließlich noch die in der Unit*Gadgets* definierte Prozedur *Heap^.Update* eingefügt:

```
...
TMeinPrg.Idle;
  ...
  Heap^.Update;
END;
...
```

Optisch erscheint zwar die Speicheranzeige in die Statuszeile eingefügt, aber genau genommen liegt sie über dieser. Auf diese Art hätten wir auch die Uhrzeit über die Menüzeile legen können, aber dort ging es uns mehr darum, den Transfer von Nachrichten von einem Objekt zu einem anderen mittels globaler Variabler zu zeigen. Im übrigen ist in der Unit *Gadgets* ein Objekt *TClockView* enthalten, mit dem die Uhrzeit genauso einfach in das *DeskTop* eingefügt werden kann, wie im letzten Beispiel die Heap-Anzeige mit *THeapView*.

Die Beobachtung des Heaps ist nicht nur eine Spielerei; sie kann auch zur Kontrolle dienen, ob das Programm den Heap korrekt verwaltet. Denn ein häufiger Programmierfehler ist, daß Objekte und Zeigervariable erzeugt werden, aber irgendwo vergessen wird, bei der Auflösung eines Objektes den belegten Speicher wieder freizugeben. Das ist ein besonders heimtückischer Fehler, da er sich eventuell bei den Testläufen des Programms gar nicht zeigt, denn der Heap wird im Laufe des Programms nur langsam aufgezehrt, und der unvermeidliche Absturz kommt erst sehr spät.

Ein Test auf eine ordentliche Heap-Verwaltung besteht nun darin, daß man das Programm bei eingeblendeter Heap-Anzeige durch alle Varianten der Menüs fährt und dabei beobachtet, ob der Heap bei Rückkehr in den Ausgangszustand des Programms wieder seinen alten Wert hat. Probieren Sie das mit unserem Beispielprogramm *Prg8-1.pas* aus; machen Sie auch die Gegenprobe, indem Sie z.B. in Zeile 114 die Anweisung

```
Dispose(Dialogfenster1, Done);
```

löschen (besser: »auskommentieren« = in geschweifte Klammern setzen). Merken Sie sich nach dem Start den Heap-Wert, rufen Sie das Menü 1 auf und kehren sie mit *Weiter* in die Ausgangslage zurück. Es ist scheinbar nichts passiert, und doch sind 232 Byte des Heaps verlorengegangen. Nach ca. 700 Aufrufen des Menüs würde das Programm abstürzen.

Zeitverhalten:

Eines sollte man beim Implementieren von *Idle*-Funktionen noch beachten: Während des Abarbeitens von *Idle* kann *GetEvent* keine Ereignisse entgegennehmen, so daß während dieser Zeit z.B. auch die Maus lahmgelegt wird. Übersteigt diese Verzögerung den Bereich von Zehntelsekunden, wird der Nutzer gewiß irritiert. Deshalb sollten in *Idle* nur kurze Programmfunktionen mit laufzeitsparendem Code untergebracht werden.

8.3 Ereignisse

8.3.1 TEvent

Es war schon viel von »Ereignissen« die Rede, so daß es an der Zeit ist, sie weiter zu präzisieren. Unter einem Ereignis verstehen wir den Wert einer Variablen vom Typ eines Rekords *TEvent*. Dieser ist als varianter Rekord folgendermaßen aufgebaut:

```
TEvent = RECORD
            What: Word;
                CASE Word OF
                  evNothing: ();
                  evMouse  : (Buttons: Byte;
                              Double : Boolean;
                              Where  : TPoint);
                  evKeyDown: (CASE Integer OF
                                0: (KeyCode : Word);
                                1: (CharCode: Char;
                                    ScanCode: Byte);
                  evMessage: Command: Word;
                             CASE Word OF
                                0: (InfoPtr : Pointer);
                                1: (InfoLong: LongInt);
                                2: (InfoWord: Word);
                                3: (InfoInt : Integer);
                                4: (InfoByte: Byte);
                                5: (InfoChar: Char);
         END;                                                   .
```

TEvent sieht sehr verwickelt aus, aber tatsächlich benutzen wir nur wenige Varianten.

Das immer vorhandene Feld *TEvent.What* legt fest, welcher Art das Ereignis war. Man unterscheidet

- fokussiertes Ereignis
  - Tastaturereignis
  - vom Programm erzeugtes Ereignis

- Mausereignis .

Fokussierte Ereignisse haben ihren Namen davon, daß sie dem fokussierten Objekt zugedacht sind, während Mausereignisse natürlich von dem Objekt bearbeitet werden, auf das die Maus zeigt.

Es stehen eine Reihe von vordefinierten Konstanten des Typs *ev...*, von denen wir einige schon benutzt haben, für das Feld *What* zur Verfügung:

Konstante	Wert	Bedeutung
evNothing	$0000	Bereits bearbeitetes Ereignis
evMouse	$000F	Mausaktivität
evKeyboard = evKeyDown	$0010	Tasteneingabe
evMessage	$FF00	Nachricht, Befehl oder Rundruf

Ein Ereignis wird von der *HandleEvent*-Methode, die es bearbeitet hat, als erledigt gekennzeichnet, indem sie das Feld *What* auf *evNothing* setzt. Weitere Felder sind dann nicht vorhanden.

Mit der Abfrage

```
IF Event.What AND evMouse <> 0 THEN ...
```

kann festgestellt werden, ob ein Mausereignis vorliegt.

Mausereignisse belegen die 4 niederwertigen Bits des Feldes *What* mit folgenden Werten:

Konstante	Wert	Bedeutung
evMouseDown	$0001	Maustaste gedrückt
evMouseUp	$0002	Maustaste losgelassen
evMouseMove	$0004	Maus wird bewegt
evMouseAuto	$0008	Maustaste gedrückt und Maus wird bewegt

Liegt ein Mausereignis vor (*evMouse*), dann enthält der Rekord noch folgende Felder:

```
TEvent.Butttons : Byte        gedrückte Maustaste(n)
TEvent.Double   : Boolean      Doppelklick ja/nein
TEvent.Where    : TPoint       Mausposition .
```

Diese Abfragen erledigen eigentlich in allen Fällen die Turbo-Vision-Objekte selbst, außer Sie wollen eigene Objekte mit bestimmten durch die Maus anzuklickenden Feldern konstruieren, etwa wie auf S. 135 ein Objekt mit Farbkästchen, bei dem die auszuwählende Farbe mit der Maus angeklickt wird.

Mit der Abfrage

```
IF Event.What AND evKeyDown <> 0 THEN ...
```

wird das Drücken einer Taste festgestellt. Dabei gibt das Feld *TEvent.KeyCode* Aufschluß darüber, welche Taste gedrückt wurde, indem die Konstanten *kb...* zum Vergleich herangezogen werden.

Alternativ erhält man aus den Feldern

TEvent.CharCode : Char   ASCII-Code

TEvent.ScanCode : Byte   Tastatur-Code

die Information über die gedrückte Taste.

Mittels der Abfrage

```
IF Event.What AND evMessage <> 0 THEN ...
```

wird ermittelt, ob eine Nachricht innerhalb des Programms erzeugt wurde. Welcher Art die Nachricht war, ergibt sich aus dem Feld *TEvent.Command*:

Konstante	Wert	Bedeutung
evCommand	$0100	Befehl
evBroadcast	$0200	Rundruf

Wichtig ist bei einer Nachricht das Feld *TEvent.InfoPtr*, aus dem man erfährt, wer die Nachricht ausgesandt hat.

8.3.2 Befehle deaktivieren und reaktivieren

Im Feld *TEvent.Command* wird ein Befehl in Form einer Konstanten eingetragen. Üblicherweise werden statt der Zahlenwerte Konstanten *cm..* am Programmanfang definiert und unter CONST aufgelistet. Folgende Wertebereiche stehen zur Verfügung:

Bereich	Reserviert	Deaktivierung möglich
0 ... 99	Ja	Ja
100 ... 255	Nein	Ja
256 ... 999	Ja	Nein
1000 ... 65535	Nein	Nein

Die in Turbo-Vision vordefinierten Konstanten (*cmQuit, cmOK* usw.) liegen in den reservierten Wertebereichen. Dem Programmierer stehen die Bereiche 100...255 und 1000...65535 zur Verfügung. Der erste Bereich unterscheidet sich vom zweiten dadurch, daß die betreffenden Befehle deaktiviert werden können. Wie das geschieht, wird im folgenden besprochen.

Die Menüleiste bleibt für den Nutzer des Programms während der Programmabschnitte, in denen Dialogfenster geöffnet sind, sichtbar, obwohl wegen der Modalität der Dialoge die Menüoptionen gar nicht zur Verfügung stehen. Ebenso kommt es vor, daß an bestimmten Stellen des Programms einige der in der Statuszeile aufgelisteten Befehle gar nicht relevant sind und auch nicht gewählt werden können. Zum Beispiel die Menüoption »Programmende« ist mitten in einem Dialog gar nicht vorgesehen, sondern nur vom Hauptmenü aus aufrufbar.

Für diese Fälle besteht die Möglichkeit, bestimmte Befehle zu deaktivieren und später wieder zur reaktivieren. Die mit den Befehlen verbundenen Einträge in der Menü- und Statuszeile erscheinen in blasser Farbe und sind damit als deaktiviert oder passiv gekennzeichnet.

Vier Methoden von *TView*, in der Unit *Views* enthalten, manipulieren die Befehle:

⇨ DisableCommands(Commands: TCommandSet)

⇨ EnableCommands (Commands: TCommandSet)

⇨ SetCommands (Commands: TCommandSet)

⇨ GetCommands (Commands: TCommandSet) .

Der Datentyp *TCommandSet* ist deklariert als SET OF Byte. Der formale Parameter einer der obigen Prozeduren kann also z.B. in der Form *[cmQuit, cmZoom, cmMeinBefehl]* oder *[2..16]* definiert werden.

Am einfachsten lassen sich diese Prozeduren erläutern, indem in unser Beispielprogramm *Prg8-1.pas* entsprechende Aufrufe eingebaut werden.

Wenn das Programm gestartet wurde und das *DeskTop* erscheint, hat der Eintrag
»Esc zurück« in der Statuszeile noch keinen Sinn, da er sich auf Dialogfenster
bezieht. Er wird »lahmgelegt«, indem man einen *DisableCommands*-Aufruf in
den Konstuktor von *TMeinPrg* einfügt:

```
...
CONSTRUCTOR TMeinPrg.Init;
...
BEGIN
  ...
  DisableCommands([cmCancel]);
END;
...
```

Wenn der Nutzer z.B. das Menü 1 aufruft, sollen einerseits die Befehle der Me-
nü- und Statuszeile deaktiviert und andererseits »Esc zurück« aktiviert werden.
Dazu wird in der Methode *TMeinPrg.MakeDialog1* in der Variablen *Cmds* ein
Befehlssatz gespeichert und mit *DisableCommands*- und *EnableCommands*-
Aufrufen zu Beginn deaktiviert und am Schluß reaktiviert:

```
    ...
PROCEDURE TMeinPrg.MakeDialog1;
VAR
  ...
  Cmds            : TCommandSet;
BEGIN
  Cmds := [cmMenu1, cmMenu2, cmMenu5, cmQuit, cmMenu];
  EnableCommands([cmCancel, cmOk]);
  DisableCommands(Cmds);
  ...
  Desktop^.ExecView(Dialogfenster1);
  ...
  EnableCommands(Cmds);
  DisableCommands([cmCancel, cmOk]);
END;
...
```

Es ist Ansichtssache, ob man denselben Effekt lieber mittels der Prozedur
SetCommands erreicht. *SetCommands* aktiviert die im Parameter aufgeführten
Befehle und deaktiviert gleichzeitig alle anderen. Oft führt das zu einem kürzeren
Programmcode. Als Beispiel sei *SetCommands* in *TMeinPrg.MakeDialog2* ange-
wandt:

```
  ...
  PROCEDURE TMeinPrg.MakeDialog2;
  ...
  BEGIN
    SetCommands([cmCancel, cmMenu3, cmMenu4]);
    ...
    Dispose(Dialogfenster2, Done);
    SetCommands([cmQuit, cmMenu, cmMenu1, cmMenu2, cmMenu5]);
  END;
  ...                                                        .
```

Zu Beginn des Dialogs werden die im Dialog verwendeten Befehle und am Ende
des Dialogs die nach Rückkehr in das Hauptmenü benötigten aktiviert. Anhand
eines Ablaufdiagramms nach Bild 8-1 mache man sich klar, welche verschiedenen Ausgänge ein Dialog hat. Hat der Dialog außer der Rückkehr ins Hauptmenü
noch Ausgänge zu weiteren Dialogen, wird man die dort benötigten Befehle am
besten am Anfang des neuen Dialogs aktivieren (Beispiele dafür im Quelltext
Prg8-1.pas).

8.3.3 EventMask

Jedes View-Objekt enthält ein Feld *EventMask* vom Typ Word, mit dessen Hilfe
der Programmierer festlegen kann, welche Ereignisse von dem Objekt entgegengenommen werden; auf andere Ereignisse reagiert das Objekt dann nicht. Die
Bedeutung der Bits des Datenwortes entspricht dem Feld *What* von *TEvent*. Man
kann also die Event-Maske leicht durch Verknüpfung mit den *ev*-Konstanten (S.
190) setzen. Also etwa

```
  EventMask := EventMask AND evMessage .
```

Bei der Initialisierung wird ein View-Objekt für die Ereignisse *evMouseDown*,
evKeyDown und *evCommand* »sensibilisiert«. Man beachte, daß also ein View-
Objekt von Haus aus zunächst nicht auf Nachrichten des Typs *evBroadcast* reagiert, sondern seine Event-Maske erst durch obige Anweisung entsprechend gesetzt werden muß.

8.3.4 Nachrichten zwischen Objekten

Bisher waren »Ereignisse« Mausklicks oder Tastenbetätigungen. Die Methode
GetEvent desjenigen Objekts, auf welchem die Maus positioniert war, nahm den
Mausklick entgegen und setzte ihn in eine Befehlskonstante um, die in der
Methode *HandleEvent* dann eine Aktion auslöste, also z.B. das Dialogfenster
öffnete. Hier wird die dritte Art von Ereignissen behandelt: Das Aussenden einer

Nachricht (engl. Message). Damit kann das Programm als Folge von Aktionen selbst weitere Aktionen auslösen.

Message

Die Funktion

```
FUNCTION Message(Receiver: PView; What, Command:
Word; InfoPtr: Pointer): Pointer
```

belegt einen Ereignisrekord mit den Werten *What, Command* und *InfoPtr*. Sie ist in der Unit *Views* enthalten und für Turbo-Vision global definiert. Die Nachricht wird an das Objekt *Receiver* gesandt, dessen *HandleEvent* dann aufgerufen wird. *Message* kann sowohl als Prozedur verwandt werden, wenn der Compiler-Schalter {$X+} gesetzt ist, als auch als Funktion, wobei der Funktionswert einer Variablen vom Typ Pointer zugewiesen wird. Hat das empfangende Objekt das Ereignis erhalten und bearbeitet, zeigt die Variable auf dieses Objekt, sonst auf NIL.

Ist die Nachricht vom Typ *evBroadcast*, erhalten alle Subviews des Gruppenobjektes diese Nachricht. Aber es darf nicht vergessen werden, daß View-Objekte von Haus aus nur auf *evCommand-* und nicht auf *evBraodcast*-Ereignisse reagieren. In dem empfangenden Objekt muß daher die Event-Maske auf *evBroadcast* (oder *evMessage*) gesetzt werden.

Hier nun ein einfaches Beispiel. Im Programm *Prg8-1.pas* soll gemäß Bild 8-1 nach dem Menü 4 direkt zum Hauptmenü zurückgekehrt werden, wofür das noch offene Menü 2 geschlossen werden muß. Wir bewerkstelligen das durch eine Nachricht an *HandleEvent* des Objektes *TMeinPrg*, das den Befehl *cmOk* zugesandt bekommt und daraufhin den einzigen noch modalen Dialog, nämlich Menü 2, beendet. Die Nachricht wird in *MakeDialog4* nach der Funktion *ExecView*, also wenn das Menü 4 geschlossen ist, ausgesandt, und zwar nur dann, wenn der letzte Befehl in Menü 4 *Weiter* war:

```
...
PROCEDURE TDialogfenster2.MakeDialog4;
...
BEGIN
...
  IF Desktop^.ExecView(Dialogfenster4) = cmOK THEN
  BEGIN
    Message(@Self, evCommand, cmOK, NIL);
    ...
  END
  ...
```

```
    Dispose(Dialogfenster4, Done);
  END;
  ...
```

Die Funktion *Message* wurde hier als Prozedur verwendet, d.h. es muß der Compiler-Schalter {$X+} gesetzt sein. Der Adressat der Nachricht ist die *HandleEvent*-Methode des für das Öffnen und Schließen von Menüs zuständigen Objektes, also das direkt von *TApplication* abstammende *TMeinPrg*. Da wir uns schon in diesem Objekt befinden, wird der Zeiger *@Self* (@ = Adreßoperator) eingetragen; genausogut hätte man aber auch *Application* einsetzen können. Der Parameter *InfoPtr* hat in unserem Beispiel keine Aufgabe und kann daher auf NIL gesetzt werden.

Prg8-1.pas gibt noch ein Beispiel für die Verwendung von *Message* her. Aus Bild 8-1 sieht man, daß der Dialog *Menü 5* beim Schließen mit *Weiter* sofort *Menü 6* aufruft. Hier der entsprechende Programmteil:

```
  ...
  PROCEDURE TMeinPrg.MakeDialog5;
  VAR
    ...
    Control : Word;
  BEGIN
    ...
    Control := Desktop^.ExecView(Dialogfenster5);
    Dispose(Dialogfenster5, Done);
    IF Control = cmOK
    THEN Message(Application, evCommand, cmMenu6, NIL)
    ...
  END;
  ...
```

Auch hier könnte statt *Application* der Zeiger *@Self* eingesetzt werden.

Nun noch ein etwas komplizierteres Beispiel. Im Vorgriff auf Kap. 9 werden Ausschnitte aus Programm *Prg9-1.pas* betrachtet. Um sich in dem umfangreichen Programmcode zurechtzufinden, werden die Felder und Methoden der Objekte visuell zusammengefaßt. Bild 8-4 lehnt sich an die auf S.26 vorgeschlagene Darstellungsart an.

Der größte Teil des Programms befaßt sich mit Kollektionen, die zwar kurz in Kapitel 6.6.1 eingeführt, aber erst in Kap. 9 genauer betrachtet werden. Wir konzentrieren uns hier nur auf die Methoden *TMenu1Dialog.HandleEvent* und *TMeinPrg.HandleEvent*, in denen Nachrichten verschickt und deren *InfoPtr* ausgewertet werden.

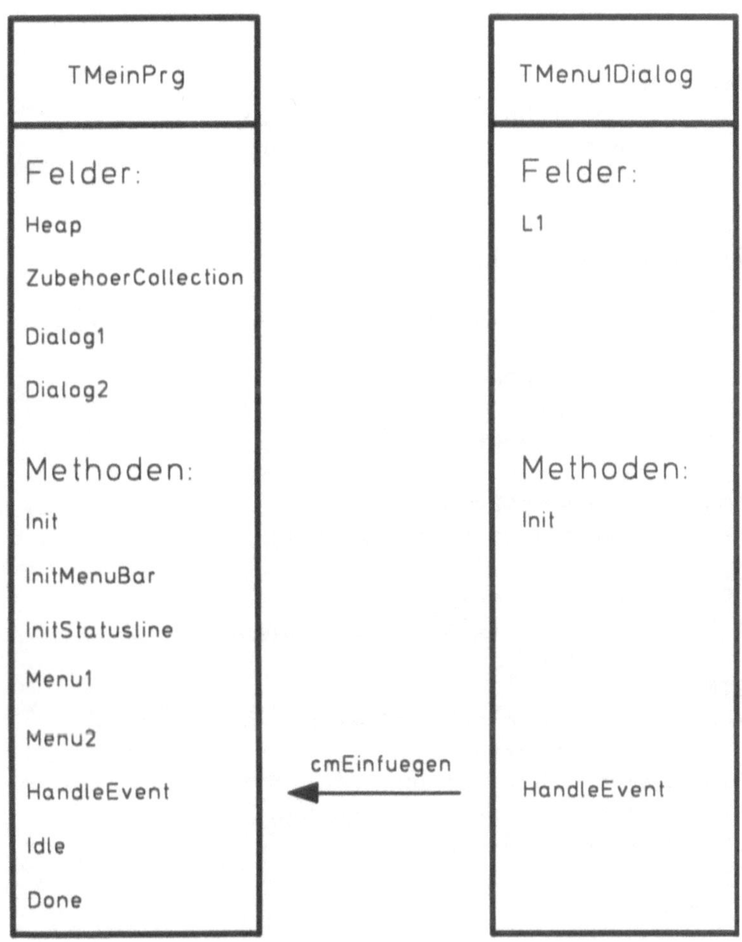

Bild 8-4: Objekte in Prg9-1.pas, die eine Nachricht austauschen

Das Programm enthält unter anderem ein Dialogfenster *TMenu1Dialog*, in das Texte (»Autozubehörliste« mit den Bestandteilen »Bezeichnung« und »Preis«) in zwei Eingabezeilen eingegeben werden können. Es ist ein Schalter »Speichern« vorgesehen, nach dessen Betätigung die Texte in einer Kollektion gespeichert werden, ohne den modalen Dialog zu schließen. Mit dem Schalter als *TButton*-Objekt wurde der Befehl *cmSpeichern* verbunden. Dieser Befehl gelangt in die *HandleEvent*-Methode des zugehörigen Dialogs und löst dort eine Nachricht aus. Vorab noch die Typendeklaration eines Rekords zur Datenübergabe,

```
...
TYPE
  DataRec = RECORD
                Bezeichnung : STRING[40];
                Preis       : STRING[10];
            END;
...
```

und jetzt die *HandleEvent*-Methode

```
...
PROCEDURE TMenu1Dialog.HandleEvent(VAR Event: TEvent);
VAR
  Eingabedaten : DataRec:
  Wert         : Real;
  Test         : Integer;
BEGIN
  TDialog.HandleEvent(Event);
  IF Event.Command = cmSpeichern THEN
  BEGIN
    GetData(Eingabedaten);
    Val(Eingabedaten.Preis, Wert, Test);
    IF Wert <> 0 THEN
    BEGIN
      Message(Application, evCommand, cmEinfuegen,
              @Eingabedaten);
      Eingabedaten.Bezeichnung := '';
      Eingabedaten.Preis       := '';
      SetData(Eingabedaten);
    END;
    L1^.Select;
  END;
END;
...
```

cmSpeichern bewirkt folgende Aktionen: Mit *GetData* werden die eingegebenen
Texte aus den Eingabezeilen geholt. Danach wird per *Message* der Befehl
cmEinfuegen an das Hauptprogramm *TMeinPrg* gesandt. Zum Schluß werden die
beiden Eingabezeilen geleert, wonach sie bereit zur nächsten Eingabe sind. Im
letzten Feld der Funktion *Message* zeigt der Adreßoperator @ auf die RECORD-
Variable *Eingabedaten*, in der die eingegebenen Texte enthalten sind.

Und hier ist der Empfänger der Nachricht:

```
...
PROCEDURE TMeinPrg.HandleEvent(VAR Event: TEvent);
BEGIN
  TApplication.HandleEvent(Event);
```

```
    IF Event.What = evCommand
    THEN
      BEGIN
        CASE Event.Command OF
          cmMenu1        : Menu1;
          cmMenu2        : Menu2;
          cmEinfuegen    : WITH DataRec(Event.InfoPtr^) DO
                      ZubehoerCollection^.Insert(New(PZubehoer,
                                    Init(Bezeichnung, Preis)));
        END;
        ClearEvent(Event);
      END;
  END;
  ...
```

Event.InfoPtr ist ein Zeiger auf die Adresse, in der die *Eingabedaten* stehen, aber erst durch »Type-Casting« mit der Konstruktion *DataRec(Zeiger^)* wird der Adresseninhalt als Rekord mit den Feldern *Bezeichnung* und *Preis* ausgewiesen. *Insert* fügt diese Daten in die Kollektion ein.

PutEvent

Eine weitere Möglichkeit, ein Ereignis zu generieren, bietet die Methode

```
    PROCEDURE TView.PutEvent(VAR Event: TEvent); VIRTUAL.
```

Sie übergibt das Ereignis *Event* an *GetEvent* des Gruppenobjektes, zu dem das View-Objekt gehört, so als ob das Ereignis durch die Tastatur oder die Maus erzeugt worden wäre.

Eine Anwendung der Prozedur, z.B. zur Simulation der Taste »A«, könnte so aussehen:

```
WITH Event DO
BEGIN
  What := evKeyDown;
  CharCode := 'A';
END;
PutEvent(Event);
```

8.4 HandleEvent

Das von *GetEvent* ermittelte Tastatur- oder Mausereignis wird in einen Ereignis-rekord des Typs *TEvent* umgesetzt und an die zuständigen *HandleEvent*-Metho-

den übergeben, falls nicht schon *StatusLine^.HandleEvent* den damit verbundenen Befehl abgearbeitet hat. Welche das sind, sei an Hand von Bild 8-2 erläutert,
dessen rechter Block den Ablauf in *HandleEvent* darstellt.

Zunächst wird *TProgram.HandleEvent* aufgerufen. Dort werden nur zwei Fälle
abgefangen. Erstens, wenn der Nutzer mit *Alt+Zahl* ein Fenster aufruft, und
zweitens, wenn das Programm mit *cmQuit* beendet wird. Ist beides nicht der Fall,
wird *TGroup.HandleEvent* aufgerufen.

TGroup.HandleEvent ruft nacheinander die *HandleEvent*-Methoden der Subviews auf, und zwar in der Reihenfolge des Selektierungspfades absteigend zum
fokussierten View-Objekt, dem letzten in der Kette, bis eines der View-Objekte
das Ereignis entgegennimmt und abarbeitet. Tatsächlich ist aber der Vorgang
noch komplizierter: In Bild 8-2 ist im Block *TGroup.HandleEvent* dargestellt,
daß dies genau genommen dreimal nacheinander geschieht.

Wir ergänzen an dieser Stelle die Liste der für das Feld *TView.Options* vordefinierten Konstanten:

Konstante	Wert	Bedeutung
ofPreProcess	$0010	Fokussiertes Ereignis wird vor dem fokussier-ten Objekt an dieses Objekt geleitet.
ofPostProcess	$0020	Objekt erhält fokussiertes Ereignis, das vom fokussierten Objekt nicht abgearbeitet wurde

Beim ersten Durchlauf wird ein fokussiertes Ereignis den View-Objekten im Se-
lektierungspfad angeboten, und zwar nur denjenigen, die im Feld *Option*s das
Bit *ofPreProcess* gesetzt haben. Hat niemand das Ereignis abgenommen, wird es
dem fokussierten Objekt angeboten. Ist es noch immer nicht abgearbeitet,
durchläuft es noch einmal alle Subviews des modalen Objektes, diesmal aber nur
diejenigen, in deren Feld *Options* das Bit *ofPostProcess* gesetzt ist.

Damit sich ein View-Objekt darüber informieren kann, auf welchem der drei
Durchgänge sich ein vorbeikommendes Ereignis gerade befindet, gibt es bei
Objekten vom Typ *TGroup* ein Feld namens *Phase*. Bei jedem Durchgang wird
Phase des *Owners* durch dessen *HandleEvent* auf einen von drei möglichen
Werten gesetzt:

✏ phPreProcess

✏ phFosused

✏ phPostProcess.

Wurde das Ereignis auf seinem Weg durch die Subviews von gar keinem Objekt bearbeitet, wird die Methode *TGroup.EventError* des modalen Objektes aufgerufen. *EventError* ist von Haus aus leer und muß überschrieben werden, wenn eine besondere Aktion ausgelöst werden soll, z.B. ein Warnton.

Normalerweise braucht sich der Programmierer nicht um diese relativ komplizierten Vorgänge der Ereignisverteilung zu kümmern. Um aber das Verständnis dafür zu vertiefen, konstruieren wir ein Beispielprogramm *Prg8-2.pas*, das allerdings keinen praktischen Nutzen hat und nur zum Experimentieren dient. Wir wollen ein Dialogfenster erstellen und beschränken uns auf das Wesentliche, hier zwei Wahlfelder. Der übliche Rahmen des Programms mit Menüleiste und Dialogaufruf über *TMeinPrg.HandleEvent* ist ohne Besonderheiten. Der Dialog wird durch folgenden Programmteil erzeugt:

```
PROGRAM Prg8_2;
...
TYPE
  TMeinPrg = OBJECT(TApplication)
    PROCEDURE InitMenuBar; VIRTUAL;
    PROCEDURE MakeDialog;
    PROCEDURE HandleEvent (VAR Event: TEvent); VIRTUAL;
    PROCEDURE EventError(VAR Event: TEvent); VIRTUAL;
  END;
...
PROCEDURE TMeinPrg.MakeDialog;
...
BEGIN
  ...
  WITH Dialogfenster^ DO
  BEGIN
    Options := Options OR ofCentered;
    R.Assign(4,3,19,5);
    FeldA := New(PRadioButtons, Init(R, NewSItem('~1~',
                                     NewSItem('~2~',
                                       NIL))));
    Insert(FeldA);
    R.Assign(4,2,19,3);
    LabelA := New(PLabel, Init(R, 'Wahlfeld ~A~:', FeldA));
    Insert(LabelA);
{   LabelA^.Options := LabelA^.Options AND NOT ofPostProcess;
    TEST !! }
    R.Assign(24,3,39,5);
    FeldB := New(PRadioButtons, Init(R, NewSItem('~1~',
                                     NewSItem('~2~',
                                       NIL))));
```

```
      Insert(FeldB);
      R.Assign(24,2,39,3);
      LabelB := New(PLabel, Init(R, 'Wahlfeld ~B~:', FeldB));
      Insert(LabelB);
    END;
    Desktop^.ExecView(Dialogfenster);
    Dispose(Dialogfenster, Done);
  END;
  ...
```

Wenn Sie das Programm laufen lassen, können Sie wie üblich mit den Buchstabentasten, hier »A« und »B«, die mit den Auswahlfeldern verbundenen *TLabel*-Objekte - und damit die Auswahlfelder selbst - selektieren. Dabei geschieht folgendes: Es sei z.B. nach dem Start das Feld B selektiert. Wird eine Taste gedrückt - nehmen wir an »A« -, wird dieses Ereignis an das fokussierte Objekt, Feld B, geleitet. Feld B weiß damit nichts anzufangen, und Tastenereignis »B« geht erneut auf die Reise. Nun ist von Haus aus bei *TLabel-* und *TRadioButtons*-Objekten in *Options* das Bit *ofPostProcess* (und auch *ofPreProcess*) gesetzt, so daß im nächsten Durchgang Feld A das Tastenereignis »A« erhält. Feld A kann das Ereignis verwerten, indem es den Fokus übernimmt.

Wir machen die Probe aufs Exempel, indem wir die »auskommentierte« Zeile

```
    LabelA^.Options := LabelA^.Options AND NOT ofPostProcess;
```

durch Löschen der Klammern aktivieren. Das heißt, jetzt ist das Bit *ofPost-Process* gelöscht, und Feld A kann das Tastenereignis »A« im zweiten Vorbeilauf nicht mehr entgegennehmen. Kompilieren Sie das so geänderte Programm und probieren Sie es aus.

Das Beispielprogramm *Prg8-2.pas* dient gleichzeitig dazu, die Anwendung von *EventError* zu zeigen:

```
  ...
  PROCEDURE TMeinPrg.EventError(VAR Event: TEvent);
  BEGIN
    TApplication.EventError(Event);
    IF Event.What = evKeyDown THEN
    BEGIN Sound(600); Delay(50); NoSound; END;
  END;
  ...
```

Es ertönt immer dann ein Warnsignal, wenn ein Tastenereignis von *HandleEvent* allen Objekten angeboten, aber von keinem abgearbeitet wurde, also beim Anschlagen einer beliebigen Taste außer »A« und »B«.

9 Speichern

Natürlich haben Sie auch unter Turbo-Vision Zugang zu den üblichen Speichermöglichkeiten in typisierten und untypisierten Dateien. Insbesondere die Text-Datei wird man weiterhin häufig benutzen, da sie außerhalb des Programms leicht mit einem Editor bearbeitet und sogar erstellt werden kann.

Darüberhinaus aber bietet Turbo-Vision weitere Speichermöglichkeiten für Daten, ja ganzer Objekte. Bei der Speicherung unterscheiden wir zwei Stufen: Die Aufbewahrung von Daten im Arbeitsspeicher zur Laufzeit des Programms und die dauerhafte Speicherung in einer Datei auf der Festplatte oder Diskette.

Diesen beiden Stufen entsprechend bietet Turbo-Vision zwei Objekte an. Das erste ist die Kollektion, die gleichsam als Sammelbehälter von Daten aller Art dient. Die Kollektion wird dann in einen »Stream« (engl.: Fluß) eingefügt, der die Daten zur Festplatte (oder Diskette) transportiert. Man kann das vergleichen mit Artikeln, die in ein Postpaket gepackt und zur Postbeförderung aufgegeben werden. Das Holen von Daten erfolgt natürlich über die gleichen Objekte in umgekehrter Richtung.

9.1 Kollektionen

Wir haben schon in Kap. 6.6 mit einer Kollektion gearbeitet, und zwar mit *TStringCollection*. Dort war sie zunächst nur ein Hilfsmittel, um Texte in ein Rollfenster zu bringen. Hier soll nun die ganze Familie der von *TCollection* abstammenden Objekte besprochen werden:

```
TObject - TCollection - TSortedCollection -
TStringCollection.
```

Die beiden Objekte *TCollection* und *TSortedCollection* speichern ganz allgemein Objekte, wobei *TSortedCollection* die Einträge nach vorgebbaren Kriterien sortiert. *TStringCollection* schließlich ist auf Strings spezialisiert und hat die Sortiermethoden schon »an Bord«, und zwar für eine aufsteigend alphabetische Reihung.

Im Prinzip nehmen Kollektionen alle Datentypen auf, denn sie verzichten auf die für Pascal sonst so charakteristische Datentyp-Überprüfung. Aber einige Methoden der Kollektionen arbeiten nur mit Objekten, insbesondere bei Zugriffen auf

Streams; somit wird angeraten, Kollektionen grundsätzlich nur mit Objekten zu füllen. Wichtig ist, daß in ein und derselben Kollektion Objekte verschiedenen Typs gespeichert werden können. Das erfordert aber besondere Sorgfalt des Programmierers beim Wiederauslesen!

TStringCollection wird sicher die am häufigsten verwendete Kollektion sein, denn die zu speichernden Einträge liegen meistens von Haus aus als Strings vor, und Zahlen sind mit den Standard-Routinen *Val* und *Str* leicht in Strings und zurück zu konvertieren. Aber in welchen Fällen sollte man besser *TCollection* oder *TSortedCollection* einsetzen? Zum einen können diese Kollektionen ganze Objekte abspeichern, was gelegentlich nützlich ist. Zum andern bietet *TSortedCollection* die Möglichkeit, das Sortierkriterium beliebig - also nicht nur alphabetisch - vorzugeben.

Nehmen wir an, in einer Auto-Zubehörliste soll außer der Bezeichnung des Zubehörs, die wir in Kapitel 6.6.1 schon in einer String-Kollektion untergebracht hatten, auch der Preis des Zubehörs gespeichert werden. Die Liste soll nach dem Preis sortiert werden. *TStringCollection* wäre dafür nicht geeignet, denn eine Preis-Reihenfolge (ohne führende Leerzeichen geschrieben) wie 19,--; 180,--; 1700,-- würde alphabetisch genau in umgekehrter Reihenfolge sortiert. Wenn Sie Spaß am Experimentieren haben, ändern Sie das Beispielprogramm *Prg6-7.pas*, indem Sie die Werte in *TListe.Init* durch obige Zahlenreihe (in String-Schreibweise) ersetzen. Im folgenden wird *TSortedCollection* anhand eines Beispiels ausführlicher besprochen. Alle Felder und Methoden - sofern nicht überschrieben - sind natürlich auch auf den Vorfahr *TCollection* und den Nachkommen *TStringCollection* anwendbar. Als Übersicht diene die nach dem Vorschlag auf S. 27 erstellte Tabelle Bild 9-1.

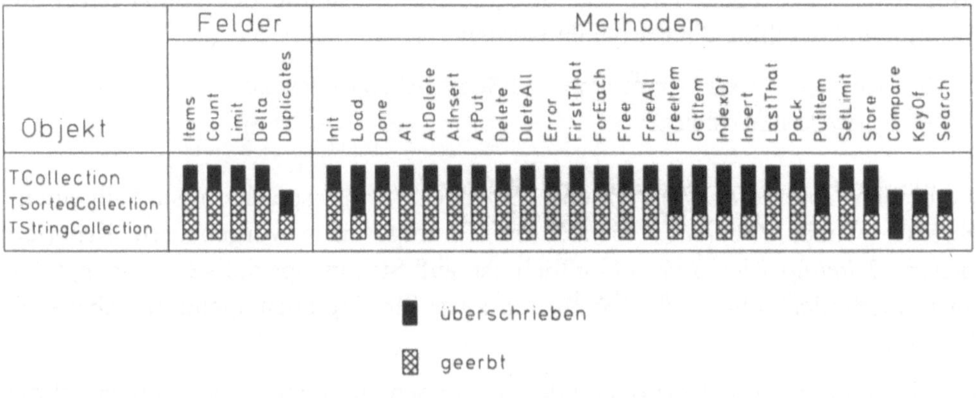

Bild 9-1: Felder und Methoden von TCollection und dessen Nachkommen

An dieser Stelle können nicht alle Felder und Methoden der Kollektionen besprochen werden, was auch nicht erforderlich ist, denn in der Praxis wird meist nur eine kleine Auswahl davon zur Anwendung kommen. Diese wichtigen sind nachfolgend zusammengestellt und erläutert; für die anderen muß auf das Turbo-Pascal-Handbuch verwiesen werden.

Einfügen: PROCEDURE **Insert**(Item: Pointer); VIRTUAL
fügt *Item* am Schluß bzw. gemäß dem Sortierkriterium in die Liste ein.

PROCEDURE **AtInsert**(Index: Integer; Item: Pointer)
fügt *Item* an der Stelle *Index* ein und schiebt alle folgenden Elemente um eine Position weiter.

PROCEDURE **AtPut**(Index: Integer; Item: Pointer)
ersetzt den Eintrag an der Stelle *Index* durch *Item*.

Löschen: PROCEDURE **Free**(Item: Pointer)
löscht den Eintrag, auf den *Item* zeigt, und gibt den zugehörigen Speicher frei.

PROCEDURE **AtDelete**(Index: Integer)
löscht den Eintrag, und alle nachfolgenden Elemente rutschen eine Position nach.

PROCEDURE **FreeAll**
löscht alle Einträge.

Suchen: FUNCTION **At**(Index: Integer): Pointer
liefert einen Zeiger auf das Element Nummer *Index*.

FUNCTION **FirstThat**(Test: Pointer): Pointer
Test muß eine lokale, *far* deklarierte Funktion vom Typ *Boolean* sein, die als Parameter einen Zeiger übernimmt. Diese Funktion wird solange auf die Kollektion angewandt, bis sie *True* zurückgibt oder NIL, wenn kein passender Eintrag gefunden wurde.

FUNCTION **LastThat**(Test: Pointer): Pointer
Test muß eine lokale, *far* deklarierte Funktion vom Typ Boolean sein, die als Parameter einen Zeiger übernimmt. Diese Funktion wird, vom Ende der Kollektion beginnend, solange auf die Elemente

angewandt, bis sie *True* zurückgibt oder NIL, wenn kein passender Eintrag gefunden wurde.

```
PROCEDURE ForEach(Action: Pointer);
```
Action muß eine lokale, *far* deklarierte Prozedur sein, die als Parameter einen Zeiger übernimmt. *Action* wird auf jeden Eintrag angewandt.

Sonstiges:
```
PROCEDURE Error(Code, Info: Integer); VIRTUAL
```
wir aufgerufen, wenn zur Laufzeit ein Fehler auftritt (Fehlermeldung 212), z.B. wenn der Heap erschöpft ist. Sonstige von Kollektionen ausgelöste Laufzeitfehler sind 213 und 214.

Wird mit dem Objekt *TSortedCollection* gearbeitet, muß das Schlüsselfeld, nach dem sortiert wird, und das Sortierkriterium definiert werden. Dazu dienen die Methoden

```
FUNCTION KeyOf(Item: Pointer): Pointer;
VIRTUAL
```
über *Item* wird der Sortierschlüssel übergeben.

```
FUNCTION Compare(Key1, Key2: Pointer):
Integer; VIRTUAL;
```
muß so definiert werden, daß
```
  Compare = -1, wenn Key1 < Key2
  Compare =  0, wenn Key1 = Key2
  Compare =  1, wenn Key1 > Key2.
```

```
Duplicates: Boolean
```
Von diesem Feld hängt es ab, ob mehrere Einträge mit dem gleichen Sortierschlüssel erlaubt sind (True) oder nicht (False). Die Vorgabe ist *Duplicates := False*.

Mit diesem Arsenal von Einfüge-, Lösch-, Lese- und Sortiermethoden ist man sogar für kleine Datenbankanwendungen gewappnet.

Beispiel:

Es soll nun anhand eines Beispielprogramms *Prg9-1.pas* die Anwendung von Kollektionen eingeübt werden. Das Programm soll zwei typische Listenmanipulationen ermöglichen, nämlich das Einfügen und Löschen von Einträgen. Die Einträge der Liste setzen sich aus zwei Teilen zusammen: Einer »Bezeichnung« und einem »Preis« von Autozubehör. Sortiert werden soll nach dem Preis in aufsteigender Reihenfolge.

Das Programm bietet 3 Dialogfenster an:

⇨ Im ersten Dialog wird in zwei Eingabezeilen jeweils die Bezeichnung und
der Preis eingegeben. Anklicken eines Schalterfeldes »Speichern« fügt die
Eingaben in die Liste ein und macht die Eingabezeilen für den nächsten Eintrag frei. Ein Schalterfeld »Beenden« schließt den Dialog.

⇨ Im zweiten Dialog zeigt ein Rollfenster die sortierten Einträge. Mit der
Leertaste oder durch Doppelklick wird ein Eintrag zum Löschen markiert.
Das endgültige Löschen erfolgt zur Sicherheit erst nach einer Bestätigung.

⇨ Im dritten Dialog kann eine Preisobergrenze eingegeben werden, bis zu der
in einem nachfolgenden Rollfenster die Zubehörteile aufgelistet werden.

Da hier im wesentlichen der Umgang mit Kollektionen interessiert, verzichten
wir auf eine Besprechung all der Teile des Programms, die schon bekannte Objekte verwenden.

Für die Einträge in die Kollektion wird ein Objekt *TZubehoer* mit den Feldern
Bezeichnung und *Preis* deklariert. Das Objekt hat die zwei Methoden *Init* und
Done, um Speicher für die Felder zu reservieren und wieder freizugeben:

```
PROGRAM Prg9_1;
...
TYPE
...
  PZubehoer = ^TZubehoer;
  TZubehoer = OBJECT(TObject)
      Bezeichnung, Preis : PString;
      CONSTRUCTOR Init(Bez, Pr: STRING);
      DESTRUCTOR Done; VIRTUAL;
  END;
...
CONSTRUCTOR TZubehoer.Init(Bez, Pr: STRING);
BEGIN
  TObject.Init;
  Bezeichnung := NewStr(Bez);
  Preis       := NewStr(Pr);
END;

DESTRUCTOR TZubehoer.Done;
BEGIN
  DisposeStr(Bezeichnung);
  DisposeStr(Preis);
  TObject.Done;
END;
...
```

Nun wird die Kollektion, die als »Verpackung« dienen soll, deklariert und implementiert. Jeder Listeneintrag wird als eine Instanz des Objektes *TZubehoer* erzeugt und in die Kollektion eingefügt. Von besonderem Interesse sind die Methoden *KeyOf* und *Compare* der Kollektion, die das sortierte Ablegen ermöglichen:

```
...
TYPE
...
  PZubehoerCollection = ^TZubehoerCollection;
  TZubehoerCollection = OBJECT(TSortedCollection)
    FUNCTION KeyOf(Item: Pointer) : Pointer; VIRTUAL;
    FUNCTION Compare(Key1, Key2: Pointer) : Integer; VIRTUAL;
  END;
...
FUNCTION TZubehoerCollection.KeyOf(Item: Pointer): Pointer;
BEGIN
  KeyOf := PZubehoer(Item)^.Preis;
END;
...
```

Diese Funktion legt den Sortierschlüssel für die Einträge der Kollektion fest. *Item* ist ein untypisierter Zeiger, der durch Type-Casting mittels *PZubehoer* zu einem Zeiger auf das Einträge-Objekt gemacht wird. *KeyOf* wird schließlich dem Feld *Preis* dieses Objektes zugeordnet.

Die nächste Funktion legt das Sortierkriterium fest:

```
...
FUNCTION TZubehoerCollection.Compare(Key1, Key2: Pointer) :
                                     Integer;
VAR
  p1, p2 : Real;
  c      : Integer;
BEGIN
  VAL(PString(Key1)^,p1,c); VAL(PString(Key2)^,p2,c);
  IF p1 = p2 THEN Compare := 0
  ELSE
    IF p1 < p2 THEN Compare := -1 ELSE Compare := 1;
END;
...
```

Hier wird nach dem Wert der Zahlen *p1* und *p2* geordnet. *p1* und *p2* gewinnt man wieder über Type-Casting (*PString*) aus den untypisierten Zeigern *Key1* und *Key2*. Soweit wird der Programmtext immer vom individuellen Typ der Kollektionseinträge abhängen; der darauffolgende Text dagegen ist Standard für alle

Compare-Implementierungen: *Compare* liefert 0, wenn die Vergleichsparameter gleich sind; - 1, wenn p1 < p2; und +1, wenn p1 > p2.

Die Kollektion wird als Feld *ZubehoerCollection* in *TMeinPrg* deklariert, um global den Dialogen zur Verfügung zu stehen:

```
...
TYPE
...
  TMeinPrg = OBJECT(TApplication)
    Heap : PHeapView;
    ZubehoerCollection : PZubehoerCollection;
    CONSTRUCTOR Init;
    PROCEDURE InitMenuBar; VIRTUAL;
    PROCEDURE InitStatusLine; VIRTUAL;
    PROCEDURE Menu1;
    PROCEDURE Menu2;
    PROCEDURE Menu3;
    PROCEDURE HandleEvent(VAR Event: TEvent); VIRTUAL;
    PROCEDURE Idle; VIRTUAL;
    DESTRUCTOR Done; VIRTUAL;
  END;
...
```

Die Instantiierung von *ZubehoerCollection* geschieht im Konstruktor von *TMeinPrg*. In unserem Beispiel muß auch das Feld *Duplicates* auf True gesetzt werden, da sonst Zubehörteile, die zufällig den gleichen Preis haben, bei der Eingabe nicht berücksichtigt würden, auch wenn der Eintragsteil »Bezeichnung« verschieden ist:

```
...
CONSTRUCTOR TMeinPrg.Init;
VAR R : TRect;
BEGIN
 TApplication.Init;
 ZubehoerCollection := New(PZubehoerCollection, Init(10,10));
 ZubehoerCollection^.Duplicates := True;
 GetExtent(R); Dec(R.B.X);R.A.X :=R.B.X -9;R.A.Y :=R.B.Y - 1;
 Heap := New(PHeapView, Init(R)); Insert(Heap);
END;
...
```

Wir haben auch einen »Heap-Viewer« erzeugt, mit dem man während der Laufzeit des Programms sehr schön das Belegen und Freigeben des Speichers beobachten kann.

Einträge einfügen:

Das eigentliche Einfügen von Einträgen in die Kollektion geschieht in der Methode *TMeinPrg.HandleEvent*, wenn die vom Schalterfeld »Speichern« im Menü 1 ausgelöste Nachricht *cmSpeichern* eintrifft. Das Übermitteln der Nachricht wurde anhand dieses Beispiels schon auf S. 196 näher betrachtet:

```
  . . .
  PROCEDURE TMeinPrg.HandleEvent(VAR Event: TEvent);
  BEGIN
    . . .
     CASE Event.Command OF
       . . .
       cmEinfuegen  : WITH DataRec(Event.InfoPtr^) DO
                      ZubehoerCollection^.Insert(New(PZubehoer,
                      Init(Bezeichnung, Preis)));
   . . .
```

Einträge löschen:

Im Dialog 2 können Einträge aus der Kollektion gelöscht werden. Die Typendeklaration des Objektes *TMenu2Dialog* enthält das Feld *ZubListe*, ein Rollfenster vom Typ *Listbox*, sowie die Methoden *Init* und *HandleEvent*:

```
   . . .
   PMenu2Dialog = ^TMenu2Dialog;
   TMenu2Dialog = OBJECT(TDialog)
     ZubListe : PZubehoerListbox;
     CONSTRUCTOR Init;
     PROCEDURE HandleEvent(VAR Event: TEvent); VIRTUAL;
   END;
   . . .
```

Im Konstruktor wird *TMenu2Dialog* als Dialog, enthaltend ein Rollfenster vom Typ *Listbox* und ein Schaltfeld »Weiter«, implementiert. Das Rollfenster ist zunächst noch leer. Es wird beim Aufruf des Hauptmenüpunktes »Daten löschen« , d.h. beim Aufruf der Prozedur *TMeinPrg.Menu2*, gefüllt:

```
   . . .
   TYPE
     . . .
     Uebergabedaten = RECORD
                        Liste : PZubehoerCollection;
                        LfdNr : Integer;
                      END;
   . . .
```

```
PROCEDURE TMeinPrg.Menu2;
VAR
  Dialog2  : PMenu2Dialog;
  Daten    : Uebergabedaten;
BEGIN
  Daten.Liste := ZubehoerCollection;
  Daten.LfdNr := 0;
  Dialog2 := New(PMenu2Dialog, Init);
  WITH Dialog2 ^ DO
  BEGIN
    SetData(Daten);
    HelpCtx := hcMenu2;
  END;
  Desktop^.ExecView(Dialog2);
  Dispose(Dialog2, Done);
END;
  ...
```

Die Übergabe der Kollektion an das Rollfenster besorgt die Methode *Dialog2^.GetData* mittels des Rekords vom Typ *Übergabedaten*. Dieser enthält einen Zeiger auf die einzufügende Kollektion und den Indexwert des Eintrages, der zu Beginn fokussiert werden soll, wobei der erste Eintrag den Indexwert 0 hat. Danach wird Dialog 2 als modaler Dialog aufgerufen, und es erscheint das Menü nach Bild 9-2.

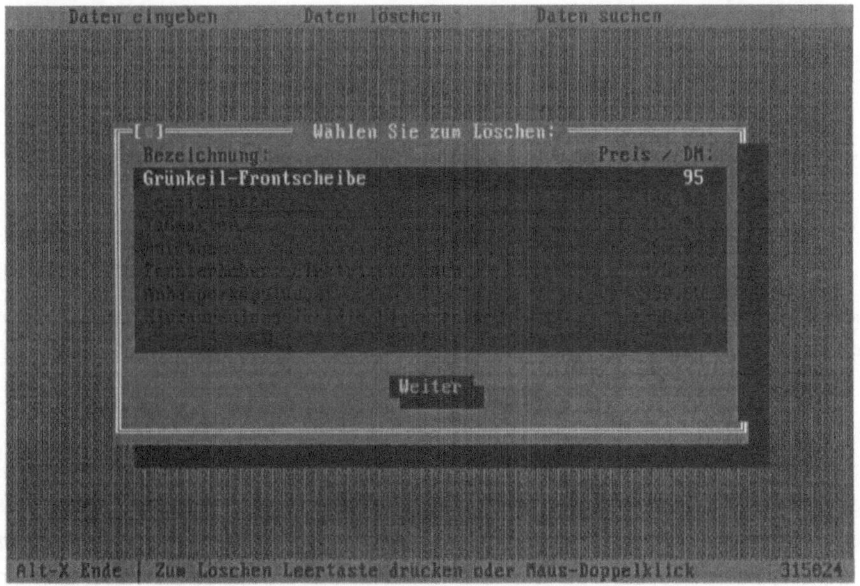

Bild 9-2: Menü zum Löschen von Einträgen aus einer Kollektion

Jetzt zum eigentlichen Vorgang des Löschens eines im Rollfenster ausgewählten Eintrages. Beim Betätigen der Leertaste oder bei Maus-Doppelklick auf dem ge-wählten Eintrag sendet ein *TListViewer*-Objekt, also auch unser Rollfenster, mittels der vordefinierten Konstante *cmListItemSelected* einen Befehl des Typs *evBroadcast* an das Gruppenobjekt, also hier den Dialog 2 aus. In der Methode *TMenu2Dialog.HandleEvent* wird die Nachricht ausgewertet:

```
   ...
PROCEDURE TMenu2Dialog.HandleEvent(VAR Event: TEvent);
VAR
  Loeschdaten : Uebergabedaten;
  Cmd : Word;
BEGIN
  TDialog.HandleEvent(Event);
  IF Event.Command = cmListItemSelected THEN
  BEGIN
   Sound(800); Delay(50); NoSound;
   Cmd := MessageBox('Wirklich löschen ?', NIL,
                     mfConfirmation+mfYesButton+mfNoButton);
    IF Cmd = cmYes THEN
    BEGIN
      GetData(Loeschdaten);
      WITH Loeschdaten DO
      BEGIN
        Liste^.Free(Liste^.At(LfdNr));
        WITH ZubListe^ DO
        BEGIN
          List := Liste;
          Range := Liste^.Count;
          FocusItem(0);
          DrawView;
        END;
      END;
    END;
    ClearEvent(Event);
  END;
END;
   ...
```

Nach Eintreffen des Befehls *cmListItemSelected* ist zunächst vom Nutzer in einer *MessageBox* das Löschen zu bestätigen (*Cmd = cmYes*). Die von *TDialog* geerbte Methode *TMenu2Dialog.GetData* holt über den Rekord *Loeschdaten* einen Zeiger auf die Kollektion *Loeschdaten.Liste* und den Index des ange-klickten Eintrages *Loeschdaten.LfdNr*. Das Löschen besorgt die Methode

TCollection.Free der Kollektion, die sowohl den Speicher für den Eintrag freigibt als auch die nachfolgenden Einträge durch Neuindizierung nachrücken läßt. Weil das Rollfenster auf dem Bildschirm allerdings noch immer die alte Liste *ZubListe* zeigt, muß als nächstes der Fensterinhalt aktualisiert werden. Dazu wird dem Feld *List von ZubListe* die geänderte Kollektion *Loeschdaten.Liste* zugewiesen; gleichzeitig wird das Feld *ZubListe^.Count* auf die Länge der neuen Liste, *Liste^.Range*, gesetzt. Schließlich wird der erste Eintrag selektiert und das Fenster neu dargestellt.

Mit dem Feld *List* hat man die Möglichkeit, ein und demselben Fenster verschiedene Listen zuzuweisen. Z.B. könnten wir Zubehörlisten verschiedener Automarken erzeugt haben. In einem vorgeschalteten Dialog würde der Nutzer seine Marke wählen, und abhängig davon würde dem Rollfenster die zugehörige Liste zugewiesen.

Das hier am Beispiel des Löschens gezeigte Verfahren, aus einer Kollektion einen Eintrag herauszupicken, kann natürlich auch auf andere Operationen als das Löschen, z.B. das Übertragen in eine Eingabezeile zum Editieren, angewandt werden.

Einträge suchen:

Das dritte Menü des Beispielprogramms *Prg9-1.pas* zeigt das Suchen in einer Kollektion und das selektive Darstellen von Einträgen. Wenn Sie auch zu denen gehören, die sich darüber ärgern, daß beim Autokauf die Kosten für das Zubehör bedenklich an den Preis des Wagens selbst herankommen, dann gibt Ihnen dieses Menü die Chance, Zubehör oberhalb einer Kostengrenze gar nicht erst anzuzeigen. Im Dialog 3 geben Sie in einer Eingabezeile die gewünschte Preisobergrenze an, die mittels *Dialog3^.GetData* der String-Variablen *Preisobergrenze* zugewiesen wird. Dann wird auf die schon auf S. 144 angewandte Art ein Listen-Darstellungsfenster vom Typ *TTerminal* erzeugt:

```
...
PROCEDURE TMeinPrg.Menu3;
VAR
   i                      : Integer;
   R                      : TRect;
   Dialog3                : PMenu3Dialog;
   Feld                   : PInputLine;
   Preisgrenze            : STRING[10];
   Fenster                : PWindow;
   Inneres                : PTerminal;
   Textfenster            : Text;
   FensterStr             : STRING;
```

```
BEGIN
{Dialogfenster:}
  Dialog3 := New(PMenu3Dialog, Init);
  DeskTop^.ExecView(Dialog3);
  Dialog3^.GetData(Preisgrenze);
  Dispose(Dialog3, Done);
{Darstellungsfenster:}
  R.Assign(0,0,55,10);
  Fenster := New(PWindow, Init(R, 'Autozubehör bis
                              Preisobergrenze', 0));
  WITH Fenster^ DO
  BEGIN
    Options := Options OR ofCentered;
    R.Grow(-1, -1);
    Inneres := New(PTerminal, Init(R, NIL,
                 StandardScrollbar(sbVertical), 1000));
    Inneres^.HideCursor;
    Insert(Inneres);
  END;
  Desktop^.Insert(Fenster);
  AssignDevice(Textfenster, Inneres);
  ...                                                   .
```

Das Fenster soll nun mit den Einträgen der Kollektion, deren Preis höchstens bis
zu einer Preisobergrenze reicht, gefüllt werden. Der Schlüssel dazu ist das Auf-
suchen desjenigen Eintrages, der gerade noch unterhalb oder auf der Obergrenze
liegt. Dazu entwickeln wir die Funktion *MaxPreisEintrag*, die von der Such-
funktion *LastThat* des Objektes *TCollection* Gebrauch macht:

```
  ...
FUNCTION TZubehoerCollection.MaxPreisEintrag(Preisobergrenze:
        STRING) : Integer;

  FUNCTION Passt(Item : Pointer) : Boolean; FAR;
  VAR RObergrenze, RPreis : Real;
      i                   : Integer;
  BEGIN
    Val(Preisobergrenze, RObergrenze, i);
    Val(PZubehoer(Item)^.Preis^, RPreis, i);;
    Passt := RPreis <= RObergrenze;
  END;

BEGIN
  MaxPreisEintrag := IndexOf(LastThat(@Passt));
END;
  ...
```

Allgemein gilt: Das Argument der Methoden *FirstThat* und *LastThat* ist ein Zeiger auf eine Funktion, die festlegt, nach welchem Kriterium ein Eintrag der »erste« bzw. »letzte« ist. Ähnlich arbeitet die Methode *ForEach*, deren Parameter ein Zeiger auf eine Funktion ist, die auf alle Einträge angewandt wird. Die Funktion muß in allen drei Fällen lokal innerhalb der Prozedur definiert sein, in der *FirstThat* usw. angewandt wird, und sie muß als FAR deklariert werden. Als Parameter der Funktion wird *Item: Pointer*, ein Zeiger auf die Einträge der Kollektion, eingesetzt. Auf unser Beispiel angewandt heißt das: In der Funktion *Passt* wird mittels Type-Casting aus dem Zeiger auf irgend etwas, *Item*, ein Zeiger *PZubehoer(Item)* auf die Objekte *TZubehoer*, die Inhalt der Kollektion sind. Der Preiseintrag *PZubehoer(Item)^.Preis^* in String-Form wird ebenso wie die eingegebene Preisobergrenze in Realzahlen verwandelt. *Passt* gibt True zurück, wenn Preis ≤ Preisobergrenze, sonst False. Damit ist das Funktionsargument für *LastThat* konstruiert. *LastThat* sucht die Einträge beim letzten beginnend nach dem ersten ab, für den *Passt* True ergibt. Die Methode *TCollection.IndexOf* gibt schließlich die Nummer des Eintrages zurück, auf den *LastThat* zeigt.

Nun können die Kollektionseinträge bis zu dem mit *LastThat* gefundenen ausgegeben werden. Hier kommt die Funktion *TCollection.At(Index: Integer)* zum Tragen, die auf den zu *Index* gehörigen Eintrag zeigt:

```
  . . .
PROCEDURE TMeinPrg.Menu3;
    . . .
{Fenster füllen:}
  Rewrite(Textfenster);
  WITH ZubehoerCollection^ DO
  FOR i := 0 TO MaxPreisEintrag(Preisgrenze) DO
  BEGIN
    WITH PZubehoer(At(i))^ DO
      FensterStr := Copy(Bezeichnung^+leer40,1,40) + '    '+
                    Copy(leer10+Preis^,1+Length(Preis^),10);
    WriteLn(Textfenster, FensterStr);
  END;
  Close(Textfenster);
  END;
  . . .
```

Wenn Sie das Programm starten, ist die Kollektion noch leer und Sie müssen sie zunächst mit ein paar Einträgen als »Spielmaterial« über das Menü »Daten eingeben« füllen.

9.2 Streams

9.2.1 Die Familie der Streams

Das Besondere an dem Objekttyp *TStream* und seiner Nachkommen ist ihre
Fähigkeit, ganze Objekte - auch verschiedenen Typs - auf einfache Weise zu
speichern. Der Stream übt dabei allerdings nur die Rolle eines Managers aus. So
wie dieser die Arbeit nicht selbst erledigt, sondern die Tätigkeiten anderer organisiert, so veranlaßt auch der Stream nur, daß sich die zu speichernden Objekte
selbst in eine Datei schreiben. Jedes dieser Objekte muß also zwei Dinge
aufweisen:

⇨ Eine eindeutige Identifizierung, die es von anderen Objekten abgrenzt,

⇨ Methoden, seine Daten in den Stream zu schreiben und aus dem Stream zu
   lesen.

Das Speichern und Laden eines Objekts bezieht sich jedoch nur auf seine Daten,
genauer auf seine Felder; denn seine Methoden sind ja schon im Programmcode
festgehalten.

Das Objekt *TStream* ist Vorfahr mehrerer spezialisierter Nachkommen:

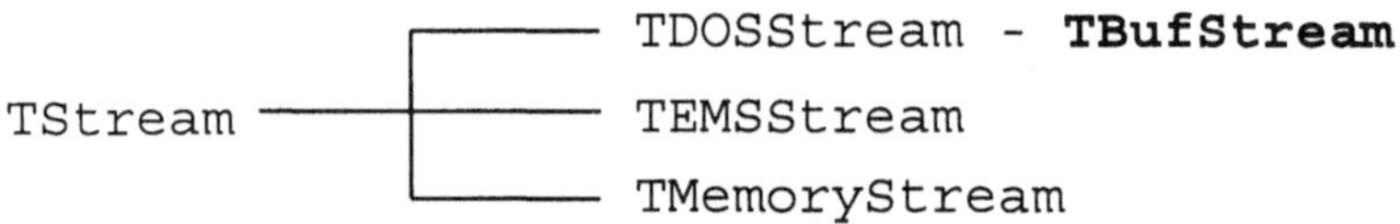

TStream selbst ist ein abstraktes Objekt, das seine Daten noch nirgendwohin
schreibt. *TDOSStream* legt seine Daten in DOS-Dateien ab, sei es auf Diskette
oder Festplatte. Eine Spezialisierung von *TDOSStream* ist *TBufStream*, das
ebenfalls in Dateien schreibt, dies aber über einen Pufferspeicher abwickelt. Dadurch werden allzu häufige Plattenzugriffe vermieden, besonders beim Speichern
vieler kleiner Objekte. Nur temporär im Arbeitsspeicher legen *TEMSStream* und
TMemoryStream ihre Daten ab, und zwar im EMS-Speicher bzw. im Heap.

In der Praxis wird man am besten *TBufStream* einsetzen, so wie auch in unserem
späteren Beispielprogramm verfahren wird, obwohl dort nur je ein Lese- und
Schreibzugriff vorkommt.

9.2.2 Registrierung

Wir beginnen gleich wieder mit einem Beispielprogramm. Dazu wurde *Prg9-1.pas*, das sich mit Kollektionen befaßte, durch einen Stream zum Abspeichern und Zurückladen der Kollektion ergänzt. Weil das so entstandene Programm *Prg9-2.pas* dabei auf einen entsprechenden Umfang wächst, ziehen wir hier zur besseren Übersicht nur die wesentlichen Programmteile heraus.

Die Registrierung stellt dem Stream Angaben über die Identität des zu speichernden Objekts und die Adressen seiner Schreib- und Lesemethoden bereit. Die Registrierung besteht aus zwei Teilen:

⇨   Registrierungs-Rekord,

⇨   Registrierungs-Prozedur.

Der Registrierungs-Rekord wird meist als Typenkonstante geschrieben, wobei den Komponenten zugleich Werte zugewiesen werden. Man muß ihn hinter den Typen-Deklarationen einfügen, da er bereits auf sie Bezug nimmt. Das Programm hat dann folgendes Schema:

```
PROGRAM Prg9_2;

USES ...

CONST
  cm...
  hc...

TYPE
  ...
CONST
  RZubehoer : TStreamRec = (
              ObjType  : 200;
              VmtLink  : Ofs(TypeOf(TZubehoer)^);
              Load     : @TZubehoer.Load;
              Store    : @TZubehoer.Store);

  RZubehoerCollection : TStreamRec = (
              ObjType  : 201;
              VmtLink  : Ofs(TypeOf(TZubehoerCollection)^);
              Load     : @TZubehoerCollection.Load;
              Store    : @TZubehoerCollection.Store);

  ...
```

In Turbo-Pascal ist es Brauch, den Namen des Registrierungsrekords mit einem
»R« beginnen zu lassen. Die erste Komponente ist eine beliebige, aber eindeutige
Zahl ab 100. Die zweite Komponente bezieht sich auf die VMT-Tabelle des
Objekts, wobei Sie am besten diese Zeile übernehmen, ohne sich an dieser Stelle
weiter um ihre Bedeutung zu kümmern. Die beiden letzten Zeilen übergeben die
Adressen der Load- und Store-Methoden des Objekts; auch hier ist der Aufbau
immer sinngemäß der gleiche. Wichtig ist, daß auch bei Objekten, deren Load-
oder Store-Methoden nicht überschrieben wurden, diese Angaben so gemacht
werden müssen. Da es für die Standard-Objekte von Turbo-Pascal vordefinierte
Registrierungsrekords (mit den reservierten Nummern 0..99) gibt, brauchen dafür
keine Rekords angelegt zu werden.

Die Registrierung selbst erfolgt durch Aufruf einer Registrierungsprozedur mit
dem Registrierungsrekord als Parameter, wobei die Rekords zu einer Liste ver-
kettet werden. Jedes Objekt des Programms, das direkt oder indirekt vom Stream
übernommen oder an den Stream übergeben wird, ist mittels dieser in der Unit
Objects enthaltenen Prozedur

```
PROCEDURE RegisterType(VAR S: TStreamRec)
```

zu registrieren. Standard-Objekte besitzen zwar schon einen Registrierungsrekord, dennoch muß auch für sie eine Registrierungsprozedur aufgerufen werden.
Zur Unterstützung des Programmierers ist für jede Turbo-Vision-Unit bereits
eine Prozedur definiert, mit der global alle Objekte dieser Unit registriert werden.
Einige wichtige sind:

Unit	Registrierungs-prozedur	Registrierung von
App	RegisterApp	TBackGround, TDeskTop
ColorSel	RegisterColorSel	TColorDialog, TColorDisplay, TColorGroupList, TColorItemList, TColorSelector, TMonoSelector
Dialogs	RegisterDialogs	TButton, TCheckBoxes, TCluster, TDialog, THistory, TInputLine, TLabel, TListBox, TMultiCheckBoxes, TParamText, TRadioButtons, TStaticText
Editors	RegisterEditors	TEditor, TEditWindow, TFileEditor, TIndicator, TMemo
Menus	RegisterMenus	TMenuBar, TMenuBox, TMenuPopup, TStatusLine
Objects	RegisterObjects	TCollection, TStrCollection, TStringCollection

Unit	Registrierungs-prozedur	Registrierung von
StdDlg	RegisterStdDlg	TChDirDialog, TDirCollection, TDirListBox, TFileCollection, TFileDialog, TFileInfoPane, TFileInputLine, TFileList, TSortedListBox
Validate	RegisterValidate	TPXPictureValidator, TFilterValidator, TRangeValidator, TStringLookupValidator
Views	RegisterViews	TFrame, TGroup, TListViewer, TScrollBar, TScroller, TView, TWindow

Der Aufruf der Registrierungsprozeduren wird am besten im Konstruktor des Programmobjektes untergebracht. Wenn viele Prozeduren aufzurufen sind, könnte allerdings die Übersichtlichkeit des Konstruktors darunter leiden. In diesem Falle werden alle Registrierungsprozeduren besser in einer einzigen Prozedur, z.B. mit dem Namen *Registrierungen*, gesammelt und die Registrierungen im Konstruktor mit einem Aufruf dieser Sammelprozedur erledigt. In unserem Beispielprogramm sind die beiden Registrierungsprozeduren allerdings direkt im Konstruktor *TMeinPrg.Init* untergebracht:

```
...
CONSTRUCTOR TMeinPrg.Init;
VAR R : TRect;
BEGIN
  TApplication.Init;
  RegisterTypes(RZubehoerCollection);
  RegisterTypes(RZubehoer);
  ...
```

9.2.3 Load und Store

Wie erwähnt sind die Objekte selbst dafür verantwortlich, auf welche Weise ihre Felder aus dem Stream gelesen oder in den Stream geschrieben werden. Die Standard-Objekte haben dafür die vordefinierten Methoden *Load* und *Store*. Für abgeleitete Objekte, die zusätzliche Felder erhalten haben, müssen diese Prozeduren überschrieben werden. Wie, sei an unserem Beispielprogramm erklärt:

```
TYPE
  ...
  PZubehoer = ^TZubehoer;
  TZubehoer = OBJECT(TObject)
    Bezeichnung, Preis : PString;
    CONSTRUCTOR Init(Bez, Pr: STRING);
```

```
    CONSTRUCTOR Load(VAR S: TStream);
    PROCEDURE Store(VAR S: TStream); VIRTUAL;
    DESTRUCTOR Done; VIRTUAL;
  END;
...
```

Das neue Objekt *TZubehoerCollection* wurde zwar von *TSortedCollection* abgeleitet, erhielt dabei aber keine neuen Felder und kann sich somit auf die geerbten
Load- und Store-Methoden abstützen. Anders das Objekt *TZubehoer*, das nicht
nur zwei neue Felder enthält, sondern als Nachkomme von *TObject* gar keine
Load- und Store-Methoden geerbt hat.

Nun zur Implementierung von *TZubehoer.Load*, das die zwei Variablen *Bezeichnung* und *Preis* aus dem Stream lesen muß. Das Lesen besorgt die

```
    FUNCTION TStream.ReadStr: PString.
```

Sie holt einen String aus dem Stream und gibt einen Zeiger darauf zurück. Damit
holen wir in unserem Beispielprogramm die Felder *Bezeichnung* und *Preis* ab:

```
...
CONSTRUCTOR TZubehoer.Load(VAR S: TStream);
BEGIN
  Bezeichnung := S.ReadStr;
  Preis := S.ReadStr;
END;
...
```

Wenn auch das Vorfahr-Objekt Felder besäße, müßte noch vor dem ersten
S.ReadStr die *Methode TVorfahrObjekt.Load* aufgerufen werden.

Ganz analog wird mit

```
    PROCEDURE TStream.WriteStr(P: PString); VIRTUAL
```

die Methode *TZubehoer.Store* aufgebaut:

```
...
PROCEDURE TZubehoer.Store(VAR S: TStream);
BEGIN
  S.WriteStr(Bezeichnung);
  S.WriteStr(Preis);
END;
...
```

Auch hier ist gegebenenfalls die *Store*-Methode des Vorfahren einzufügen.

Bei String-Zeigern haben die Schreib- und Leseprozeduren eine simple Struktur.
Bei Variablen anderen Typs ist dafür Sorge zu tragen, daß genau die für den jeweiligen Variablentyp zutreffende Anzahl von Bytes dem Stream entnommen

oder ihm zugeführt wird. Dann treten an die Stelle von *ReadStr* und *WriteStr* die Methoden

```
PROCEDURE TStream.Read(VAR Buf, Count: Word); VIRTUAL
PROCEDURE TStream.Write(VAR Buf, Count: Word); VIRTUAL
```

Buf ist das zu transferierende Feld des Objektes und *Count* ist die Anzahl Bytes dieses Feldes. *Count* ermittelt man am einfachsten mit der Funktion *SizeOf*. Nehmen wir z.B. an, daß die Felder *Bezeichnung* und *Preis* in unserem Programm nicht als String-Zeiger, sondern als

```
   ...
   PZubehoer = ^TZubehoer;
   TZubehoer = OBJECT(TObject)
     Bezeichnung : STRING[40];
     Preis       : Real;
   ...
```

deklariert seien. Dann sähen die *Load-* und *Store-*Methoden so aus:

```
   ...
CONSTRUCTOR TZubehoer.Load(VAR S: TStream);
BEGIN
  S.Read(Bezeichnung, SizeOf(Bezeichnung));
  S.Read(Preis, SizeOf(Preis));
END;

PROCEDURE TZubehoer.Store(VAR S: TStream);
BEGIN
  S.Write(Bezeichnung, SizeOf(Bezeichnung));
  S.WriteStr(Preis, SizeOf(Preis));
END;
   ...
```

9.2.4 Aus dem Stream Lesen

Mit der Registrierung der Objekte und der Implementierung ihrer *Store-* und *Load-*Methoden sind die Präliminarien soweit erledigt, daß in unserem Beispielprogramm *Prg9-2.pas* der Stream deklariert und initialisiert werden kann. Da er an verschiedenen Stellen des Programms sowohl zum Lesen als auch zum Schreiben benötigt wird, machen wir ihn zu einem Feld des Programmobjektes *TMeinPrg*:

```
   TYPE
     ...
   TMeinPrg = OBJECT(TApplication)
     ...
```

```
AStream : PBufStream;
ZubehoerCollection : PZubehoerCollection;
CONSTRUCTOR Init;
   ...
```

In unserem Beispiel hat der Stream den Zweck, nach dem Start des Programms
die Zubehör-Kollektion aus einer Datei namens *Prg9-2.dat* zu lesen und vor der
Beendigung des Programms die geänderte Kollektion wieder in diese Datei zu
schreiben. Das legt nahe, die Lese- und Schreibroutinen folgendermaßen in das
Programm einzubauen:

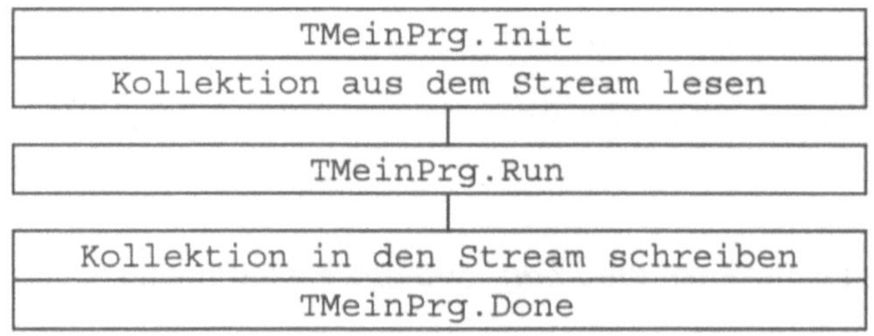

Bild 9-3: Bearbeitung des Streams im Beispielprogramm Prg9-2.pas

Das heißt, daß die Initialisierung und die Leseoperation in *TMeinPrg.Init* untergebracht werden. Der Konstruktor hat die Form

```
CONSTRUCTOR TBufStream.Init(FileName: FNameStr; Mo-
de, Size: Word),
```

wobei *FileName* ein Dateiname im DOS-Format ist (der Typenbezeichner
FNameStr ist global verfügbar und als STRING[79] definiert). Dem Parameter
Mode können folgende Konstanten *st...* (<u>St</u>ream) übergeben werden:

Konstante	Wert	Bedeutung
stCreate	$3C00	Neue Datei anlegen
stOpenRead	$3D00	Datei zum Lesen öffnen
stOpenWrite	$3D01	Datei zum Schreiben öffnen
stOpen	$3D02	Datei zum Lesen und Schreiben öffnen

Size legt die Größe des Pufferspeichers fest, z.B. 1024 (= 1 KB). Hier nun die
Initialisierung des Streams unseres Beispielprogramms:

```
   ...
CONSTRUCTOR TMeinPrg.Init;
VAR R : TRect;
```

```
BEGIN
  TApplication.Init;
  RegisterType(RZubehoerCollection);
  RegisterType(RZubehoer);
  AStream := New(PBufStream, Init('PRG9-2.DAT', stOpenRead,
                1024));
  IF AStream^.Status <> stOK
  THEN
  BEGIN
    AStream := New(PBufStream, Init('PRG9-2.DAT', stCreate,
                  1024));
    ZubehoerCollection := New(PZubehoerCollection,
                              Init(10,10));
  END
  ELSE ZubehoerCollection:=PZubehoerCollection(AStream^.Get);
  Dispose(AStream, Done);
  ...
```

Zunächst wird versucht, über die Initialisierung von *AStream* die Datei *Prg9-2.dat* zu öffnen (*stOpenRead*). Ob das gelungen ist, erfährt man aus dem Feld *Status*, das folgende Werte *st...* (<u>St</u>atus) annehmen kann:

Konstante	Wert	Bedeutung
stOK	0	Kein Fehler
stError	-1	Fehler bei Dateizugriff
stInitError	-2	Fehler bei der Initialisierung
stReadError	-3	Lesen jenseits vom Stream-Ende versucht
stWriteError	-4	Fehler beim Schreiben
stGetError	-5	*Get* bei nicht registriertem Objekt
stPutError	-6	*Put* bei nicht registriertem Objekt

Tritt einer dieser Fehler auf, gibt ein weiteres Feld, *ErrorInfo*, in Abhängigkeit von *Status* näheren Aufschluß über die Herkunft des Fehlers:

Status	ErrorInfo
stError	DOS- oder EMS-Fehlernummer
stInitError	DOS- oder EMS-Fehlernummer
stReadError	DOS- oder EMS-Fehlernummer
stWriteError	DOS- oder EMS-Fehlernummer

Status	ErrorInfo
stGetError	Nummer des nicht registrierten Objekts
stPutError	Offset VMT des nicht registrierten Objekts

Zu einer ausführlichen Fehlermeldung oder -behebung steht die Methode

```
PROCEDURE TStream.Error(Code, Info: Integer); VIRTUAL
```

zur Verfügung. Sie wird bei einem Fehler aufgerufen und bewirkt, sofern nicht
überschrieben, daß *Status* auf *Code* und *ErrorInfo* auf *Info* gesetzt wird. Verwendet man sie zur Behebung eines Fehlers, dann können danach mittels

```
PROCEDURE TStream.Reset
```

die Felder *Status* und *ErrorInfo* zur Fortsetzung des Programms wieder auf Null
gesetzt werden.

In unserem Beispielprogramm wird von der Error-Prozedur keinen Gebrauch
gemacht, sondern es wird eine neue Datei angelegt, wenn *Status <> stOk* anzeigt, daß *Prg9-2.dat* noch nicht besteht. In diesem Fall wird auch die Kollektion
direkt initiiert, statt aus dem Stream entnommen. Existiert die Datei jedoch
schon, wird mit

```
FUNCTION TStream.Get: PObject
```

die Kollektion aus der Datei gelesen. Gleichgültig ob die Datei geöffnet oder neu
angelegt wurde, anschließend wird sie mit

```
Dispose(AStream, Done)
```

wieder geschlossen; allein schon um den Datei-Zeiger wieder auf die Anfangsposition zu setzen. Damit haben wir die wichtigsten Felder und Methoden für das
Lesen aus einem Stream kennengelernt und wenden uns nun dem Schreiben in
einen Stream zu.

9.2.5 In den Stream schreiben

Gemäß unserer Programmstruktur Bild 9-3 bringen wir das Schreiben der bearbeiteten Kollektion in den Stream im Destruktor *TMeinPrg.Done* unter, kurz vor
den allgemeinen Aufräumungsarbeiten:

```
  ...
DESTRUCTOR TMeinPrg.Done;
BEGIN
```

```
AStream := New(PBufStream, Init('PRG9-2.DAT', stOpenWrite,
                1024));
AStream^.Put(ZubehoerCollection);
Dispose(AStream, Done);
Dispose(ZubehoerCollection, Done);
TApplication.Done;
END;
...
```

Der Stream wird in *TBufStream.Init* zum Schreiben geöffnet. Eine Überprüfung findet nicht statt, denn das Risiko, daß die Datei seit Programmbeginn verschwunden ist, wird als gering angesehen. Die

```
PROCEDURE TStream.Put(P: Object)
```

schreibt das Objekt ab der Stelle, an der sich der Datei-Zeiger befindet (hier am Dateianfang), in den Stream. Danach wird der Stream geschlossen.

9.3 Ressourcen-Dateien

Eine Ressourcen-Datei ist eine Kombination aus einer Kollektion und einem Stream. Der Vorteil für den Programmierer liegt darin, daß über ein Schlüsselwort vom Typ String wahlfrei auf die gespeicherten Objekte zugegriffen werden kann. Das ist erforderlich, wenn die Objekte in einer anderen Reihenfolge oder mehrmals aus der Ressourcen-Datei gelesen werden sollen.

Als Anwendung bieten sich z.B. folgende Möglichkeiten an:

➪ Komplizierte Dialoge oder View-Objekte mit umfangreichen Berechnungen werden außerhalb des eigentlichen Programms erstellt und in einer Ressourcen-Datei abgelegt. Die Routinen zum Laden der Objekte können dann im Hauptprogramm sehr viel kürzer als die Routinen zur Erzeugung sein.

➪ Wenn ein Programm in mehreren Sprachvarianten benötigt wird, kann man alle Text enthaltenden View-Objekte in den verschiedenen Sprachen in jeweils einer Ressourcen-Datei ablegen. Je nach gewünschter Sprache greift das Hauptprogramm dann auf die Ressourcen-Datei der betreffenden Sprache zurück.

9.3.1 Objekte in Ressourcen-Dateien speichern

Wir beginnen sogleich wieder mit einem Beispiel, dem Programm *Prg9-3.pas*, das einige Menüelemente - Statuszeile, Menüzeile und einen kurzen Dialog - erzeugt und in einer Ressourcen-Datei speichert.

Im ersten Schritt müssen Variable des Typs *TResourceFile* und eines Stream-Typs deklariert werden, die wir *ResFile* und *ResStream* nennen wollen:

```
PROGRAM Prg9_3;

USES  App, Objects, Menus, Drivers, Views, Dialogs;

VAR
  ResFile   : TResourceFile;
  ResStream : PDOSStream;
  ...
```

Ausnahmsweise konstruieren wir das Programm nicht als Instanz von *TApplication*, sondern ganz wie in alten Zeiten als Abfolge von Prozedur-Aufrufen. Der Grund dafür: Es ist kein ereignisgesteuertes Programm. Im nächsten Schritt werden die Objekte registriert, wobei unser Beispielprogramm nur Standard-Objekte benutzt. Nach der Registrierung wird *ResStream* in bekannter Weise instantiiert und danach der Konstruktor der Ressourcen-Datei aufgerufen, wobei als Parameter der Stream-Name übergeben wird, mit dem die Ressourcen-Datei zusammenarbeiten soll, also

```
CONSTRUCTOR TResourceFile.Init(AStream: PStream).
```

Hier der entsprechende Programmteil:

```
  ...
PROCEDURE RegisterObj;
BEGIN
  RegisterApp;
  RegisterObjects;
  RegisterMenus;
  RegisterViews;
  RegisterDialogs;
END;

BEGIN {Programm}
  RegisterObj;
  ResStream := New(PDOSStream, Init('Prg9-3.dat', stCreate));
  ResFile.Init(ResStream);
  ...
```

Nun sind in die Ressourcen-Datei Objekte einzufügen. Wir haben dazu für unser Beispielprogramm eine Menüzeile, eine Statuszeile und einen ganz einfachen Dialog gewählt. Mit den Prozeduraufrufen *MakeStatusLine*, *MakeMenuBar* und *MakeDialog* wird jeweils eine Instanz des betreffenden Objektes erzeugt und in die Ressourcen-Datei eingefügt. Da die Ressourcen-Datei ihre Pflicht auch schon getan hat, wird sie mit *Dispose* gleich wieder beseitigt:

```
  ...
  MakeStatusLine;
  MakeMenuBar;
  MakeDialog;
  ResFile.Done;
END.
```

Alle drei Prozeduren sind nach dem gleichen Schema aufgebaut, daher greifen wir hier nur einen Dialog heraus:

```
  ...
PROCEDURE MakeDialog;
VAR
  R   : TRect;
  Dlg : PDialog;
BEGIN
  R.Assign(0,0,40,10);
  Dlg := New(PDialog, Init(R, 'Test-Dialog'));
  WITH Dlg^ DO
  BEGIN
    Options := Options OR ofCentered;
    R.Assign(15,7,25,9);
    Insert(New(PButton, Init(R, 'Weiter', cmOK, bfDefault)));
  END;
  ResFile.Put(Dlg, 'Dialog');
  Dispose(Dlg, Done);
END;
  ...
```

Objekte werden also in eine Ressourcen-Datei mit

```
PROCEDURE TResourceFile.Put(Item: PObject, Key: STRING)
```

eingefügt. *Item* ist das einzufügende Objekt in Gestalt einer Zeigervariablen und *Key* ein String, der das Objekt identifiziert. Die Objekte können natürlich in beliebiger Reihenfolge eingefügt werden. Nicht vergessen werden darf, am Ende des Programms die Instanz der Ressourcen-Datei mit *Done* zu beseitigen, vergleichbar mit dem *Close* üblicher Turbo-Pascal-Dateien. Lassen Sie das Programm zum Zwecke der Erzeugung der Ressourcen-Datei *Prg9-3.dat* laufen (oder arbeiten Sie mit der auf der Diskette vorhandenen Datei *Prg9-3.dat*).

9.3.2 Objekte aus Ressourcen-Dateien lesen

Das Lesen von Objekten aus Ressourcen-Dateien macht natürlich nur Sinn, wenn
der Programmcode zum direkten Erzeugen des Objektes deutlich umfangreicher
ist als zum Laden aus einer Datei. Das trifft für unser Beispielprogramm nicht zu,
denn dabei war uns die Übersichtlichkeit wichtiger. Dessen sollte man sich bei
der Beurteilung des Nutzens der nachfolgenden Beispiele bewußt sein. In*Prg9-
4.pas* werden nun die in *Prg9-3.dat* gespeicherten Objekte *MenuBar*, *StatusLine*
und *Dialog* aus einer Ressourcen-Datei gelesen.

```
PROGRAM Prg9_4;

USES  App, Dialogs, Objects, Menus, Drivers, Views;

CONST
  cmDialog = 100;

TYPE
  TMeinPrg = OBJECT(TApplication)
    PROCEDURE InitStatusLine; VIRTUAL;
    PROCEDURE InitMenuBar; VIRTUAL;
    PROCEDURE HandleEvent(VAR Event: TEvent); VIRTUAL;
    PROCEDURE MakeDialog;
  END;

VAR
  ResFile : TResourceFile;
  ...                                                        .
```

Zur Abwechslung wurde *ResFile* nicht als Feld von *TMeinPrg*, sondern als
globale Variable deklariert.

Am Anfang des Hauptprogramms wird die Registrierung vorgenommen und
ResFile gleichzeitig mit dem zugehörigen Stream in bekannter Weise initiiert:

```
  ...
  BEGIN {Hauptprogramm}
    RegisterObj;
    ResFile.Init(New(PBufStream, Init('Prg9-3.dat', stOpenRead,
                1024)));
    TMeinPrg.Init;
    TMeinPrg.Run;
    ...                                                      .
```

Die von *TApplication.Init* aufgerufenen Prozeduren zur Initialisierung der Menü-
und Statuszeile werden jetzt sehr kurz:

```
...
PROCEDURE TMeinPrg.InitStatusLine;
BEGIN
  StatusLine := PStatusLine(ResFile.Get('Statuszeile'));
END;

PROCEDURE TMeinPrg.InitMenuBar;
BEGIN
  MenuBar := PMenuBar(ResFile.Get('Menüzeile'));
END;
...
```

StatusLine und *MenuBar* sind in Turbo-Vision bereits global deklariert und ihnen mußten nur noch mittels

```
FUNCTION TResourceFile.Get(Key: STRING): PObject
```

Werte zugewiesen werden. Das Schlüsselwort *Key* identifiziert das gesuchte Objekt. Groß- und Kleinschreibung muß unterschieden werden! Da *Get* zunächst auf ein beliebiges Objekt zeigt, war mittels Type-Casting der Bezug auf das gewünschte Menü-Objekt herzustellen.

Auch für einen noch so komplizierten Dialog wird der Programmtext zum Laden aus der Ressourcen-Datei nicht länger als für unseren Beispiel-Dialog:

```
...
PROCEDURE TMeinPrg.MakeDialog;
VAR
  D : PDialog;
BEGIN
  D := PDialog(ResFile.Get('Dialog'));
  DeskTop^.ExecView(D);
  Dispose(D, Done);
END;
...
```

Der Ordnung halber sollte zum Schluß *ResFile* wieder abgeräumt werden:

```
  ...
  MeinPrg.Done;
  ResFile.Done;
END.
```

Wenn Sie das Programm in der Turbo-Pascal-Entwicklungsumgebung kompilieren und laufen lassen, muß die Datei *Prg9-3.dat* bereits erzeugt und im Verzeichnis USER vorhanden sein, sonst erscheint das *DeskTop* ohne Menü- oder Statuszeile, aus dem Sie sich nur noch mit *Strg+Unterbr* befreien können.

9.3.3 String-Listen

Turbo-Vision bietet mehrere Varianten, um Strings zu speichern: Von der gewöhnlichen Text-Datei bis zur Kollektion. Mit dem Objekt*TStringList* aber wird die Möglichkeit des wahlfreien Zugriffs auf Strings in Ressourcen-Dateien realisiert. Die Identifizierung des gespeicherten Strings erfolgt auf einfache Weise durch eine Nummer. Eine Anwendung ist z.B. in Programmen gegeben, deren Info- und Meldungstexte in der jeweiligen Landessprache erscheinen sollen. Statt im Programm selbst Strings aller Sprachen vorrätig zu halten, wird mittels der Identifizierungsnummer der String aus einer Hilfsdatei geholt, in der jeweils die Texte einer Sprache gesammelt sind.

Das Beispielprogramm *Prg9-5.pas* enthält eine Menüzeile, eine Statuszeile und einen Minimal-Dialog. Beim Aufruf der exe-Datei aus DOS wird als Parameter die gewünschte Sprache mitgegeben. Das Programm *Prg9-5.pas* sei anhand des Quelltextes erklärt:

Die Nummern der Strings werden nicht als Zahlen, sondern als Konstanten geführt, deren Bedeutung möglichst schon aus dem Namen hervorgeht. Da die String-Liste einer Ressourcen-Datei »aufgepfropft« wird, ist je eine Instanz der Objekte *TResourceFile* und *TStringList* zu deklarieren, was der Einfachheit halber global geschieht. Danach folgt *TMeinPrg* in der üblichen Art mit einer Statuszeile, einer Menüzeile und einem kleinen Dialog:

```
PROGRAM Prg9_5;

USES  App, Objects, Menus, Drivers, Views, Dialogs;

CONST
  sAltX    = 1;
  sF10     = 2;
  sDialog  = 3;
  sButton  = 4;
  cmDialog = 100;

VAR
  ResFile : TResourceFile;
  Liste   : PStringList;

TYPE
  TMeinPrg = OBJECT(TApplication)
    ...
```

Bei der Registrierung von *TStringList* ist zu beachten, daß keine globale Registrierungsprozedur existiert, sondern das Objekt individuell mit *RegisterType* angemeldet werden muß:

```
...
PROCEDURE RegisterObj;
BEGIN
  RegisterApp;
  ...
  RegisterType(RStringList);
END;
...
```

Die Instantiierung der Ressourcen-Datei *ResFile* und der String-Liste *Liste* pakken wir in den Konstruktor *TMeinPrg.Init*:

```
...
CONSTRUCTOR TMeinPrg.Init;
BEGIN
  RegisterObj;
  ResFile.Init(New(PDOSStream, Init(ParamStr(1)+'.dat',
              stOpenRead)));
  Liste := PStringList(ResFile.Get('Liste'));
  TApplication.Init;
END;
...
```

Überall, wo nun bei der Erzeugung der Menüelemente (Statuszeile usw.) Texte erscheinen, werden diese aus dem *TStringList*-Objekt *Liste* geholt, wozu die Methode

```
FUNCTION TStringList.Get(Key: Word): STRING
```

dient. Aus dem Quelltext werden hier nur die sich darauf beziehenden Zeilen wiedergegeben:

```
...
PROCEDURE TMeinPrg.InitStatusLine;
  ...
  StatusLine := New(PStatusLine, Init(R,
    NewStatusDef(0, $FFFF,
      NewStatusKey(Liste^.Get(sAltX), kbAltX, cmQuit,
      NewStatusKey(Liste^.Get(sF10), kbF10, cmMenu,
...
PROCEDURE TMeinPrg.InitMenuBar;
  ...
  MenuBar := New(PMenuBar, Init(R, NewMenu(
            NewItem(Liste^.Get(sDialog), '', kbNoKey,
                cmDialog, hcNoContext,
...
```

```
PROCEDURE TMeinPrg.MakeDialog;
  ...
    Insert(New(PButton, Init(R, Liste^.Get(sButton), cmOK,
          bfDefault)));
  ...                                                    .
```

Beim »Aufräumen« am Schluß darf *Liste* nicht vergessen werden:

```
  ...
DESTRUCTOR TMeinPrg.Done;
BEGIN
  Dispose(Liste, Done);
  TApplication.Done;
END;
  ...                                                    .
```

Das Programm muß mit der Option

```
Compiler | Ausgabeziel  Festplatte
```

zu einer exe-Datei kompiliert werden, damit es dann aus DOS folgendermaßen
aufgerufen werden kann: Tippen Sie ein

```
Prg9-5 englisch     oder Prg9-5 deutsch .
```

Ein Aufruf mit

```
Start | Ausführen (Strg+F9)
```

aus der Integrierten Entwicklungsumgebung ist nicht möglich und führt zum Absturz des Rechners!

Wir haben hier ein Beispielprogramm mit zwei Sprachdateien (*Englisch.dat* und
Deutsch.dat) entwickelt. Wie leicht zu sehen ist, kann jederzeit eine weitere
Sprachversion hinzugefügt werden - und zwar ohne am Hauptprogramm irgend
etwas zu ändern!

9.3.3 TStrListMaker

Wir haben Strings aus einer Ressourcen-Datei gelesen, ohne uns darum zu kümmern, wo diese Datei herkam. Das Erzeugen der Datei sei jetzt nachgeholt.
Turbo-Vision bietet als Werkzeug dafür das Objekt *TStrListMaker*, das im Beispielprogramm *Prg9-6.pas* benutzt wird, um die Hilfsdateien *Englisch.dat* und
Deutsch.dat zu erzeugen.

Da es bei diesem Programm keine Ereignissteuerung gibt, braucht es auch nicht
von *TApplication* abgeleitet zu werden, sondern kann als Sequenz von Anweisungen in herkömmlicher Art geschrieben werden. Die Nummern der Strings

werden als Konstanten deklariert, um über ihre Namen einen Bezug zum Inhalt herzustellen. Die Instanz der Ressourcen-Datei wird »ResFile« und die von *TStrListMaker* »Liste« genannt. Die Registrierung von *TStrListMaker* muß mittels *RegisterType* erfolgen:

```
PROGRAM Prg9_7;

USES  Objects;

CONST
  sAltX   = 1;
  sF10    = 2;
  sDialog = 3;
  sButton = 4;

VAR
  ResFile : TResourceFile;
  Liste   : TStrListMaker;
  ...
```

Im Anweisungsteil eröffnen wir zunächst die Ressourcen-Datei *Deutsch.dat* und initialisieren *Liste* über seine Init-Methode

```
CONSTRUCTOR TStrListMaker.Init(StrSize, IndexSize:
Word).
```

Die Pufferspeichergröße *StrSize* ist mindestens so groß zu wählen, daß für jeden zu speichernden String *Length(STRING)*+1 Byte zur Verfügung steht. Als Anhaltspunkt für die Größe des Index-Pufferspeichers *IndexSize* diene, daß je Eintrag mindestens 6 Bytes belegt werden. Mit einer kräftigen Überdimensionierung liegt man auf der sicheren Seite. Das Einfügen von Einträgen besorgt die

```
PROCEDURE TStrListMaker.Put(Key: Word, S: STRING).
```

Es wird eine Liste »Deutsch« und eine Liste »Englisch« erzeugt; alles Wesentliche läßt sich am Programmtext einer der beiden zeigen:

```
  ...
BEGIN {Programm}
  RegisterType(RStrListMaker);
  ResFile.Init(New(PDOSStream,  Init('Deutsch.dat',
            stCreate)));
  WITH Liste DO
  BEGIN
    Init(1024, 10);
    Put(sAltX, '~Alt-X~ Ende');
    ...
```

Die String-Liste existiert zunächst nur im Hauptspeicher. Zur dauerhaften Speicherung wird sie mit *ResFile.Put* der Ressourcen-Datei *Deutsch.dat* anvertraut. Mit der Freigabe der Variablen durch *Done* endet das Programm:

```
   ...
   ResFile.Put(@Liste, 'Liste');
   Liste.Done;
   ResFile.Done;
END.
```

Ganz analog wird die englischsprachige Beschriftung erzeugt und in der Ressourcen-Datei *Englisch.dat* gespeichert. Wir verzichten hier auf den Quelltext. *Englisch.dat* ist auf der Beispielprogramm-Diskette enthalten.

10 Ausblick

Damit ist der Gang durch die Objekte von Turbo-Vision beendet. Das Besprochene setzt Sie in den Stand, jetzt eigene anspruchsvolle menügesteuerte Programme zu schreiben. Einen Weg, sich weiter zu vervollkommnen, bietet das Analysieren der im Turbo-Vision-Programmpaket enthaltenen Beispielprogramme, in denen Meister ihres Faches zeigen, wie's gemacht wird. Jeder Programmierer entwickelt im Laufe der Zeit seinen eigenen Stil des »Software-Engineering«, trotzdem seien hier noch einige Ratschläge für die Erstellung von Turbo-Vision-Programmen angeboten. Wenn Sie ein Nutzerprogramm planen, können Sie nach folgendem Schema verfahren:

⇨ **Objekte definieren**

Schreiben Sie nieder, welche Algorithmen und Funktionen das Programm ausführen soll. Notieren Sie zu jeder Funktion die Variablen, die benutzt werden. Und nun der Schritt zur objektorientierten Programmierung: Gruppieren Sie Variable und Funktionen danach, ob bestimmte Variable nur von bestimmten Funktionen benutzt werden. Diese bilden dann ein Objekt. Ein weiterer Weg zu Objekten könnte über die auf S. 6 ff. besprochene hierarchische Ordnung von Funktionen führen, die zur Ableitung von speziellen Objekten aus einem (abstrakten) Grundobjekt führt.

⇨ **Ereignissteuerung**

Versetzen Sie sich in die Rolle des Nutzers und gliedern Sie den Programmablauf in eine Abfolge von Menüs. Erstellen Sie einen Menüablaufplan gemäß S. 179. Beginnen Sie mit der Programmierung der Menüzeile und der *HandleEvent*-Methoden, wobei den Menüeinträgen mittels Prozeduraufruf Dialoge zugeordnet werden. Danach werden die Dialoge programmiert, die in diesem Stadium zwar schon Nutzerdaten aufnehmen und ausgeben sollten, aber durchaus noch ohne die eigentlichen Programmfunktionen auskommen können, indem bei Datenausgaben notfalls Platzhalter eingesetzt werden. Damit ergibt sich schon ein ablauffähiges Gerippe des Programms. In dieser Form könnte das Programm beispielsweise bereits einem Auftraggeber als Funktionsmuster oder Prototyp des endgültigen Programms vorgestellt werden.

⇨ **Hilfen für den Nutzer**

Noch ist das Programm übersichtlich genug, um die Statuszeilen und die *Hint*-Informationen einzubauen. Fügen Sie in die Dialoge die*HelpCtx*-Werte ein und halten Sie dabei genügend freie Zahlenbereiche vor, um nachträglich noch nötig werdende *HelpCtx*-Werte einfügen zu können. Schreiben und kompilieren Sie dann die Hilfetext-Datei, wobei es im ersten Durchgang nur darauf ankommt, an allen gewünschten Menüstellen überhaupt ein Hilfefenster aufrufen zu können. Der endgültige Text kann zum Schluß noch einmal überarbeitet und vervollständigt werden.

⇨ **Fehler abfangen**

Nichts ist für den Nutzer ärgerlicher als ein Programmabsturz. Versuchen Sie daher, alle möglichen Fehlerquellen abzufangen. Das sind insbesondere

❑ Fehleingaben durch den Nutzer
Das Anklicken einer nicht aktivierten Menüoption führt zwar nicht zu einer Fehlaktion, aber es irritiert den Nutzer. Deaktivieren Sie daher in jedem Menü die nicht relevanten Befehle (S. 191 ff.).
Alle Eingaben in Eingabezeilen sollten durch Objekte von *TValidator* überprüft werden.

❑ Dateioperationen
Vor Zugriffen auf Dateien sollte stets erst das Vorhandensein der Datei überprüft werden. Müssen vom Nutzer Dateien aus Verzeichnissen gewählt werden, leisten die Standarddialoge von S. 108 ff. gute Dienste.

❑ Programmierfehler
treten vor allem bei der Heap-Verwaltung auf, wenn Zeigervariable nicht richtig freigegeben werden. Bauen Sie während der Entwicklung den Heap-Viewer (S. 187) ein.
Andere Fehler liegen oft in einer fehlerhaften Ereignissteuerung. Hier hilft gelegentlich der Einbau von ein paar Test-Programmzeilen zur Erzeugung eines Tons, um festzustellen, ob das Programm an einer bestimmten Stelle auch wirklich »vorbeikommt« (S. 202).

❑ Kompilierung
Während der Programmentwicklung sollten alle Compilerschalter, die eine Überwachungsfunktion haben, aktiviert sein:

{A+,**B**+,D+,N-,F-,G-,I+,L+,**O**+,**P**+,**Q**+,**R**+,S+,**T**+,V+,**X**+}

(Hervorgehoben: Abweichung von der Standardeinstellung. Die Schalter P, T, Q, Y, K sind erst ab Version 7.0 verfügbar).

Neben der Standardeinstellung der Speichergröße durch

{M 16384,0,655360}

sollten Sie mit kleineren Speicherwerten experimentieren, um herauszufinden, welchen Speicherbedarf Ihr Programm tatsächlich hat. Die endgültige Kompilierung mit

{A+,B-,**D-**,E+,F-,**G+**,**I-**,**L-**,N+,O-,P-,Q-,R-,**S-**,T-,V-,**X+**}

optimiert die Programm-Laufzeit. Entscheiden Sie, ob das Programm auch auf XT-Rechnern lauffähig sein soll ({G-}), oder nur auf AT-Rechnern zu laufen braucht ({G+}).

Mit dieser Konfiguration sollten auch die (eingedeutschten) TVDEMO-Units kompiliert werden!

Und nun viel Spaß mit eigenen Turbo-Vision-Programmen!

Anhang A: Programm-Modifikationen

Ob Sie von den nachfolgenden »Eindeutschungen« und Änderungen Gebrauch machen oder für die vorgeschlagenen Beschriftungen andere Bezeichnungen wählen möchten, liegt natürlich ganz bei Ihnen. Aus urheberrechtlichen Gründen kann der geänderte Quellcode diesem Buch leider nicht beigegeben werden, daher werden die anzubringenden Änderungen im einzelnen aufgelistet.

Wer das Programmpaket »Borland Pascal 7.0« gekauft hat, findet auf der »Bonus-Diskette« den Quellcode aller Turbo-Vision-Units und kann daher auch alle sonstigen Turbo-Vision-Objekte eindeutschen.

Zum Durchführen der Änderungen laden Sie die jeweilige Quelldatei *.pas in den Editor, bringen die Korrekturen an und speichern die geänderte Datei ab, z.B. unter *.mod. Zum Kompilieren wählen Sie

```
Compiler | Ausgabeziel Festplatte .
```

Wenn Sie den in Kapitel 1 vorgeschlagenen Standardeinstellungen für *Option* gefolgt sind, findet sich die kompilierte *tpu*-Datei im Verzeichnis USER.

1. TVDEMO\ASCIITab.pas

Zeile Nr.	alter Text	neuer Text
143	' Char: %c Decimal...'	'Zeichen: %c Dezimal...'
172	'ASCII Chart'	'ASCII-Tabelle'

2. TVDEMO\Calc.pas

Zeile Nr.	alter Text	neuer Text
43	Init;	Init(Spalte, Zeile: Integer);
89	'Error'	'Fehler '
234	Init;	Init(Spalte, Zeile: Integer);

Zeile Nr.	alter Text	neuer Text

242	alter Text:
	    R.Assign(5, 3, 29, 18)
	neuer Text:
	    R.Assign(Spalte, Zeile, Spalte+24, Zeile+15);	

243	'Calculator'	'Rechner'

3. TVDEMO\Calendar.pas

Zeile Nr.	alter Text	neuer Text
26	'January '	'Januar '
27	'February '	'Februar '
28	'March '	'März '
30	'May '	'Mai '
31	'June '	'Juni '
32	'July '	'Juli '
35	'October '	'Oktober '
37	'December '	'Dezember '
54	Init;	Init(Spalte, Zeile: Integer);
78	Init;	Init(Spalte, Zeile: Integer);
82	R.Assign(1, 1, 23, 11);	R.Assign(Spalte, Zeile, Spalte+22, Zeile+10);
83	'Calendar'	'Kalender'
163	'Su Mo Tu We Th Fr Sa'	'So Mo Di Mi Do Fr Sa'

4. TVDEMO\HelpFile.pas

Zeile Nr.	alter Text	neuer Text
679	'No help...in this context'	'Keine Hilfen vorgesehen'
893	'Help'	'Hilfen'

Anhang B: Liste der kb-Tastenkonstanten

Alt + Buchstabe	
Konstante	**Wert**
kbAltA	$1E00
kbAltB	$3000
kbAltC	$2E00
kbAltD	$2000
kbAltE	$1200
kbAltF	$2100
kbAltG	$2200
kbAltH	$2300
kbAltI	$1700
kbAltJ	$2400
kbAltK	$2500
kbAltL	$2600
kbAltM	$3200
kbAltN	$3100
kbAltO	$1800
kbAltP	$1900
kbAltQ	$1000
kbAltR	$1300
kbAltS	$1F00
kbAltT	$1400
kbAltU	$1600
kbAltV	$2F00
kbAltW	$1100
kbAltX	$2D00
kbAltY	$1500
kbAltZ	$2C00

Spezialtasten	
Konstante	**Wert**
kbAltEqual	$8300
kbAltMinus	$8200
kbAltSpace	$0200
kbBackSpace	$0E08
kbCtrlBack	$0E7F
kbCtrlDel	$0600
kbCtrlEnd	$7500
kbCtrlEnter	$1C0A
kbCtrlHome	$7700
kbCtrlIns	$0400
kbCtrlLeft	$7300
kbCtrlPgDn	$7600
kbCtrlPgUp	$8400
kbCtrlPrtSc	$7200
kbCtrlRight	$7400
kbDel	$5300
kbDown	$5000
kbEnd	$4F00
kbEnter	$1C0D
kbESC	$011B
kbGrayMinus	$4A2D
kbGrayPlus	$4E2B
kbHome	$4700
kbIns	$5200
kbLeft	$4B00
kbNoKey	$0000

Fortsetzung Spezialtasten

Konstante	Wert
kbPgDn	$5100
kbPgUp	$4900
kbRight	$4D00
kbShiftDel	$0700
kbShiftIns	$0500
kbShiftTab	$0F00
kbTab	$0F09
kbUp	$4800

Alt + Ziffer

Konstante	Wert
kbAlt1	$7800
kbAlt2	$7900
kbAlt3	$7A00
kbAlt4	$7B00
kbAlt5	$7C00
kbAlt6	$7D00
kbAlt7	$7E00
kbAlt8	$7F00
kbAlt9	$8000
kbAlt10	$8100

Funktionstasten

Konstante	Wert
kbF1	$3B00
kbF2	$3C00

Konstante	Wert
kbF3	$3D00
kbF4	$3E00
kbF5	$3F00
kbF6	$4000
kbF7	$4100
kbF8	$4200
kbF9	$4300
kbF10	$4400

Umschalten + Funktionstaste

Konstante	Wert
kbShiftF1	$5400
kbShiftF2	$5500
kbShiftF3	$5600
kbShiftF4	$5700
kbShiftF5	$5800
kbShiftF6	$5900
kbShiftF7	$5A00
kbShiftF8	$5B00
kbShiftF9	$5C00
kbShiftF10	$5D00

Strg + Funktionstaste

Konstante	Wert
kbCtrlF1	$5E00
kbCtrlF2	$5F00
kbCtrlF3	$6000
kbCtrlF4	$6100
kbCtrlF5	$6200

Fortsetzung
Strg + Funktionstaste

Konstante	Wert
kbCtrlF6	$6300
kbCtrlF7	$6400
kbCtrlF8	$6500
kbCtrlF9	$6600
kbCtrlF10	$6700

Alt + Funktionstaste

Konstante	Wert
kbAltF1	$6800
kbAltF2	$6900
kbAltF3	$6A00
kbAltF4	$6B00
kbAltF5	$6C00
kbAltF6	$6D00
kbAltF7	$6E00
kbAltF8	$6F00
kbAltF9	$7000
kbAltF10	$7100

Anhang C: Farbpalette von TProgram

V = Vordergrund

H = Hintergrund

Nr.	Objekt	CColor		CBlackWhite		CMonochome	
		V	H	V	H	V	H
1	DeskTop	blau	hellgrau	schwarz	hellgrau	schwarz	hellgrau
	Menü und Statuszeile:						
2	Text normal	schwarz	hellgrau	schwarz	hellgrau	hellgrau	schwarz
3	Text passiv	dunkel-grau	hellgrau	dunkel-grau	hellgrau	hellgrau	schwarz
4	Kürzel	rot	hellgrau	weiß	hellgrau	weiß	schwarz
5	Text gewählt	schwarz	grün	hellgrau	schwarz	schwarz	hellgrau
6	Kürzel passiv gewählt	dunkel-grau	grün	hellgrau	schwarz	schwarz	hellgrau
7	Kürzel gewählt	rot	grün	weiß	schwarz	schwarz	hellgrau
	Fenster (*wpBlueWindow*):						
8	Rahmen passiv	hellgrau	blau	hellgrau	schwarz	hellgrau	schwarz
9	Rahmen aktiv	weiß	blau	schwarz	weiß	schwarz	weiß
10	Rahmen Symbole	hellgrün	blau	hellgrau	schwarz	hellgrau	schwarz
11	Rollbalken	blau	türkis	schwarz	hellgrau	schwarz	hellgrau
12	Rollbalken Pfeile	blau	türkis	schwarz	hellgrau	hellgrau	schwarz
13	Text	gelb	blau	hellgrau	schwarz	hellgrau	schwarz
14	Text hervorgehoben	blau	hellgrau	schwarz	hellgrau	schwarz	hellgrau
15	reserviert						

Nr.	Objekt	CColor		CBlackWhite		CMonochome	
		V	H	V	H	V	H
	Fenster (wpCyanWindow):						
16	Rahmen passiv	hellgrau	türkis	schwarz	hellgrau	hellgrau	schwarz
17	Rahmen aktiv	weiß	türkis	weiß	schwarz	weiß	schwarz
18	Rahmen Symbole	hellgrün	türkis	hellgrau	schwarz	hellgrau	schwarz
19	Rollbalken	türkis	blau	schwarz	hellgrau	schwarz	hellgrau
20	Rollbalken Pfeile	türkis	blau	hellgrau	schwarz	hellgrau	schwarz
21	Text	gelb	türkis	hellgrau	schwarz	hellgrau	schwarz
22	Text hervorgehoben	blau	grün	schwarz	hellgrau	schwarz	hellgrau
23	reserviert						
	Fenster (wpGrayWindow):						
24	Rahmen passiv	schwarz	hellgrau	schwarz	hellgrau	schwarz	hellgrau
25	Rahmen aktiv	weiß	hellgrau	weiß	hellgrau	schwarz	hellgrau
26	Rahmen Symbole	hellgrün	hellgrau	weiß	hellgrau	schwarz	hellgrau
27	Rollbalken	türkis	blau	schwarz	hellgrau	hellgrau	schwarz
28	Rollbalken Pfeile	türkis	blau	hellgrau	schwarz	hellgrau	schwarz
29	Text	schwarz	hellgrau	schwarz	hellgrau	schwarz	hellgrau
30	Text hervorgehoben	weiß	hellgrau	hellgrau	schwarz	hellgrau	schwarz
31	reserviert						

Nr.	Objekt	CColor		CBlackWhite		CMonochome	
		V	H	V	H	V	H
	Dialogfenster:						
32	Rahmen passiv	schwarz	hellgrau	schwarz	hellgrau	schwarz	hellgrau
33	Rahmen aktiv	weiß	hellgrau	weiß	hellgrau	schwarz	hellgrau
34	Rahmen Symbole	hellgrün	hellgrau	weiß	hellgrau	schwarz	hellgrau
35	Rollbalken	türkis	blau	schwarz	hellgrau	hellgrau	schwarz
36	Rollbalken Pfeile	türkis	blau	hellgrau	schwarz	hellgrau	schwarz
37	Text	schwarz	hellgrau	schwarz	hellgrau	schwarz	hellgrau
38	Label	schwarz	hellgrau	schwarz	hellgrau	schwarz	hellgrau
39	Label gewählt	weiß	hellgrau	weiß	hellgrau	schwarz	hellgrau
40	Label Kürzel	gelb	hellgrau	weiß	hellgrau	weiß	hellgrau
	Schalter:						
41	normal	schwarz	grün	schwarz	hellgrau	hellgrau	schwarz
42	vorgewählt	helltürkis	grün	weiß	hellgrau	hellgrau	schwarz
43	gewählt	weiß	grün	weiß	hellgrau	weiß	schwarz
44	passiv	dunkel-grau	hellgrau	schwarz	hellgrau	schwarz	hellgrau
45	Kürzel	gelb	grün	hellgrau	schwarz	weiß	schwarz
46	Schatten	schwarz	hellgrau	schwarz	hellgrau	hellgrau	schwarz
	Auswahlfeld:						
47	normal	schwarz	türkis	schwarz	hellgrau	hellgrau	schwarz
48	gewählt	weiß	türkis	weiß	hellgrau	weiß	schwarz
49	Kürzel	gelb	türkis	weiß	hellgrau	weiß	schwarz
	Eingabezeile:						
50	normal	weiß	blau	weiß	schwarz	hellgrau	schwarz
51	gewählt	weiß	grün	schwarz	hellgrau	schwarz	hellgrau
52	Pfeil	hellgrün	blau	weiß	schwarz	hellgrau	schwarz

Nr.	Objekt	CColor		CBlackWhite		CMonochome	
		V	H	V	H	V	H
	Eingabe-Wiederholungsfenster:						
53	Auslösefeld	schwarz	grün	hellgrau	schwarz	hellgrau	schwarz
54	Fenster	grün	hellgrau	schwarz	hellgrau	schwarz	hellgrau
55	Rollbalken	blau	türkis	schwarz	hellgrau	hellgrau	schwarz
56	Rollbalken Pfeile	blau	türkis	schwarz	hellgrau	hellgrau	schwarz
	Liste (TListViewer / TListBox):						
57	normal	schwarz	türkis	hellgrau	schwarz	hellgrau	schwarz
58	aktuelle Zeile	weiß	grün	schwarz	hellgrau	schwarz	hellgrau
59	Zeile gewählt	gelb	türkis	weiß	schwarz	weiß	schwarz
60	Trennzeichen	blau	türkis	hellgrau	schwarz	hellgrau	schwarz
61	Infozeile	türkis	blau	hellgrau	schwarz	hellgrau	schwarz
62	reserviert						
63	reserviert						

Anhang D: Verzeichnis der Beispielprogramme

Prg2-1.pas   Stellt eine »Pumpe« grafisch dar; die Koordinatenwerte entsprechen dem VGA-Grafikstandard.

Prg2-2.pas   Änderungen gegenüber Prg2-1.pas: Alle Initialisierungen (außer Alpha) wurden in »Init«-Methoden zusammengefaßt. Es wird eine weitere Instanz »Pumpe2« (»STIRLING«-Anordnung) hinzugefügt.

Prg2-3.pas   Änderungen gegenüber Prg2-2.pas: Hinzufügen von Zylindern durch Ableiten eines Nachkommen von »Kurbel_Pleuel_Kolben«.

Prg2-4.pas   Demonstriert fehlerhaftes Programmverhalten bei statischer Bindung.

Prg2-5.pas   Ausgehend vom Programm Prg2-4.pas wurde die Methode »Name« zur virtuellen Methoden gemacht und Konstruktoren »Init« wurden zu beiden Objekten hinzugefügt.

Prg2-6.pas   Beispiel für eine verkettete Liste.

Prg2-7.pas   Ausgehend vom Programm Prg2-5.pas werden alle Objekte als Zeiger instantiiert und die Destruktoren »Done« hinzugefügt.

Prg2-8.pas   Grundstruktur eines Turbo-Vision-Programms.

Prg3-1.pas   Das Programm erzeugt eine Menüzeile mit zwei Optionen.

Prg3-2.pas   Die erste Option der Menüzeile ist ein Untermenü mit zwei Optionen.

Prg3-3.pas   In das Untermenü wird eine Trennlinie eingefügt.

Prg3-4.pas   2 Untermenüs auf gleicher Hierarchiestufe.

Prg3-5.pas   Dem ersten Eintrag des Untermenüs wird ein weiteres Untermenü zugeordnet.

Prg3-6.pas   Erzeugt eine Menübox mit zwei Optionen.

Prg3-7.pas   Menübox, deren erstem Eintrag ein Untermenü, und diesem abermals ein Untermenü zugeordnet ist.

Prg4-1.pas   Ergänzt Prg3-5.pas durch *HandleEvent*.

Prg4-2.pas	Ergänzt Prg4-1.pas durch ein Dialogfenster.
Prg5-1.pas	Eröffnet ein Dialogfenster »Autokauf«.
Prg5-2.pas	Beeinflußt die Eigenschaften des Dialogfensters über die Felder »Flags«, »Options« und »State«.
Prg5-3.pas	Versieht das Dialogfenster mit zwei Schaltern.
Prg5-4.pas	Fügt dem Dialogfenster Wahlfelder hinzu.
Prg5-5.pas	Demonstriert das Objekt *TMultiCheckBoxes*.
Prg5-6.pas	Ändert die Markierungszeichen der Wahlfelder durch Überschreiben ihrer *Draw*-Methoden.
Prg5-7.pas	Fügt dem Dialogfenster aus Prg5-4.pas eine Eingabezeile hinzu.
Prg5-8.pas	Erstellt ein Eingabe-Wiederholungsfenster.
Prg5-9.pas	Prüft Eingaben auf korrektes Format mittels des Objektes *TValidator*.
Prg5-10.pas	Prüft die Eingabe auf korrektes Format mittels *Valid* und gibt ggf. eine Fehlermeldung aus.
Prg5-11.pas	Ergänzt Prg5-8.pas durch Beschriftungsfelder.
Prg5-12.pas	Ergänzt Prg5-11.pas durch *TStaticText*-Beschriftung.
Prg5-13.pas	Ergänzt Prg5-12.pas durch Datenaustausch mit dem Dialogfenster.
Prg5-14.pas	Demonstriert den Gebrauch von *FormatStr*.
Prg5-15.pas	Öffnet eine *MessageBox* mit Texten, die verschiedene Parameter enthalten, und eine *InputBox*.
Prg5-16.pas	Das Programm zeigt die Verwendung der Unit *StdDlg* zum Suchen von Verzeichnissen und Dateien sowie der Unit *Editors* zum Editieren einer Datei.
Prg6-1.pas	Öffnet, manipuliert und schließt Fenster über Menübefehle.
Prg6-2.pas	Ermöglicht einen Test der Wirkung der *wf-*, *dm-* und *gf-*Konstanten.
Prg6-3.pas	Test von Palettenänderungen und -erweiterungen.
Prg6-4.pas	Test der *ap-*Konstanten.

Prg6-5.pas	Farbpalette über Menü ändern.
Prg6-6.pas	Stellt Text auf verschiedene Arten in Fenstern dar.
Prg6-7.pas	Stellt eine String-Kollektion in einer *ListBox* dar.
Prg6-8.pas	Demonstriert die Turbo-Vision-Objekte ASCII-Tabelle, Kalender und Taschenrechner.
Prg7-1.pas	Demonstriert die Verwendung der untersten Bildschirmzeile als Status- und Hinweiszeile.
Manuskr.txt	Hilfetexte für Prg7-2.pas.
Prg7-2.pas	Demonstriert ein kleines Hilfe-System.
Prg8-1.pas	Stellt verschiedene Menüstrukturen für typische Nutzerprogramme zur Verfügung.
Prg8-2.pas	Experimentiert mit der Verteilung von Ereignissen durch Nutzung der Konstanten *ofPreProcess* und *ofPostProcess*.
Prg9-1.pas	Zeigt die Anwendung von Kollektionen zur Speicherung von Daten im Hauptspeicher.
Prg9-2.pas	Programm zum Erzeugen und Bearbeiten einer Kollektion, die über einen Stream gespeichert und geladen wird.
Prg9-2.dat	Stream-Datei zur Abspeicherung der Kollektion von Prg9-2.pas.
Prg9-3.pas	Demonstriert das Speichern von Objekten in einer Ressourcen-Datei Prg9-3.dat.
Prg9-3.dat	Ressourcen-Datei zu Prg9-3.pas.
Prg9-4.pas	Demonstriert das Laden von Objekten aus einer Ressourcen-Datei Prg9-3.dat.
Prg9-5.pas	Demonstriert die Verwendung von *TStringList* für mehrsprachige Programme.
Prg9-6.pas	Demonstriert die Erstellung einer String-Liste mittels *TStrListMaker*.
Deutsch.dat	Ressourcen-Datei zu Prg9-6.pas.
Englisch.dat	Ressourcen-Datei zu Prg9-6.pas.

Sachwortverzeichnis

A

B

C

P

X, Y, Z